漫谈光通信

匡国华 著

上海科学技术出版社

图书在版编目(CIP)数据

漫谈光通信 / 匡国华著. —上海：上海科学技术出版社，2018.6（2024.1重印）
ISBN 978-7-5478-3959-1

Ⅰ.①漫… Ⅱ.①匡… Ⅲ.①光通信 Ⅳ.①TN929.1

中国版本图书馆CIP数据核字（2018）第063692号

漫谈光通信
匡国华　著

上海世纪出版(集团)有限公司
上海科学技术出版社　　出版、发行
（上海市闵行区号景路159弄A座9F-10F）
邮政编码 201101　　www.sstp.cn
常熟华顺印刷有限公司印刷
开本 720×1000　1/16　印张 23.75
字数 360千字
2018年6月第1版　2024年1月第7次印刷
ISBN 978-7-5478-3959-1/TN·20
定价：98.00元

本书如有缺页、错装或坏损等严重质量问题，请向工厂联系调换

前　言

——聊聊为什么写这些文章，什么是我的初心

我在微信公众号陆陆续续写了些小文，很多人好奇，后台也有很多留言，汇总起来大致有这么几类：

- 认为我的工作范围有变化，比如之前的同事或者工作伙伴，问"国华你现在专职做培训啦？"没有，这些事纯属业余时间闲写几笔。
- 高校老师和同学，喜欢这些通俗易懂介绍产业的简图。
- 新入通信行业，苦于找不到入门途径的兄弟姐妹们，希望快速便捷地了解。
- 行业里技术大牛、学术大牛太多啦，是真的多，这样的人才都是各自单位的中流砥柱，没有时间来写。对我乐于写字的雷锋精神寄予了表扬和鼓励。
- 质疑派，总认为我有目的，而且是不可告人的目的，看到这些质疑或者讽刺或者打击，心里也不是太好受。
- 淡定派，是这两年我微信群的朋友们，不惊讶我的生活节奏，不惊讶我是个穿高跟鞋、裙子的女汉子，也不惊讶我为什么爱聊这些。
- "国华，天天起那么早，是刻苦？勤奋？努力？"这些词一看就是苦哈哈的，真正的原因只有一个，睡得早。

进入正题，聊聊我的初心，为什么写下这些文字？

- 做让自己快乐和满足的事。我喜欢每天清晨，一杯咖啡、一台电脑，感受着日升月落，风卷云舒，四季交替。
- 我是理工科女生，喜欢理清楚事物的逻辑。看个生活大爆炸，然后满世界地想和人聊聊宇宙大爆炸的那一个普朗克时间、宇宙几点、上帝的容身之所等。我既然工作接触的是光通信这些技术，也就想理解光通信的技术逻辑。

- 做这件事很辛苦吗?

这个怎么说呢,我说乐在其中好像有点矫情哈。累,又不觉得累。和女生逛街一样的累,但也乐在其中。

记得几年前,公司让我了解一下光模块内半导体芯片的工艺过程。我虽整理了洋洋洒洒几十页,其实还是懵懵的感觉。后来去华中科技大学听张道礼老师讲的半导体物理,那个夏天的周末基本都在教室里度过,每逢爱人加班或出差开会,我就要带着孩子去学校。在我孩子给张老师表演了跆拳道、拉丁舞、拼音、绘画各种技艺,吃了哥哥姐姐们无数零食后,我们娘儿俩都收获颇丰,我对半导体的疑问有了一部分答案开心地抓狂,我孩子获赠了一套台湾版的小小牛顿的语音故事和一套小牛顿的儿童科普书籍。

- 我怎么会喜欢写技术? IT圈子是个神奇的世界,这里的男生多,写代码的,画电路的,守着机房祈祷别出bug的,拿起电话重启先试试的,喜欢聊国家大事的,喜欢聊宇宙万物的,喜欢较真一个数字的二进制、十六进制各种表达方式的。

作为这个圈子的少数派女生,虽不惑之年,还是喜欢天马行空地聊聊这些。

我也喜欢首饰,可我的首饰台上是游标卡尺、超声波清洗器、钻石测试仪、尖嘴钳、鸭嘴钳……

这就是我,一个IT圈中的中年女人。闲时喜欢写点文字,可能不成系统,不成章节。

目 录

第一章 光学发展史

千百年来的光学大科学家	2
半导体集成电路的起源	7
光模块在通信系统中的地位——城门副将	10
光收发模块及封装	13

第二章 光纤

什么是光纤	25
光纤传输原理	30
光纤数值孔径	32
干线传输光纤设计	34
保偏光纤、蝴蝶结/领结/熊猫型光纤	40
非线性效应之——自聚焦、自相位调制	42
海底光缆——防鲨/防腐……	45
模场直径，麦克斯韦方程组与波动、波导、模式之逻辑	56

第三章 光的原理

DWDM中如何锁定波长	61
折射率、相对折射率、相对折射率差、有效折射率	63
直接调制激光器的啁啾与色散	67
OTDR、瑞利散射、菲涅耳反射	70
拉曼效应、拉曼散射、拉曼受激散射、拉曼受激散射放大器	76
光的传输及色散	81
光学非线性效应之——倍频	87

	光电效应	90

第四章 半导体物理

激光器发明里程碑编年	94
量子阱的前奏——超晶格的发明	97
BiCMOS工艺以及半导体产业	99
CMOS结构	103
双极型晶体管、开关特性	107
PN结、P型半导体、N型半导体	110
掺杂、扩散与离子注入	116
黑磷——比石墨烯还霸气的材料	119
激光器选择三五族材料的来源	122

第五章 有源器件

二极管泵浦固体激光器、808激光器	128
SOA、FP-SOA和TW-SOA	130
EDF和EDFA——吸星大法	132
探测器的几个关键参数	135
PIN、APD型光电探测器基本结构	138
光电探测器原理PIN/APD/MSM	142
垂直腔面发射激光器	144
DFB激光器的发散角、脊波导与掩埋结构的区别	146
量子点激光器——体材料、量子阱、量子线、量子点	149
激光器发光原理的通俗理解	152
为何APD的最大输入光功率小于PIN	154
特种光纤之——防鼠光缆	159
硅基光源在技术上实现的难度	161
硅光子集成	165

第六章 无源器件

- 光滤波器——介质膜滤波、FP滤波　　169
- MEMS以及MEMS在光学上的应用　　172
- 阵列波导光栅　　175
- 什么是硅波导？与光纤耦合很难　　177
- 光衰减器　　178
- 光纤连接器中的陶瓷插芯　　182
- 美丽的单行线——光隔离器　　185
- 活动连接器端面——PC，UPC，APC等　　187

第七章 工艺和测试

- 关于193 nm光刻光源经久不衰的原因　　192
- 英特尔半导体14 nm/16 nm工艺中的FinFET　　194
- 半导体芯片制造流程与设备　　199
- 光模块测试之——眼图模板　　207
- 光模块测试之——光功率、灵敏度、饱和来源　　210
- 光模块测试之——消光比的意义　　214
- 光通信测试之——眼图滤波器的意义，接收机的带宽选择　　216
- 光模块测试之——消光比、平均光功率、光调制幅度光功率　　220

第八章 调制和传输格式

- 光的调制格式与复用模式　　223
- 直接调制与电吸收调制　　231
- DP-QPSK　　233
- 伪随机二进制序列（PRBS）码型发生器　　236
- PRBS之——触发器、非门、与非门　　240
- 什么是PAM-4　　244

第九章 光器件封装

内容	页码
光器件封装工艺之——Lot、Wafer、Bar条、Die、Chip的区别	247
光器件封装工艺之——金丝键合	250
光器件气密封装之——玻璃封装、COB树脂密封	254
10 G、25 G、100 G光器件用的封装——金属陶瓷	256
TO与蝶型封装,TO38,TO46,TO56	262
热电制冷器、帕尔贴效应、热电效应	264
激光器TO的透镜,球/大球/非球透镜	267
光器件的激光调整焊	271
传统同轴光器件TOSA,ROSA,TRIOSA……	274

第十章 光模块

内容	页码
跨阻放大器(TIA)	279
光收发模块2R与3R	283
光模块的多源协议	286
激光驱动器,为何选择差分驱动	288
激光驱动器	292
为何光模块要做自动光功率控制电路	295
光模块数字诊断8472协议的前世今生	297
传统波分与光传送网的区别,80波与96波怎么数	301
100 G光模块,线路侧和客户侧	302
无源光网络(PON)点对多点为什么需要突发功能	307
光纤宽带通信(FTTx)与PON	310

第十一章 标准

内容	页码
10 G PON模块标准——对称与非对称/XG-PON/XGS-PON	317
FSAN组织与标准	319
SFF协议树	321
ITU组织架构与标准树	336

第十二章 市场

硅光子新闻,美国AIM、德国SPEED、欧洲IMEC、日本PECST等	347
更新光通信市场之——光纤光缆	348
光通信市场盘点之——全球及中国电信业	351
光通信市场之——光模块、光器件厂家财报	352
光收发模块的市场分析	354
两则美国报道,光子集成上千光学阵列和光电集成调制解调器	356
盘点2015年全球半导体市场、产能、并购案	358
2015—2022年光子集成电路行业分析报告述评	362
缩略词对照表	365

第一章
光学发展史

千百年来的光学大科学家

光学界史诗般的大科学家,一般在物理、数学、天文、哲学这些学科也有大的成就。有一种上知天文下知地理、前后五百年无所不知的感觉,还有会走钢丝的、会炼金术的……

或者说大科学家们在揭开宇宙万物背后的本质的同时,光学作为宇宙中存在的一个分支,一直被科学家们思考、讨论与发展着。

光学之父海赛姆

海赛姆

海赛姆是阿拉伯中世纪数学家、自然科学家和哲学家。在10世纪被誉为"光学之父"。

他生于巴士拉,曾在法蒂玛王朝宫廷中任职,因对国王哈基木(公元996—1021年)的专制和暴行不满,佯装疯癫,专心致志于科学和哲学的研究。

1 000年前,他的《光学之书》对西方光学、特别是开普勒和牛顿的光学研究产生过影响。

他最重要的成就是对光学的研究。他首先提出"视觉是由物体发生的光辐射线引起的",从而推论出光线的反射和折射定律。另外,在天文学方面论证了行星运动规律和距离。

近代科学的始祖笛卡儿

笛卡儿是法国著名的哲学家、物理学家、数学家、神学家,他对现代数学的发展做出了重要的贡献,因将几何坐标体系公式化而被认为是解析几何之父。

第一章 光学发展史

笛卡儿

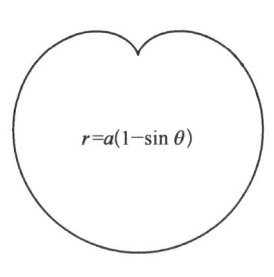

$r=a(1-\sin\theta)$

心形公式

笛卡儿的《方法论》对于后来物理学的发展有重要的影响。他在古代演绎方法的基础上创立了一种以数学为基础的演绎法：运用数学的逻辑演绎，推出结论。这种方法经过惠更斯和牛顿等人的综合运用，成为物理学特别是理论物理学的重要方法。他还善于运用直观"模型"来说明物理现象，如利用"网球"模型说明光的折射等。

笛卡儿堪称17世纪及其后的欧洲哲学界和科学界最有影响的巨匠之一，被誉为"近代科学的始祖"。

笛卡儿是心形公式的发明者，有一段时间大家对某广告中瑞典克里斯汀公主与落魄教师的爱情故事津津乐道，那个故事的原型就是笛卡儿以及他的心形公式所代表的爱情。

惠更斯与光波动学说

惠更斯是荷兰物理学家、天文学家、数学家，生于海牙，是介于伽利略与牛顿之间的一位重要的物理学先驱。

1678年惠更斯给巴黎科学院的信和1690年发表的《光论》一书中都阐述了他的光波动原理，即惠更斯原理，这是近代光学的一个重要基本理论。

后来，菲涅耳对惠更斯的光学理论作了发展

惠更斯

和补充,创立了"惠更斯–菲涅耳原理",较好地解释了衍射现象,完成了光的波动说的全部理论。

牛顿与光的微粒说

牛顿

牛顿,英国皇家学会会长,英国著名的物理学家,百科全书式的"全才",著有《自然哲学的数学原理》、《光学》等。

1666年,牛顿曾致力于颜色的现象和光的本性的研究,发现光的颜色和色散现象。

牛顿创立了光的微粒说,从一个侧面反映了光的运动性质,在1675年的著作《解释光属性的解说》(Hypothesis Explaining the Properties of Light)中,牛顿假定了以太的存在,认为粒子间力的传递是通过以太进行的。

1704年,牛顿著成《光学》,系统阐述他在光学方面的研究成果,其中详述了光的粒子理论,并推测如果通过某种炼金术的转化,"难道物质和光不能互相转变吗?"所以,牛顿还是一位炼金术士。科学家的世界很神奇!

牛顿的微粒派和惠更斯的波动派,两大阵营多回合的争论,互有胜负,各领风骚上百年,据说这旷世之争和后世的爱因斯坦与玻尔的量子理论之争有的一拼。

托马斯·杨与光的干涉

托马斯·杨,英国医生、物理学家,光的波动学说的奠基人之一。

托马斯·杨还会耍杂技走钢丝。

1801年他进行了著名的杨氏双缝实验,发现了光的干涉性质,证明光以波动形式存在,而不是牛顿所想象的光颗粒,该实验被评为"物理最美实验"之一。20世纪初物理学家将杨的双缝实验

托马斯·杨

结果和爱因斯坦的光量子假说结合起来,提出了光的波粒二象性,后来又被德布罗意利用量子力学引申到所有粒子上。

物理光学的缔造者菲涅耳

菲涅耳

菲涅耳是法国物理学家,1823年被选为法国科学院院士,1825年被选为英国皇家学会会员。

1815年,菲涅耳完善了惠更斯的光波动学说。菲涅耳的科学成就主要有两方面。一是衍射:建立了惠更斯-菲涅耳原理。如双面镜干涉、波带片、菲涅耳镜、圆孔衍射等。二是偏振:他与阿喇戈一起研究了偏振光的干涉,肯定了光是横波(1821年);他发现了圆偏振光和椭圆偏振光(1823年);他推导出了反射定律和折射定律的定量规律,即菲涅耳公式;他解释了反射光偏振现象和双折射现象,从而建立了晶体光学的基础。

手机后面的镜头周围一圈圈的,就是菲涅耳透镜,超薄,可以替代传统的凸透镜。

法拉第磁光效应

法拉第

法拉第是英国物理学家、化学家。他仅上过小学,是著名的自学成才的科学家,奠定了电磁学的基础。

1845年他发现了命名为抗磁性(今称法拉第效应)的现象:一条线性极化的光线在经过一物体介质时,外加一磁场并与光线的前进方向对齐,则此磁场将使光线在空间中划出的平面转向。他在笔记本中写道:"我终于在阐释一条'磁力曲线',或者说'力线'及'磁化光线'中取得成功。"

麦克斯韦与光的电磁说

麦克斯韦

麦克斯韦是英国物理学家、数学家,经典电动力学的创始人,统计物理学的奠基人之一。

麦克斯韦以实验和几个普遍的动力学原理为基础,证明了不需要任何有关分子涡旋或电粒子之间的力的专门假设,电磁波在空间的传播就会发生;导出了电场和磁场的波动方程,速度正好等于光速。由此,麦克斯韦大胆地断定,光也是一种电磁波。法拉第当年关于光的电磁论的朦胧猜想,经过麦克斯韦精心的计算而变成为科学的推论。

爱因斯坦与光子假设

爱因斯坦是世界著名的犹太裔物理学家,提出了光子假设,解释了光电效应,创立了狭义相对论和广义相对论。

1905年,爱因斯坦提出光子假设,成功解释了光电效应,因此获得了1921年诺贝尔物理学奖。

爱因斯坦

光照射到金属上,引起物质的电性质发生变化。这类光变致电的现象被人们统称为光电效应。光电效应分为光电子发射、光电导效应和光生伏特效应。前一种现象发生在物体表面,又称外光电效应。后两种现象发生在物体内部,称为内光电效应。这推动了量子力学的诞生。

爱因斯坦一辈子没有把宇宙常数研究明白,成为物理学的最大疑问之一。

半导体集成电路的起源

光和电,是分不开的。追本溯源,来看半导体集成电路的起源:

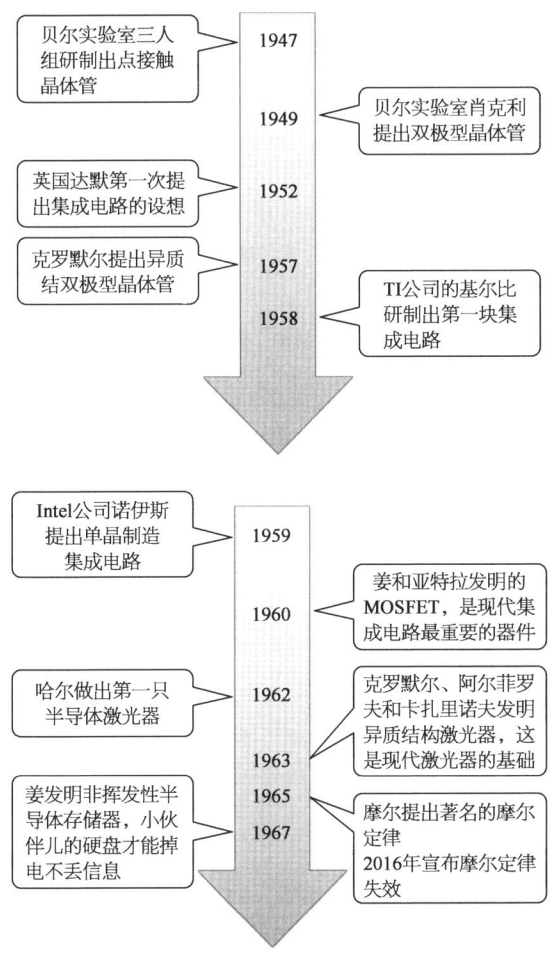

1946年1月,美国贝尔实验室正式成立半导体研究小组。

1947年12月23日肖克利(W. Schokley)、巴丁(J. Bardeen)和布拉顿(W. H. Brattain)三位科学家第一次观测到了具有放大作用的晶体管。

1949年肖克利博士发表经典论文:关于PN结以及双极型晶体管,开启了

 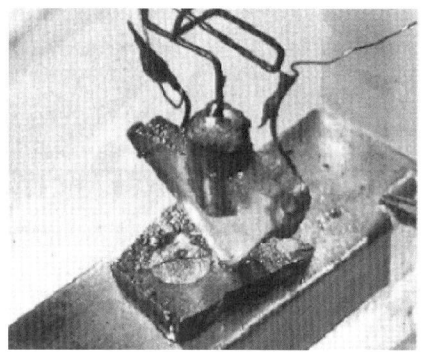

三位科学家观测晶体管　　　　　　　第一个晶体管

半导体工业的大门。

1952年5月,英国科学家达默(Dummer)第一次提出了集成电路(IC)这个想法。

1958年,以德州仪器公司(TI)的科学家基尔比(Clair Kilby)为首的研究小组研制出了世界上第一块集成电路,1959年公布结果。

1959年,英特尔(Intel)公司的诺伊斯(Robert Noyce)发明了IC的单晶制造概念。

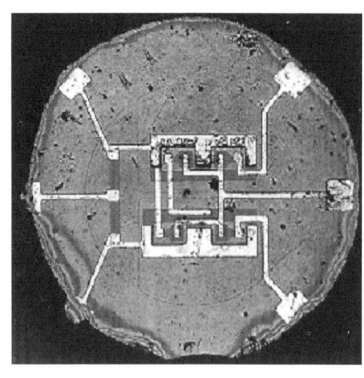 

早期集成电路　　　　　　　　世界上第一块集成电路

Intel的创始人之一摩尔(Gordon Moore)提出了著名的摩尔定律。

摩尔定律:集成电路上可容纳的元器件的数目,每隔18个月增加一倍,性能也将提升一倍。

摩尔定律太牛啦,50年提高了33 000 000倍,Intel的最新处理器芯片有40亿的晶体管。

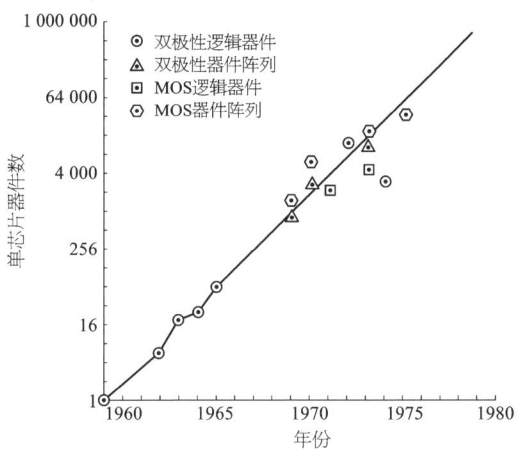

摩尔定律

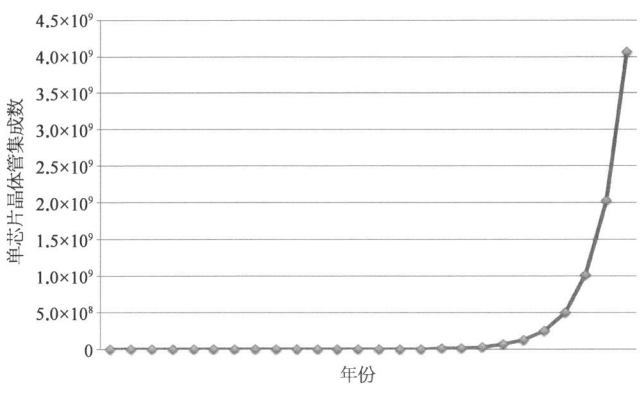

50年来单芯片晶体管集成数变化

Journal of Solid-State Circuits 期刊1974年第9期上,登纳德(Dennard)提出了器件等比例缩小定律。就是90,45,22 nm这些特征尺寸概念的基础。

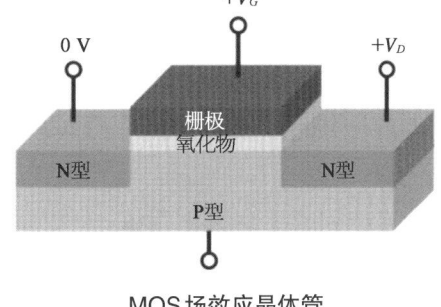

MOS场效应晶体管

光模块在通信系统中的地位
——城门副将

我不能默认读者和我一样,是工程技术人员,而且还是光模块工程师。这样不好,还是从头说起吧。

光通信就像是信息高速公路。光模块就像是城门副将,只管两件事:① 让出城的人上高速,电信号转光信号。② 让进城的人下高速,光信号转电信号。

不干涉上层协议。一个守城门的副将,是打听不到"大王"政令的,更没办法进言或左右政策方案。

当然,同样守城门,都城的城门副将与郡县的城门副将地位是不同的。

来看骨干网、城域网(核心网、汇聚网)、接入网的三层架构:

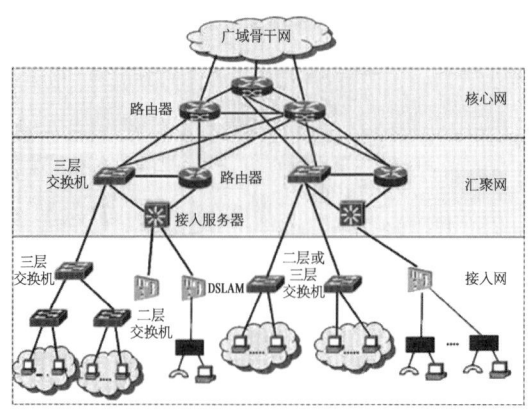

骨干网——省和省之间的通信,省级高速公路。

核心网——市和市之间的通信,市级高速公路。

汇聚网——区和区、县和县之间通信,区县级高速公路。

接入网——镇之间、寨之间的通信,小是小了点,量大呀,是吧。与咱老百姓生活息息相关,各大网民们见过光猫(接入网的用户单元ONU)的数不胜数。上几层的设备,非机缘不得见啊!

既然是通道,就有可能堵车。省级堵车是这样的:

接入网堵车是这样的:

堵车了,怎么办,分流啊。

正交分流这样处理:正交偏振(TE,TM)。

当然，处理不好就这样了：

还有其他办法吗？有啊，提高同行速率呗。

一分钟过一辆车——1 Gbit/s。

提速、提速，领导说啦，一分钟过一辆不够快，又堵车啦。

一分钟过两辆——2.5 Gbit/s。

一分钟过十辆——10 Gbit/s。城门副将累是累了点，还算凑合干得动。

过了两年，还是堵车（老百姓真有钱，买车的人多了）。

咋办，继续提速，100 G。

咱家城门大哥，45°仰望天空，悄悄拭去眼角的泪水，哽咽地汇报：一个通道干不动啦。

那分流吧，再加几个通道。

领导一听，好办法，怎么分流呢，波分复用、偏振复用、幅度多阶调制？想不明白，可以这样想：

偏振复用——设两个闸口，分单双号过。

粗波分复用——按司机年龄段中、青、老年各一个闸口。

搞不定，继续密集波分复用——按年龄细分，21～25岁，26～30岁，31～35岁，36～40岁……一个年龄段一个闸口。

如果还不行，那按照司机身高分，脉冲多幅度调制——1.5～1.6 m、1.6～1.7 m、1.7～1.8 m……

多种方式复用，每个单双号闸口，扩充成不同身高段——基于脉冲幅度调制（PAM）的偏振复用。

最后每个通道有每个通道的信号，明明白白上高速。

光收发模块及封装

对于短距离（SR）通信，多用几根光纤那都根本不是事，都是小钱。但是对于长距离（LR）通信来说，再铺设一条光缆的成本是非常高的，高的不是光缆的价钱，而是建设的费用，难道又得从北京一直挖到上海铺一条新光缆吗？更何况从旧金山铺到东京、从北京到莫斯科、从伦敦到纽约，时分复用（TDM）总是受到电子器件开关频率的限制，不可能无限快。

工程师们从彩虹这一自然现象里面受到了启发，为什么彩虹非出现在风

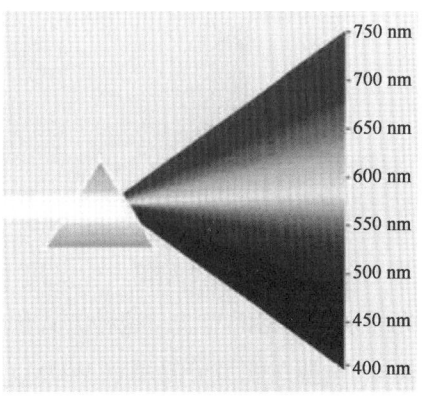

白光经过三棱镜

雨过后？因为水汽对不同波长的折射率是不一样的，正如同三棱镜一样。

一束白光从左到右经过三棱镜，就分成了不同的颜色，这个时候三棱镜就是光学的解复用（DEMUX），如果不同颜色的光按照上面的方向从右到左经过三棱镜，就又合成了一束白光，这个时候三棱镜就是光学的复用（MUX）。

光的颜色是通俗的叫法，科学定义是光的波长（或者是频率，根据波长＝光速/频率，光速恒定，只要知道波长、频率中的任意一个，就可以推算出另外一个）。光收发模块（Transceiver）发出来的光是不可见光（850 nm附近，或者1 310 nm附近，或者1 550 nm附近），但也是有"颜色"的，只是肉眼看不到而已。

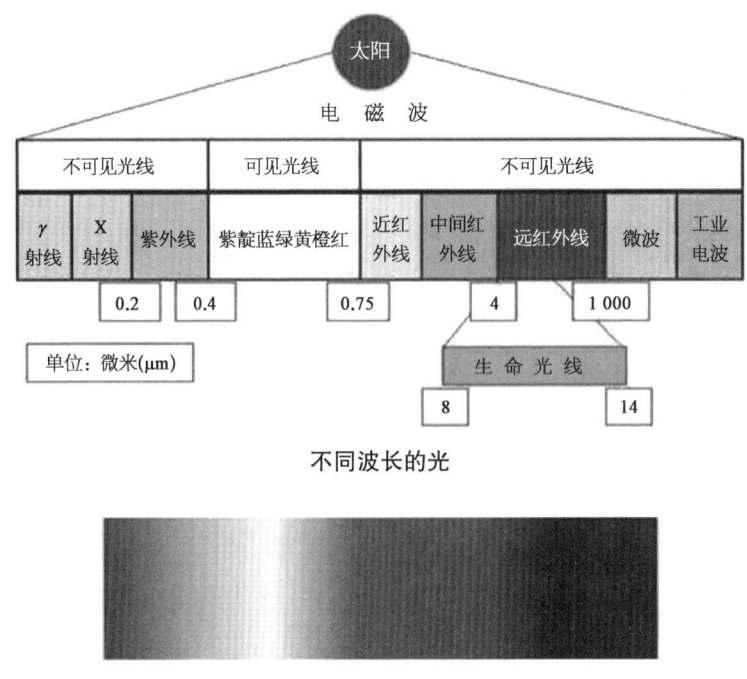

不同波长的光

可见光光谱线

那么，只要光收发模块能发出不同颜色的光，再经过MUX，就可以用一个光纤来传多路的光波。这种方式称为波分复用（WDM）。WDM又分为两种，20 nm间隔的粗波分复用（CWDM）和0.8 nm间隔的密集波分复用（DWDM）。这就是为什么又把WDM的光收发模块叫彩色光模块。因为要把不同颜色的光复用到一根光纤里面传播,那么必须对每个波长进行严格控制,才能保证彼此之间互不干扰。间隔越密,波长控制要求越严格。

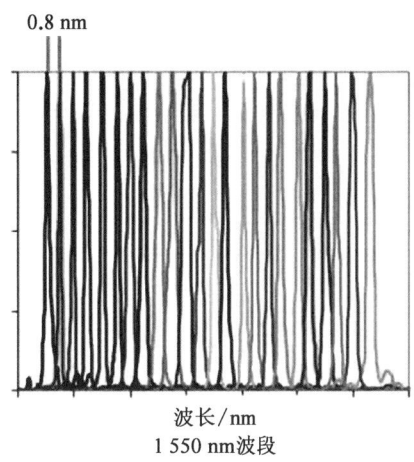

波长/nm
1 550 nm波段

WDM其实就是频分复用(FDM),只是人们习惯用波长来描述光,在电的领域,人们就习惯用频率来描述,并没有本质的区别。频分复用在实际生活中用的例子很多,比如广播,不同电台只是占用不同的频率。比如有线电视,不同的频道只是占用不同的频率而已。

对于波长间隔0.8 nm的DWDM,能够轻松实现100个波长到一个光纤的复用,相当于一个光纤变成了100根光纤。把波长间隔再缩小到0.4 nm,就可以实现200个波长的复用(0.4 nm的DWDM已经商用),如果间隔是0.2 nm或者是0.1 nm呢?

对于波长没有严格要求的光收发模块,常称之为TDM模块,对于严格控制波长的光收发模块称之为DWDM模块。DWDM的光收发模块又分为两种,一种是出厂时,波长已经固定,称之为固定波长的(Fix Wavelength)DWDM模块,还有一种就是前面说的那100多个波长可以任意调谐的,称之为可调谐(Tunable)DWDM模块,简称Tunable。

光收发模块有不同形状和接口,称之为封装形式。这个是最首要的光收发模块的分类方式,也是产品线划分的依据。

在没有光收发模块之前,那时候发射机和接收机还没有在一起,大小也没有标准化,都是大的电信设备制造商比如阿尔卡特、朗讯(请分开念,因为那时候还不是一家公司,连华为都才刚起步)自产自销,就像当年的手机充电器,接口五花八门,互不通用。这样的光收发模块大家用起来都不方便,于是大家一起制定了游戏规则,这个规则就叫多源协议(MSA)。有了MSA标准以后,很多独立的专注做光收发模块的公司就开始慢慢崭露头角了。

1) 10 Gb 及以下速率的光收发模块

2) 千兆接口转换器(GBIC)

当千兆以太网1 000Base(1 000 Mb/s 或者 1 Gb/s)来临的时候，RJ45 网口和网线已经不能满足超过百米以上的运用需求(由于六类线网线带宽限制，也只能用于距离较短、电磁环境较好的场合)，市场需要一款光电转换的接口转换器用光实现互联和通信，那么这样的千兆接口转换器(GBIC)可以说是第一个封装接口标准化的光收发模块，在光收发模块发展史上有着里程碑和划时代的地位。全球最大的光通信器件产品供应商菲尼萨(Finisar)正是从 GBIC 开始脱颖而出的。

3) SFP/XFP/SFP+

随着器件工艺水平的不断提高，光收发模块的尺寸越做越小，如同 SD 卡到 TF 卡(Micro SD)，就有了小封装可插拔模块(Mini GBIC)，支持热插拔，即插即用。

小型可插拔封装(SFP)速率也是越做越快，1.25 G，2.5 G，4 G，6 G。到了 10 Gb/s 以后，原先的封装大小放不下那么多元器件了，两室一厅不够住了，就制定了一个三室一厅的新标准 XFP。

在罗马数字里面 V 是 5，X 是 10，XFP 就是专门跑 10 Gb/s 速率的可热插拔（Pluggable）光模块。技术总是不停在进步，2006 年 10 Gb 放不进 SFP 的元器件到了 2009 年集成度做得更高，尺寸更小，终于可以从 XFP 塞进 SFP 了，旧瓶装新酒，这种 SFP 的光收发模块称为增强型小型可插拔（SFP+），叫作 SFP Plus，意思为增强型 SFP 模块。

SFP 和 SFP+ 的尺寸大小、连接器定义、功能等完全相同，为了区分，把支持 8 Gb/s 以上速率的 SFP 称为 SFP+。

4）光转发器（Transponder）300 针/XENPAK/XPAK/X2

说到 10 Gb/s 这个规格的光收发模块，在 XFP 出现之前还经历了 2 代产品 300 针和 XENPAK/XPAK/X2，因为这些模块里面都集成了串并转换芯片，这种光收发模块就叫作 Transponder。

	第一代	第二代			第三代	
模块名称（本图不表征其比例关系）	300针MSA	XENPAK	XPAK	X2	XFP	SFP+
光模块适用尺寸（长×宽比例）						
前面板密度	1	4	8	8	16	48
电接口	XSBI	XAUI	XAUI	XAUI	XFI	SFI
电信号	16×644 Mb/s	4×3.125 Gb/s	4×3.125 Gb/s	4×3.125 Gb/s	1×10.312 5 Gb/s	1×10.312 5 Gb/s
发布年份	2002	2003	2004	2005	2006	2007

因为电接口的信号数目增多了，所以电连接器的管脚（PIN）数目也相应增加了很多，就用了一个 300 针的连接器。

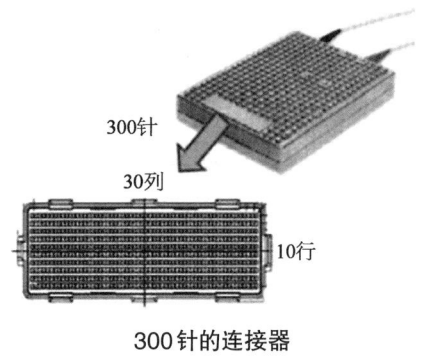

300针的连接器

在2002年，由于技术条件的限制，一方面客户的主板上面单根传输线跑10 Gb/s的信号是非常困难的，在光收发模块里面放2个电的串并转换芯片（分别是复用Mux芯片和解复用DeMux芯片），把10 Gb/s的串行信号1分16，变成16根644 Mb的信号，这样客户主板上的速率就降低了很多。另一方面也是由于光收发模块里面的光器件个头都非常大，小封装光收发模块放不下它们。

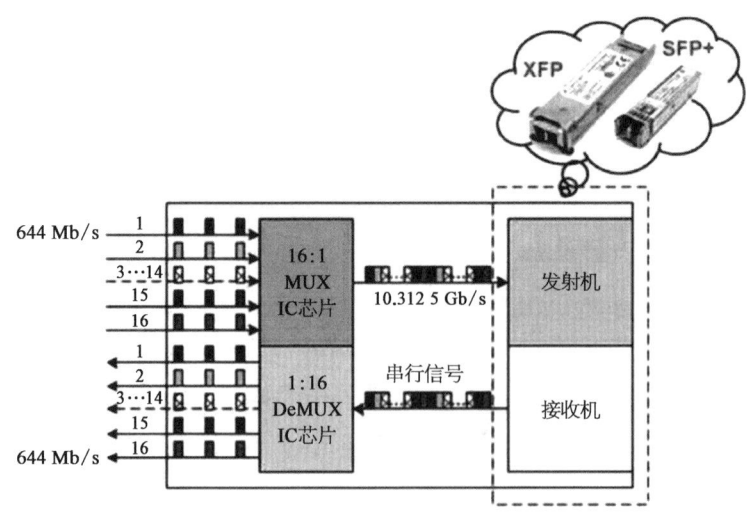

300针光收发模块和XFP/SFP+

客户主板的性能也在不断提高，逐渐可以跑3 Gb/s的信号了，于是光收发模块里面的1∶16就改成1∶4，这样光收发模块的尺寸就可以做得更小，这些内部集成了1∶4串并转换芯片的光收发模块，称之为第二代10 G 光收发模块，都是以X开头（罗马数字10，代表10 Gb/s速率），XENPAK, XPAK和X2。

到了2006年，由于电路愈加重和均衡技术的成熟，客户主板传输单根10 Gb的信号不再是难事，因此光收发模块里面就不再放置串并转换芯片，同时光收发模块里面光器件尺寸也小了很多，IC集成度也更高，小型化也就变成了可能,这就是第三代的10 G光收发模块XFP和SFP+。

5) 光收发模块封装的发展方向和归宿

要想钓到鱼,就得知道鱼爱吃什么。客户需要的是什么? 客户永远需要的是速率更快、尺寸更小、功耗更低、功能更全、性价比更高的光收发模块。长江后浪推前浪,光收发模块不同封装之间也是一代新人送旧人,如果你这旧瓶找不到新酒,只能慢慢被取代,直到消失。当XFP出现的时候,Transponder就逐渐被取代,这个旧瓶就装了可调谐这种新酒,得以苟延残喘了一段时间,现在在SFP+这种封装里面也能成熟地实现可调谐技术,所以XFP离淡出市场也就是近在咫尺的事情了。

人们对带宽的需求是无止境的,对带宽的欲望就如高山上的滚石一般,一旦开始就再也停不下来。当年网上看个电影,RMVB格式的都能让你乐得屁颠屁颠的"哎呀妈呀,真清楚啊",后来720 P你瞅都不瞅一眼,非要看1 080 P的,而现在超4 K都家常便饭了。这就对光收发模块的速率提出了更高的要求,但是TDM的方式总是有天花板的,当到了10 Gb/s的时候,就转换了发展思路和方向,能不能把每个光收发模块做得更小,然后再把几个光收发模块一起同时放到原来大小的盒子里呢? 于是,并行模块就诞生了。

6) 并行模块QSFP和CXP

一个鞋盒子里面放了一双鞋,一只做发射机(Transmitter),一只做接收机

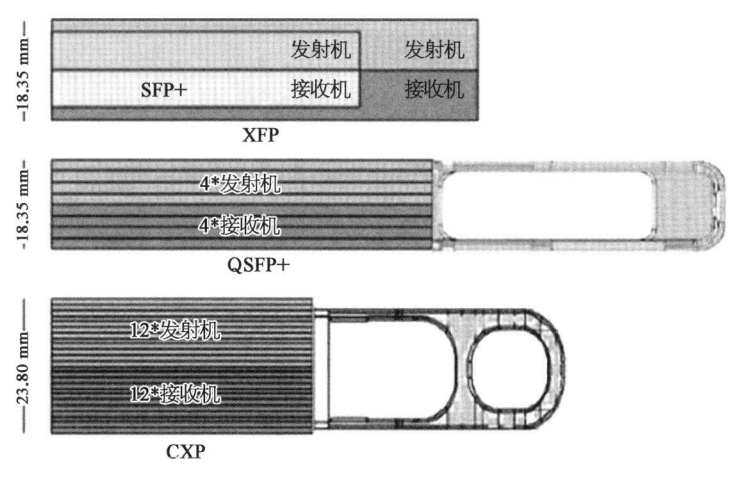

XFP/SFP+/QSFP+/CXP尺寸比较

（Receiver）。这个是传统的XFP和SFP+，如果一个鞋盒子里面放了4双鞋，称之为QSFP+（通常简称QSFP，其实文献里面都是带后面那个"+"的，表示速率在8 G以上），Q代表的是Quarter，4的意思。如果放12双鞋，就是120 G小型可插拔封装（CXP），C代表16进制里面的12（A是10，B是11），每个模块传输10 G的速率（10 G的速率用罗马数字X表示），因此CXP就是12个10 G的光收发模块。P是Pluggable，支持热插拔。

把多个光收发模块装到一个盒子里面，而且这些光收发模块能够同时并行工作，就称这样的模块为并行模块（Parallel Transceiver）。

那传统的"单核"的SFP+就退出历史舞台了吗？如果你是扫雷达人，你真的需要独立显卡的电脑来玩这个游戏吗？如果你是贪吃蛇的铁杆粉丝，你真的打算要买iPhone 6 Plus吗？需求和性价比决定了市场，所以SFP+还是会继续存在下去，只是褪去了早年明星和霸主的光环而已。SFP+自己也自强不息，奔着28 Gb/s去了。

7) MPO光接口

对于传统的XFP/SFP+，有两个光接口，一发一收。对于并行模块，QSFP（4发4收），CXP（12发12收），光怎么引出来呢？就得采用MPO光接口了。MPO是Multiple-Fiber Push-On/Pull-off的缩写，是把多根光纤做在了一起。MPO分为MPO12和MPO24两种，前者是12根纤芯，后者是24根纤芯。

8) QSFP SR4 和 QSFP LR4

前面说过，对于短距离通信，多用几根光纤那都不是事儿。但是对于长距离通信，如果能省光纤那是极好的。

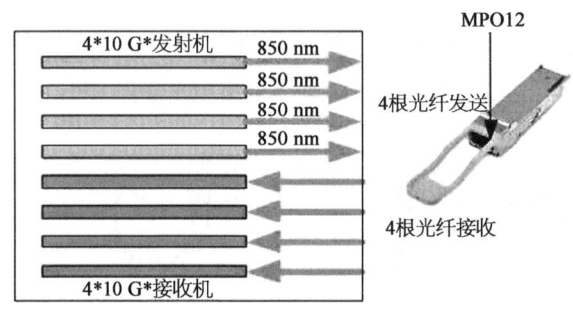

40GQSFP SR4

SR4表示短距离(4个光收发模块合一)。

LR4表示长距离。对于长距离通信的QSFP，在模块里面放置两个三棱镜，一个用来做光学的MUX(合波)，一个用来做光学的DEMUX(分波)。

早先出来的QSFP是装了4个10 G的光收发模块，现在每个光收发模块的速率已经可以提高到28 Gb/s了，把这种QSFP称之为QSFP28G模块。

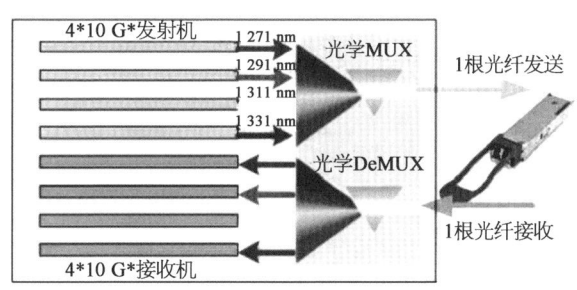

40GQSFP LR4

9) CFP/CFP2/CFP4

当年为了满足40 G的需求，定义出了QSFP这种封装形式，与此同时，市场上也有100 G的需求，于是乎100 G可插拔封装(CFP)诞生了，C就是Centum的缩写。那100 G怎么实现呢？

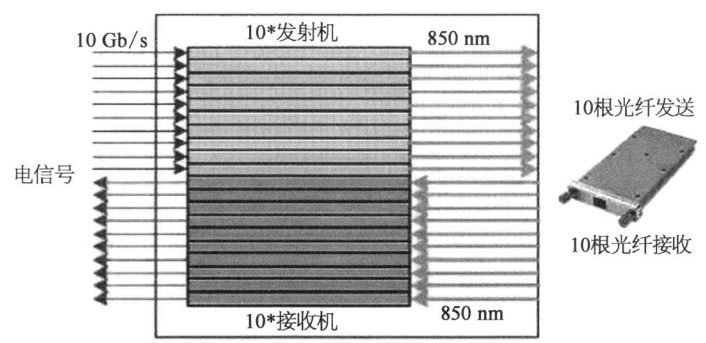

CFP方案—100GBASE-SR10(短距离10通道)

因为CFP尺寸太大，所以后来的发展方向就是把它做小，这就是后来的CFP2和CFP4。

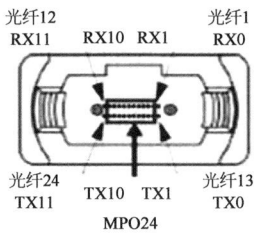

用MPO24芯光纤连接(RX0和RX11,TX0和TX11不用)

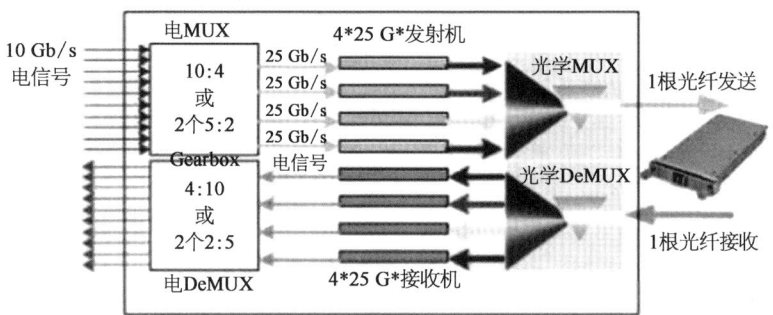

CFP方案二

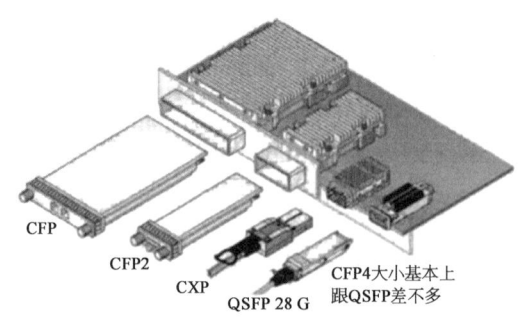

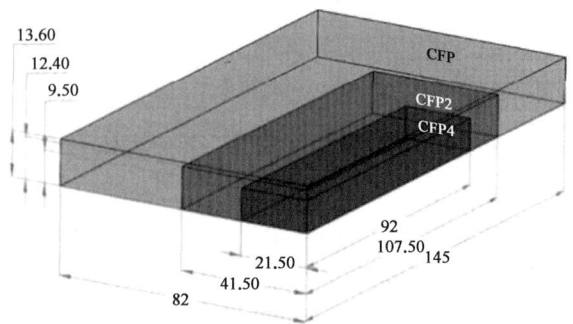

CFP/CFP2/CFP4尺寸比较

第一章 光学发展史

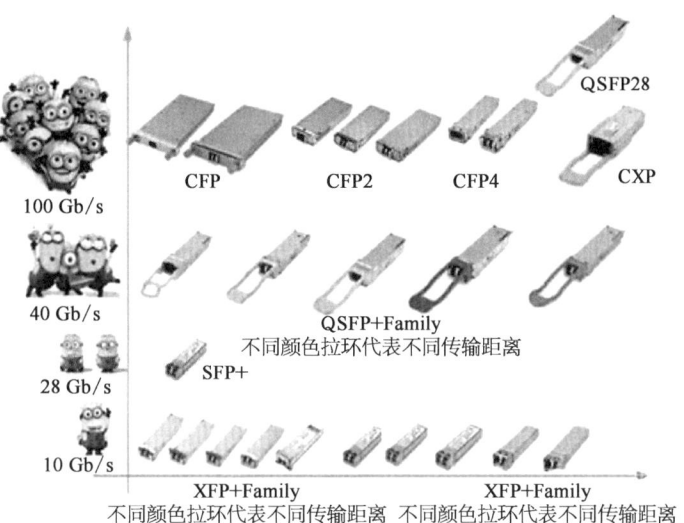

光收发模块

第二章
光　纤

什么是光纤

什么是光纤（Fiber）？光模块研发频繁用的这种：

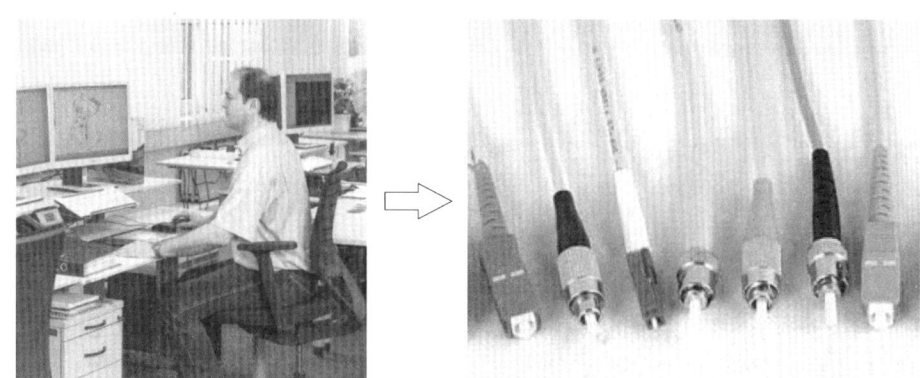

光模块生产工程师见过这些：

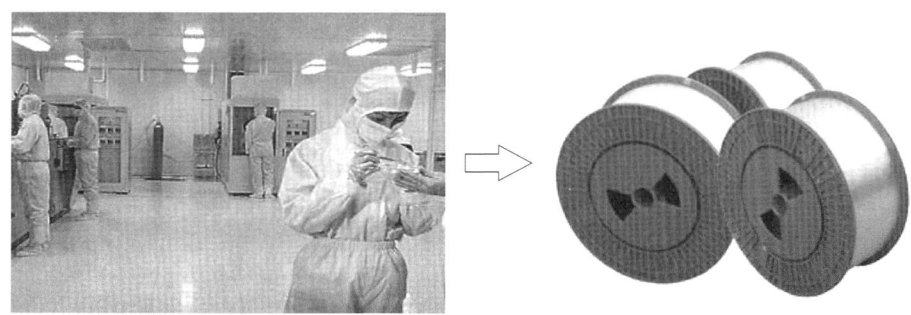

线缆部署工程师见过这些：

科学家们提到的光纤就是光导纤维。

光纤是光通信系统中的高速公路,提到光纤,就要先介绍一个人:

华裔,同时拥有英国、美国、中国香港多重身份

历史意义:光纤每公里损耗由1 000 dB降至20 dB

获诺贝尔奖,被誉为"光纤之父"

高锟

高锟是华裔光电工程师、学者。1933年生于上海。1965年英国伦敦大学获得博士学位。1966年,在英国标准电信实验室的研究成果,发表了具有重大历史意义的论文,分析了玻璃纤维损耗大的主要原因,大胆地预言,只要能设法降低玻璃纤维的杂质,就有可能使光纤的损耗从每公里1 000 dB降低到20 dB,从而有可能用于通信。2009年与博伊尔和史密斯共享诺贝尔物理学奖。

高锟1966年的观点,1970年被康宁科学家实现

莫勒、凯克和舒尔茨

1970年美国康宁公司的科学家莫勒(R. Maurer)、凯克(D. Keck)和舒尔茨(P. Schultz)设计和演示了低损耗的光纤(18 dB/km)。

光纤衰减降低,光信号可以传输长距离了。

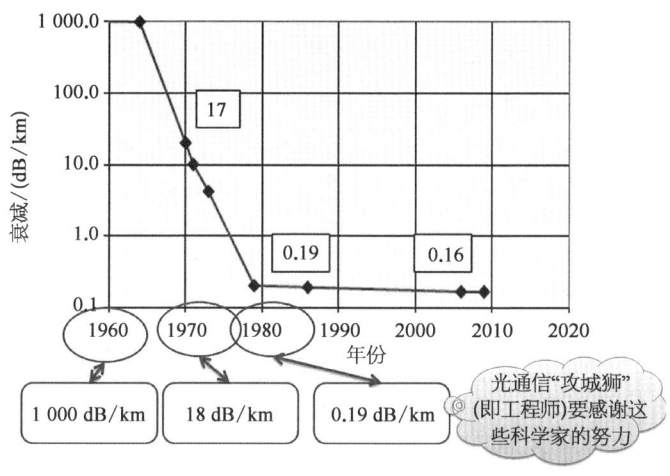

光纤损耗

接下来进入正题：

光纤是光导纤维的简称，是一种由玻璃或塑料制成的纤维，可作为光传导工具。基于"光的全反射"原理传输光信号。

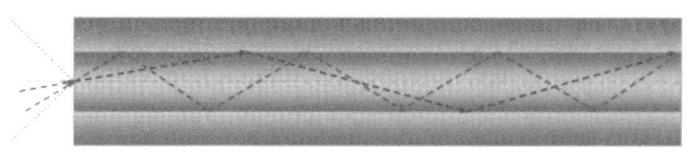

光在光纤中的传输

光纤结构

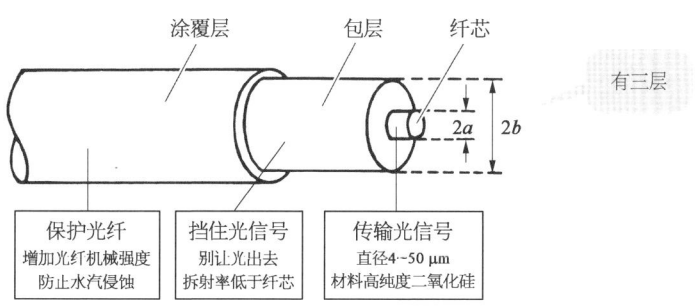

光纤分类

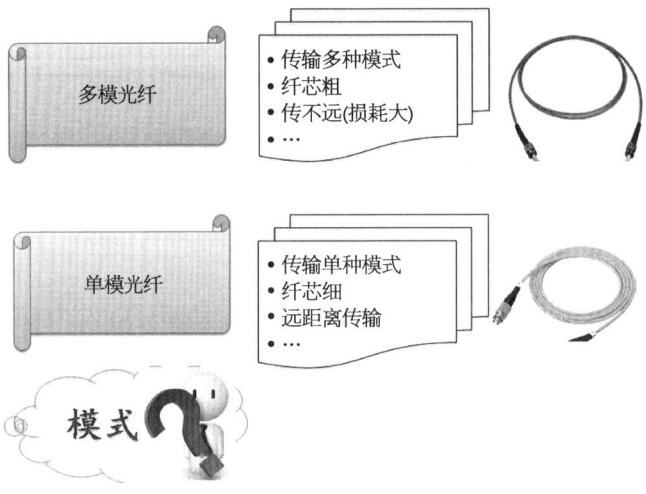

- 多模光纤
  - 传输多种模式
  - 纤芯粗
  - 传不远(损耗大)
  - …

- 单模光纤
  - 传输单种模式
  - 纤芯细
  - 远距离传输
  - …

模式？

光纤标准

国际电联电信联盟 ITU
International Telecommunication Union
国际电信联盟通信标准化组织 ITU-T
ITU Telecommunication Standardization Sector

ITU-T 是 ITU 下的标准组织

G.652 进一步细分
G.652A
G.652B
G.652C

G.655 也细分
G.655A
G.655B

➤ G.651 光纤（50/125 μm 多模渐变型折射率光纤）
➤ G.652 光纤（非色散位移光纤）
➤ G.653 光纤（色散位移光纤 DSF）
➤ G.654 光纤（截止波长位移光纤）
➤ G.655 光纤（非零色散位移光纤）

光纤制备工艺

方法	外部化学气相沉积法（OVD）	改进的化学气相沉积法/管内化学气相沉积法（MCVD）	轴向化学气相沉积法（VAD）	等离子化学气相沉积法（PCVD）
反应机理	火焰水解	高温氧化	火焰水解	低温氧化
热源	甲烷或氢氧焰	氢氧焰	氢氧焰	等离子体
沉积方向	靶棒外径向	管内表面	靶同轴向	管内表面
沉积速率	大	中	大	小
沉积工艺	间歇	间歇	连续	间歇
预制棒尺寸	大	小	大	小
折射率分布	容易	容易	单模：容易 多模：较难	极易
原料纯度	不严格	严格	不严格	严格
企业	1974年美国康宁公司开发 1980年全面投入使用	1974年美国阿尔卡特公司开发	1977年日本NTT公司开发	荷兰飞利浦公司开发
使用厂家	美国康宁公司 日本西谷公司中国富通公司	美国阿尔卡特公司 天津46所	日本住友、古河等公司	荷兰飞利浦公司、中国武汉长飞公司

光纤传输原理

光在光纤中如何传播

基于全反射原理:纤芯的折射率大于包层折射率

光纤结构:

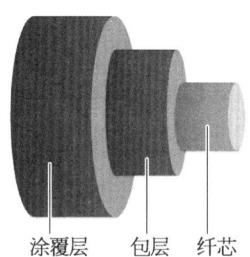

涂覆层　包层　纤芯

为什么是这种结构?

初中物理告诉我们:光从真空(或空气)进入介质(如玻璃),会发生折射与反射,折射率就是光在真空中的传播速度与光在该介质中的传播速度之比率。

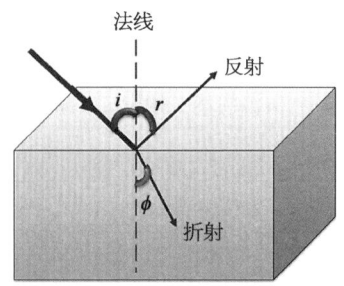

$$折射率(n) = \frac{\sin i}{\sin \phi} = \frac{c(真空光速)}{v(介质光速)}$$

光从高折射率介质入射到低折射率介质,控制好入射角度,会发生全反射现象。

光从玻璃进入真空:

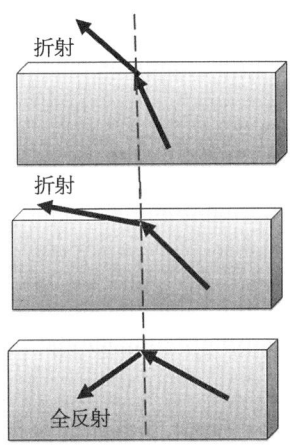

光纤就是利用光的折射定律,实现在纤芯内的全反射,所以必要条件之一是,纤芯折射率大于包层折射率。

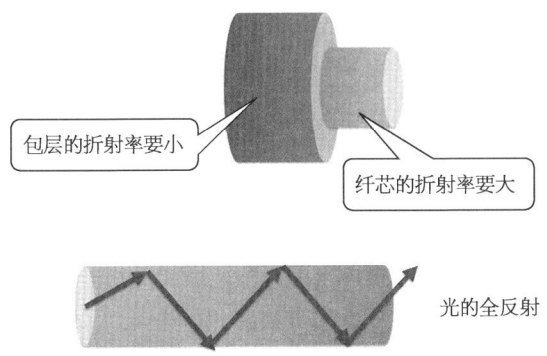

必要条件之二,则是控制输入角度。

光纤数值孔径

光纤就是利用光的折射定律,实现在纤芯内的全反射。

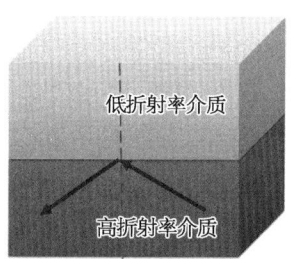

下图虚线的部分,有折射有反射,实线是全反射。

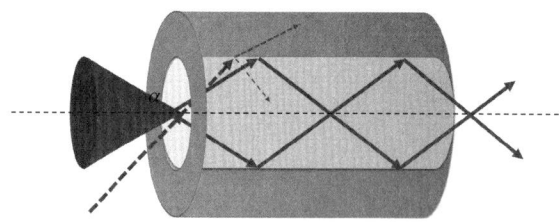

光在这个实线区域内,可实现纤芯的全反射,数值孔径与入射光束能实现全反射的最大临界入射角相关。

$$数值孔径\ NA = \sin\alpha$$

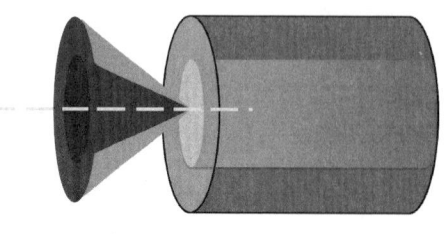

举个例子:一束光是灰色那么大,但是只有黑色那部分可以实现纤芯全反射,其余部分是有部分光折射出光纤了的,数值孔径表征的就是这个黑色区域的光的最大角度,也就是表征了光纤接收光的能力。

两个介质的折射率差异越大,更容易实现全反射。所以用相对折射率差(n)的概念,也表征了光的接收能力。

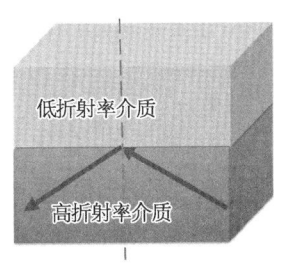 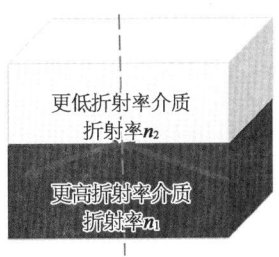

$$相对折射率差 = \frac{n_1 - n_2}{n_1}$$

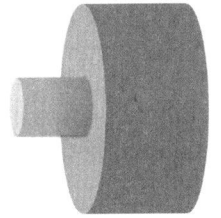 

单模光纤
相对折射率差0.3%~0.6%

多模光纤
相对折射率差1%~2%

光纤的收光能力和光束入射角度相关,也和纤芯与包层的相对折射率相关。

那光纤的数值孔径越大越好吗?

数值孔径大,接收光的能力增强了。但是光模式(OM)畸变也大了,传不了高速信号,带宽受限,所以NA并不是越大越好。

NA增加,光入纤效率提高,付出的是传输带宽降低的代价。

小结:

数值孔径表征光的接收能力,数值孔径大,收光能力强。

数值孔径大,光纤信号带宽降低。

干线传输光纤设计

长途干线的系统容量模型:

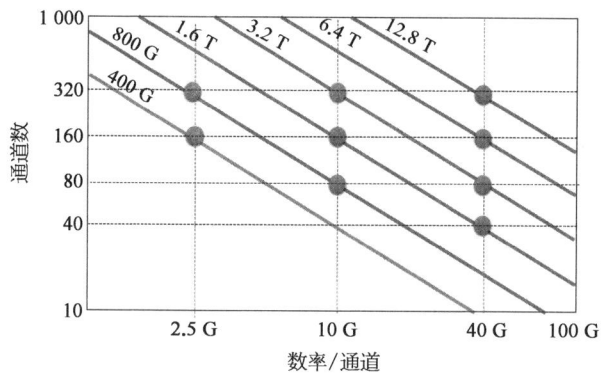

2.5 G 速率,160个通道 DWDM 系统可以实现 400 Gb/s 传输,同理 320 个通道实现 800 Gb/s 传输。40 G 系统、320 个通道,就有 12.8 Tb/s 的容量。

长途骨干或海缆传输,一般都需要中继。传输连接模型:

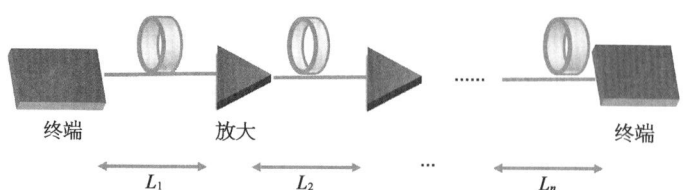

N 段放大器连接的传输系统模型

传输的光信噪比计算模型:

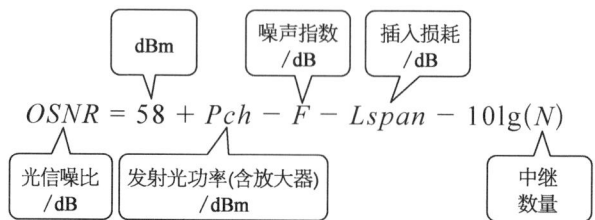

$$OSNR = 58 + Pch - F - Lspan - 10\lg(N)$$

每一段中继距离不同,通道数与光功率的选择涉及非线性效应与放大器成本之间的平衡。

(1)中继距离长,用的放大器少,省钱。要求出光功率大,有非线性效应。

(2)中继距离短,避免非线性效应,可是通道数增加,成本高。

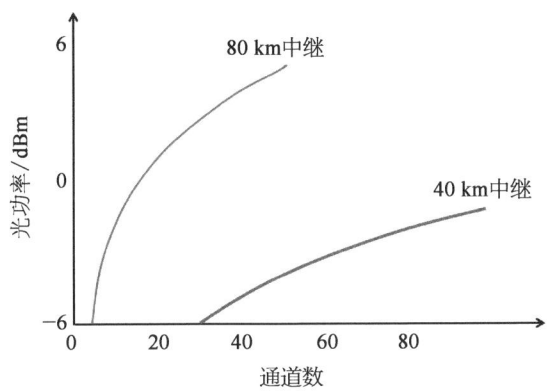

通过最早设计干线传输,来了解解决问题的思路是怎样一步步推进的。

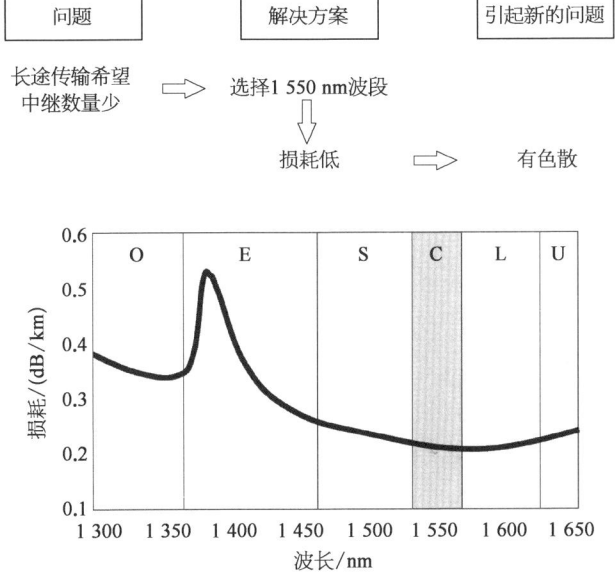

C波段功率损耗低,降低了中继数量,传得更远,但引入了色散问题:

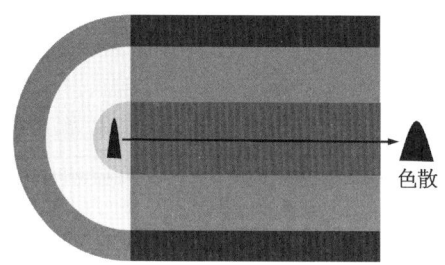

那就在光纤上想办法,做零色散光纤:

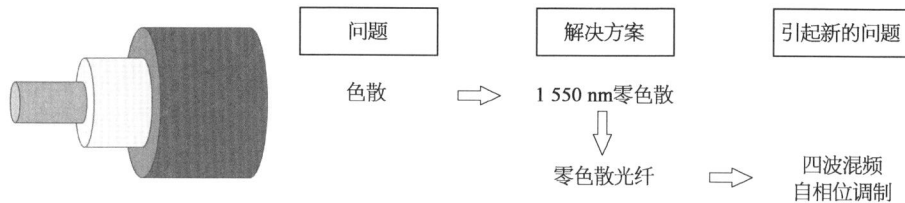

零色散光纤解决了C波段色散的问题,又引起四波混频和自相位调制。那就用非零色散光纤(NZDF):

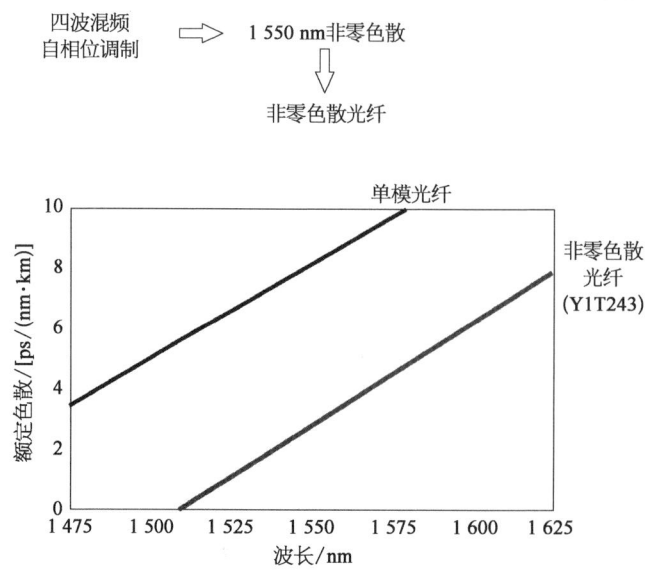

用非零色散光纤,结果又引起色散了,那不能跳入老循环,得采取新的模式,降低光纤的色散斜率:

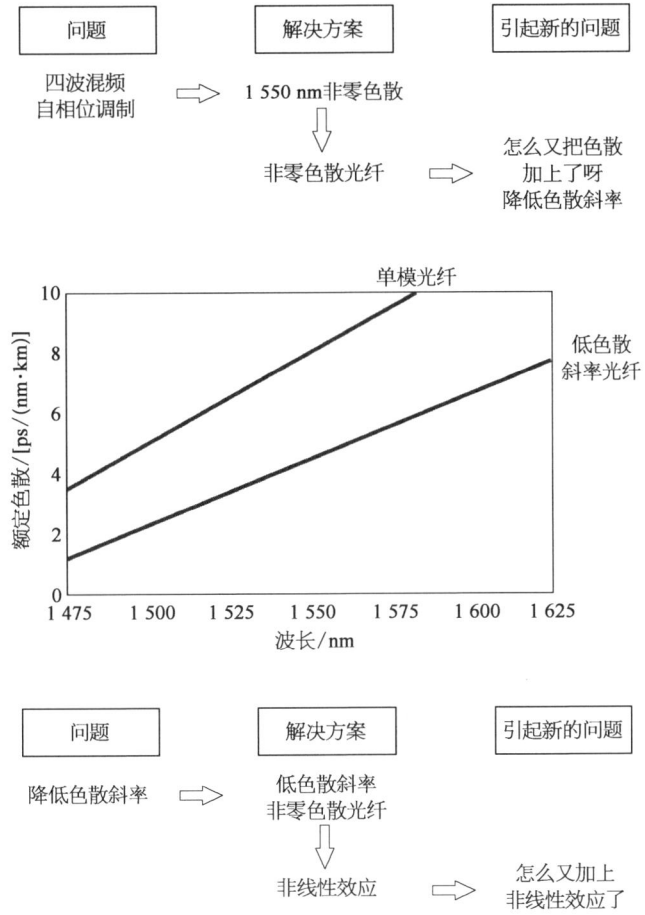

在降低色散斜率后,引入新的问题——非线性效应,用大有效面积光纤（LEAF）来解决:

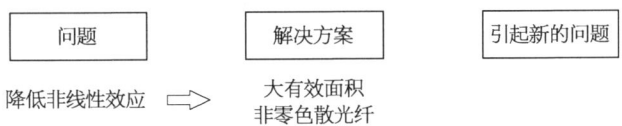

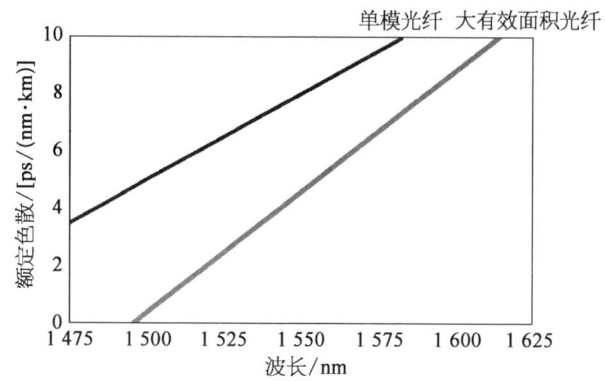

在损耗、色散、非线性效应之间逐步解决,收敛到一个比较合适的骨干传输光纤设计区域:

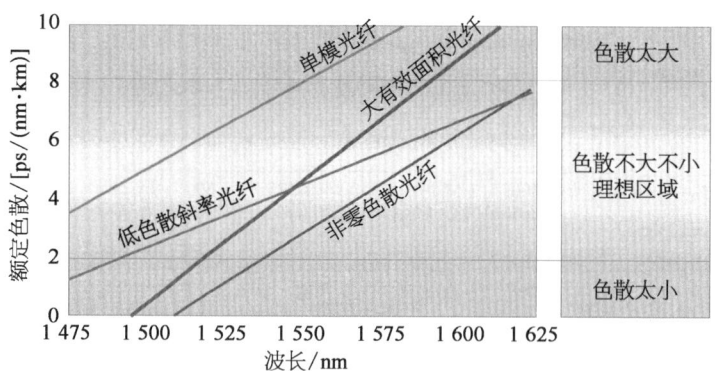

下图的方形深灰色区域,就是重点分析的骨干网传输光纤设计:

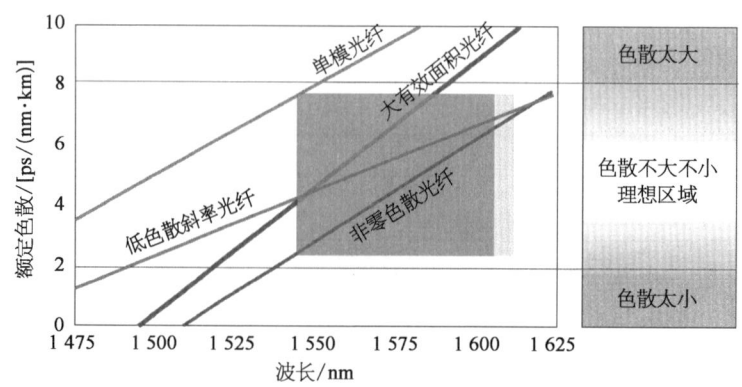

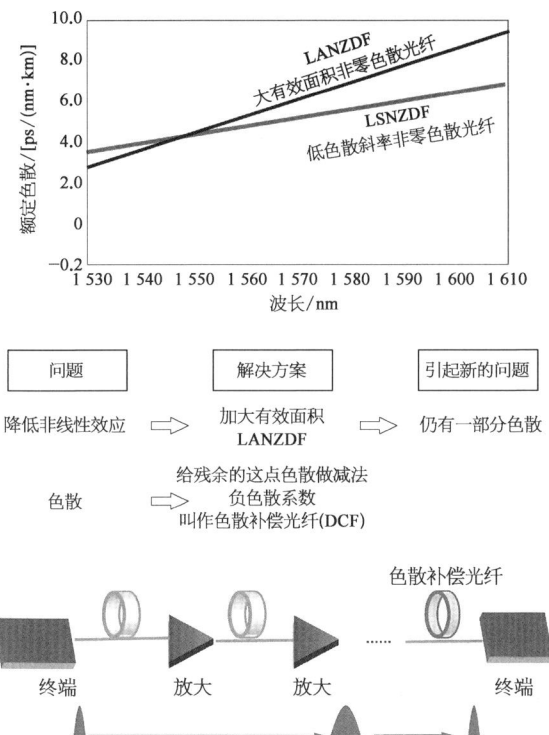

色散补偿光纤（DCF）：

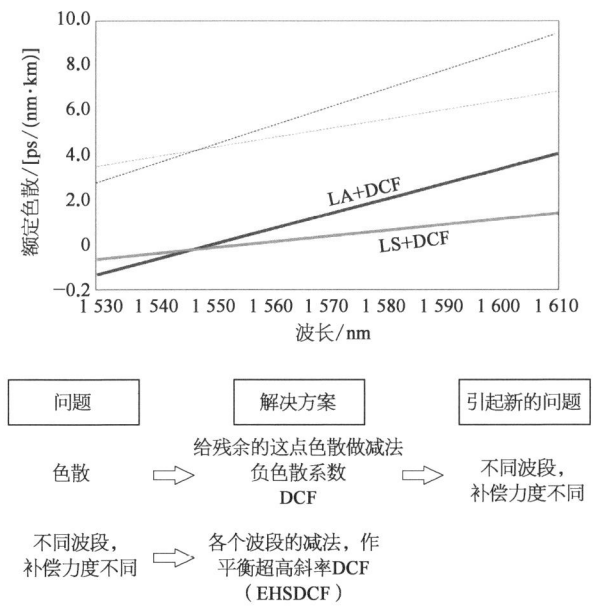

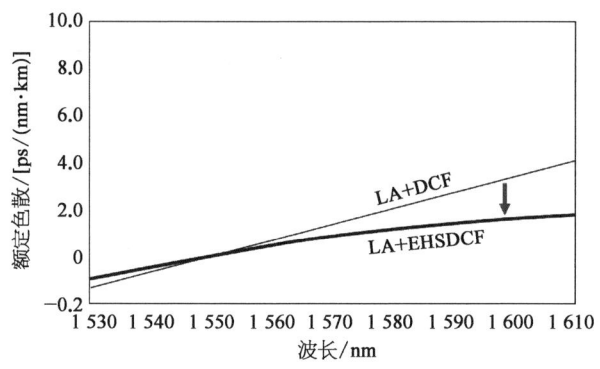

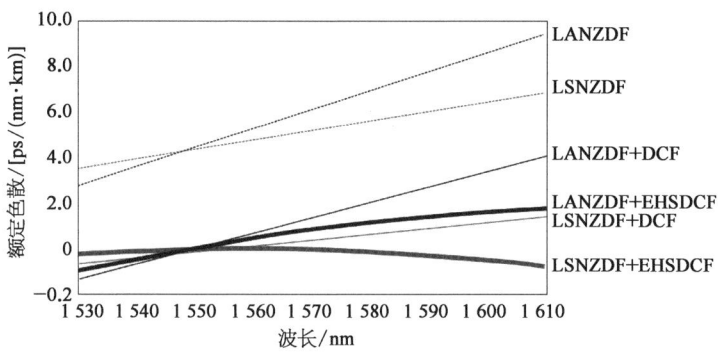

最后骨干光纤的设计:

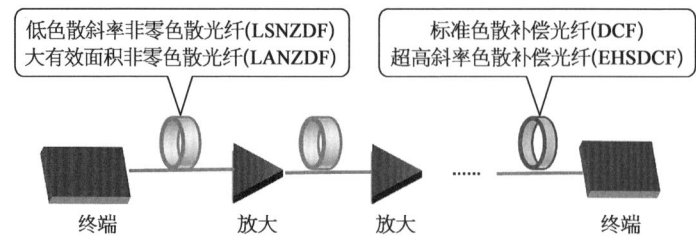

保偏光纤、蝴蝶结/领结/熊猫型光纤

1 550 nm是个低衰减波段:

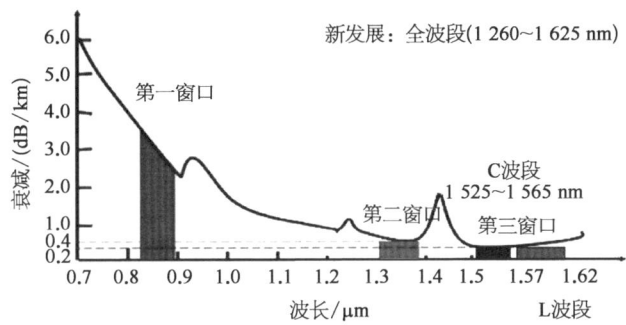

但 1 550 nm 又是个高色散的波段,信号传不远。

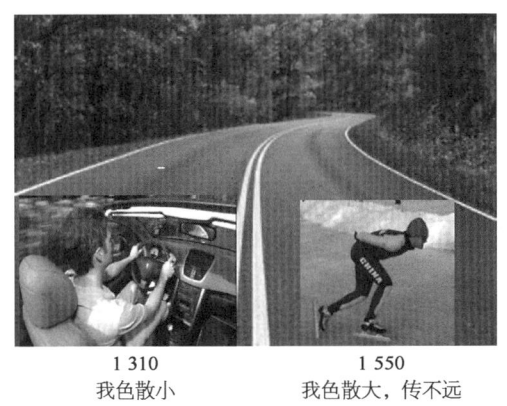

1 310
我色散小

1 550
我色散大,传不远

怎么办,科学家有办法,建一条对 1 550 nm 无色散的光纤。

色散位移光纤(DSF),在 1 550 nm 色散为零,可以传远啦,但是又有新的问题。

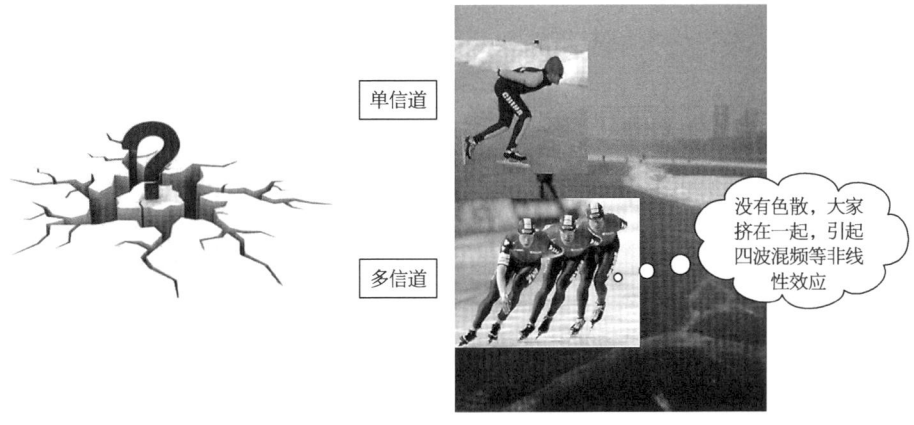

色散位移光纤在 1 550 nm 色散为零,不利于多信道的 WDM 传输,用的信道数较多时,信道间距较小,这时就会发生四波混频(FWM)导致信道间发生串扰。如果光纤线路的色散为零,FWM 的干扰就会十分严重;如果有微量色散,FWM 干扰反而还会减小。针对这一现象,科学家又研制了一种新型光纤,即非零色散光纤(NZDSF)。

零色散光纤

1 550 nm 色散为0,
无时延四波混频

非零色散光纤

1 550 nm 略有色散,
加一点时延

略加一点色散,很好。

非线性效应之——自聚焦、自相位调制

在世界上第一台红宝石激光器出来后,除了有"心理阴影"的弗兰肯(Franken),其他的科学家也进行了各种研究。罗彻斯特大学的一个研究组发现一个现象,红宝石激光器的光很大后,会损伤玻璃,而且损伤像一条线。

汤斯(Townes)认为这是自捕获现象。汤斯获得过诺贝尔奖,激光器发明史上非常牛的样板式科学家,并且因为"Laser"这个词的发明权与弟子打了

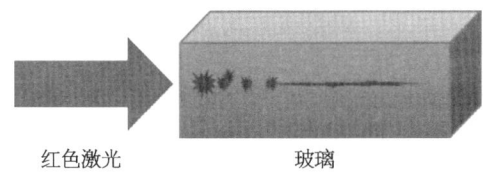

红色激光　　　　　玻璃

30年官司。

下面通过图解来聊聊自捕获、自聚焦、自相位调制。

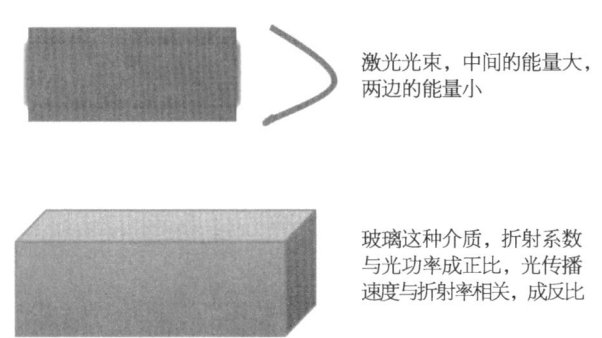

激光光束，中间的能量大，两边的能量小

玻璃这种介质，折射系数与光功率成正比，光传播速度与折射率相关，成反比

简单说，就是激光束中间的光强度大，越走越慢，反而两边越走越快。

就像跑马拉松，中间人多起来，掣肘不容易发挥速度，旁边人少能跑起来。

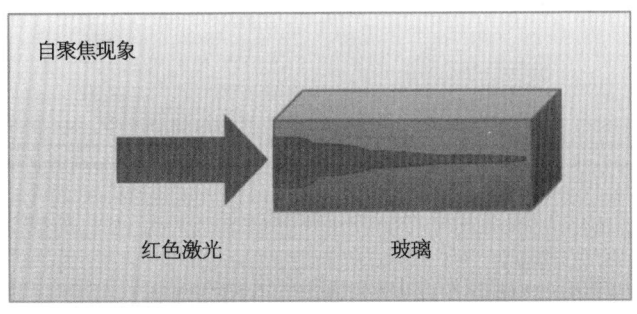

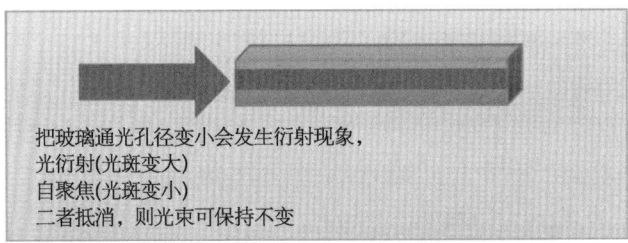

自调制相位:

功率大小不同,引起光纤折射率变化,折射率变化会引起速度不同,"1"走得慢,"0"走得快。

"1010"排好队进入光纤,0走得快1走得慢,出来后

第二章 光 纤

有论文说,自相位调制可以抵消直接调制的啁啾引起的色散,多好啊

是啊,有时候是可以看到这个现象,啁啾导致信号脉宽展宽,传输一段后,脉宽又收窄啦,灵敏度还有所提升。多好啊

后来科学家告诉我们这些应用"攻城狮",关键是自相位调制啦、自聚焦啦、很难控制
一句话,好是好,全凭运气

海底光缆——防鲨/防腐……

跨洋通信一般使用光通信。通信当然可以上天,卫星通信可以跨洋。能上天也能入海,上天有难处,入海也不容易。

卫星通信,一个卫星10～15年燃料就耗尽了。

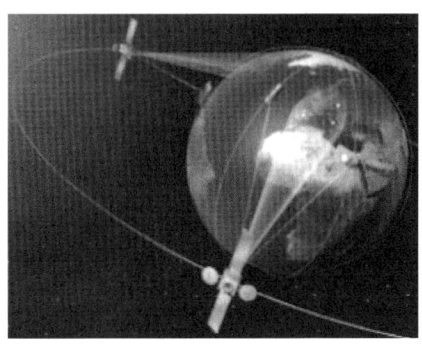

海底光缆(电缆)至少能用25年。

1988年的第一条海底光缆可以说是光通信的里程碑。没有海底光缆,各个国家基本上就成大型局域网(LAN)了。

海底光缆怎么做?简单说,分三步:

第一步:做光纤。

第二步:海底开沟放光纤。

第三步:上网。

做海底光纤:复杂地说,分N步。

海水有腐蚀性,咸的:防腐。

穿越地震带:防水。

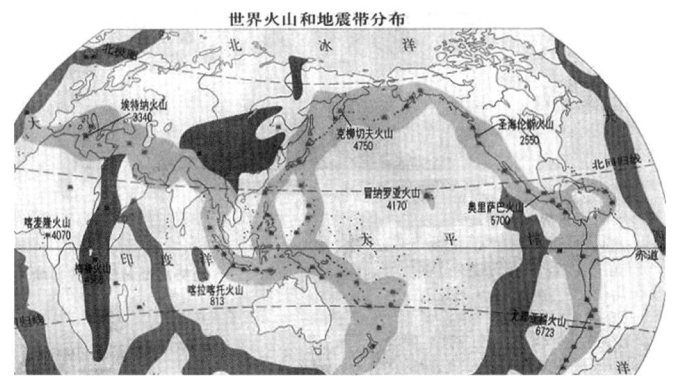

海底有鲨鱼:防鲨。

海底光缆要防腐/防水/防鲨：

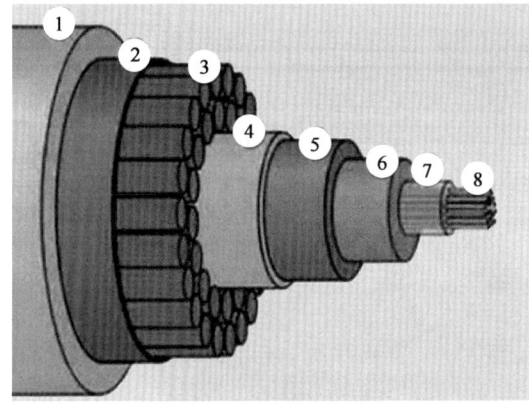

1-聚乙烯层
2-聚酯树脂或沥青层
3-钢绞线层
4-铝制防水层
5-聚碳酸酯层
6-铜管或铝管
7-石蜡/烷烃层
8-光纤

海底光缆，8是通信的光纤；1~7都是为了保护1 m海底光缆，重达10 kg

做好光纤，再来看怎么铺设：

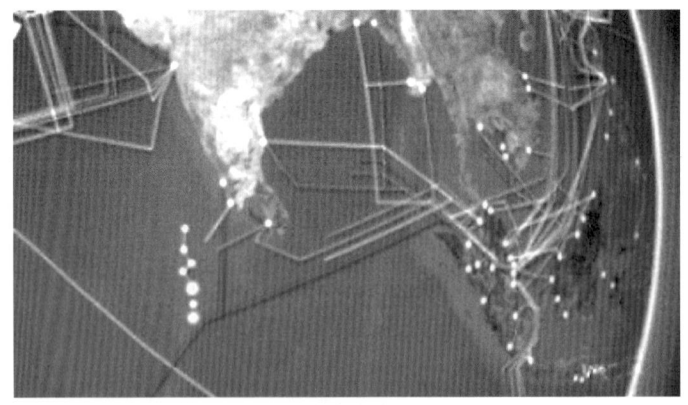

海底光缆

浅水铺设

深水铺设

第二章 光 纤

海底光纤的中继：

无中继一般光信号传输400 km
大于400 km，需要加中继站，需要有源设备和光放大器

原理很简单,将光缆的一端固定在岸上,船会慢慢向外海开动,一边把光缆沉入海底,一边利用海底的挖掘机进行铺设。

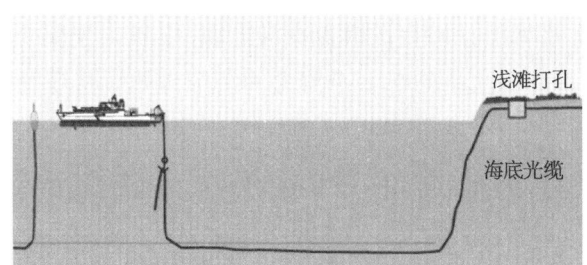

浅滩打孔
海底光缆

海底挖掘机：

专业人士的说法：

海底电缆工程被世界各国公认为复杂困难的大型工程。根据不同的海洋环境和水深，海底光缆的铺设也分别采用不同的方法。

在浅海，如水深小于200 m的海域缆线采用埋设，水力喷射式埋设是主要的埋设方法。具体来说，海底光缆埋设主要包括光缆路由勘查清理、光缆敷设和冲埋保护三个阶段。埋设设备的底部有几排喷水孔，平行分布于两侧，作业时，每个孔同时向海底喷射出高压水柱，将海底泥沙冲开，形成海缆沟；设备上部有一导缆孔，用来引导光缆到海缆沟底部，由海流将冲沟自动填平。埋设设备由施工船拖曳前进，并通过工作电缆作出各种指令。

而在深海则采用敷设方式，靠海缆自重敷设在海底表面。简单来说，海底光缆铺设就是把光缆放在海底光缆敷设船上，然后船慢慢开动的同时把光缆平铺沉入海底。

过去，常常借海流让砂自然覆盖在沟上面，以省去埋缆线的时间。而现在通常会用配备高压水泵的水下机器人冲一个沟然后将缆线放进去再埋上泥土。

光缆敷设时要通过控制敷设船的航行速度、光缆释放速度来控制光缆的入水角度以及敷设张力，避免由于弯曲半径过小或张力过大而损伤光缆。深海段敷设时，光缆敷设船释放出光缆，使用水下监视器、水下遥控车不断地进行监视和调整，控制敷设船的前进速度、方向和敷设光缆的速度，以绕开凹凸不平的地方和岩石，避免损伤光缆。

海底光缆的修复：

分浅水修复与深水修复，通信工程师不容易

海底光缆常常会出现故障,海缆断裂一般有两大原因:一是地震、海啸等不可抗力,比如2006年受台湾地震影响,多条国际海底通信光缆发生中断,导致国内互联网用户无法正常访问国外网站;二是人为原因,来自船舶、鲨鱼等不经意间的破坏,有时候是敌军的蓄意破坏。海底光缆的断缆,不仅在国际通信上造成巨大影响,造成的损失更是无法估算。一旦光缆出现问题,在茫茫大海中,从深达几百米甚至几千米的海床上找到直径不到10 cm的海缆,就如同大海捞针。再探测到光缆的断裂点,并将之打捞上来,重新接好放回海底,其技术难度可想而知。

修复工作的第一步是找到断点。海缆工程师可以通过电话和互联网中断

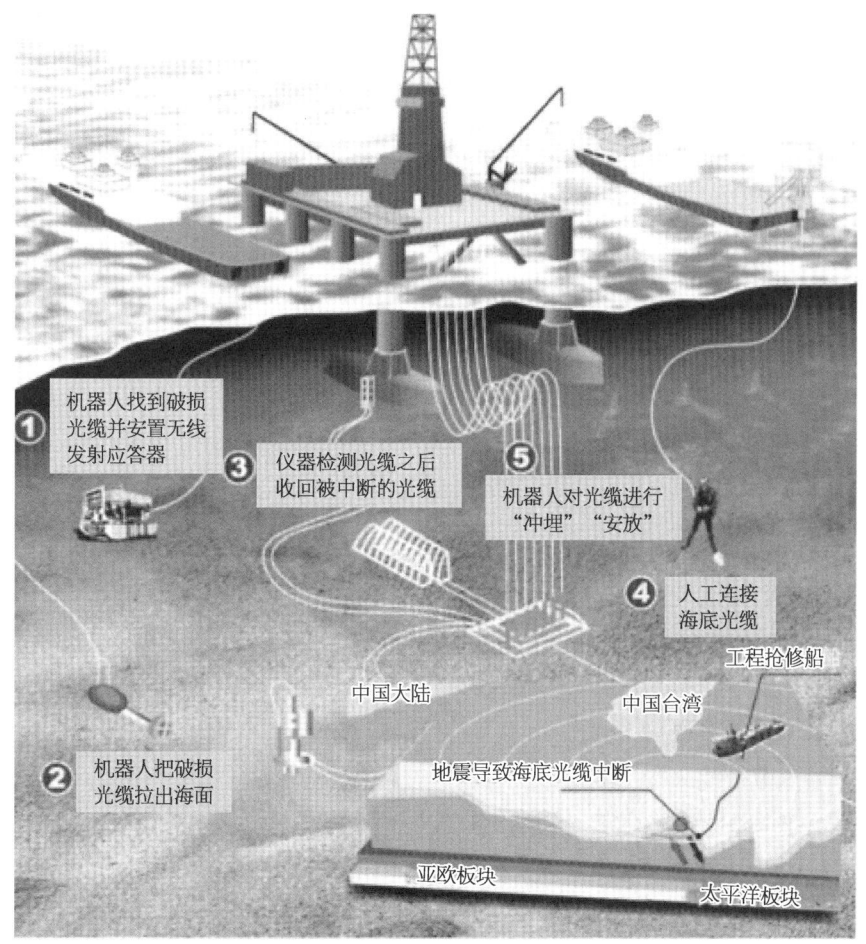

海底光缆修复

情况找到断点的大概位置。岸上终点站可以发射光脉冲,正常的光纤可以一直在海中传输这些脉冲,但是如果光纤在哪里断了,脉冲就会从那一点弹回,岸上终点站就这样可以找到断点。之后就需要船只运来新的光缆进行修补,但先要把断的光纤捞上来。如果光缆在水下不足2 000 m的深处,可以使用机器人打捞光缆,而位于水深3 000～4 000 m的海域,只能使用一种抓钩,抓钩收放一次就需要耗费数十个小时。

如2006年台湾南部地震受损光缆的修复,海底光缆故障处理一般要经过5个步骤,过程为:① 机器人潜下水后,通过扫描检测,找到破损海底光缆的精确位置。② 机器人将浅埋在泥中的海底光缆挖出,用电缆剪刀将其切断。船上放下绳子,由机器人系在光缆一头,然后将其拉出海面。同时,机器人在切断处安置无线发射应答器。③ 用相同办法将另一段光缆也拉出海面。和检修电话线路一样,船上的仪器分别接上光缆两端,通过两个方向的海底光缆登陆站,检测出光缆受阻断的部位究竟在哪一端。之后,收回较长一部分有阻断部位的海底光缆,剪下。另一段装上浮标,暂时任其漂在海上。④ 接下来靠人工将备用海底光缆接上海底光缆的两个断点。连接光缆接头,可是个"技术含量"极高的活,非一般人能够胜任,必须是经过专门的严格训练、并拿到国际有关组织的执照后的人员,才能上岗操作。像这样的"接头工",上海电信方面目前只有三四名。⑤ 备用海底光缆接上后,经反复测试,通信正常后,就抛入海水。这时,水下机器人又要"上阵"了:对修复的海底光缆进行"冲埋",即用高压水枪将海底的淤泥冲出一条沟,将修复的海底光缆"安放"进去。

中国大陆地区海底光缆

第一个是青岛(2条光缆)。

第二个是上海(6条光缆)。

第三个是汕头(3条光缆)。

由于光缆之间存在重合,所以实际上,中国大陆与Internet的所有通道,就是3个入口6条光缆。

(1) APCN2(亚太二号)海底光缆

带宽:2.56 Tb/s

长度:19 000 km

经过区域:中国大陆、中国香港、中国台湾与日本、韩国、马来西亚、菲律宾。

入境地点:汕头、上海

(2)CUCN(中美)海底光缆

带宽:2.2 Tb/s

长度:30 000 km

经过区域:中国大陆、中国台湾与日本、韩国、美国

入境地点:汕头、上海

(3)SEA-ME-WE 3(亚欧)海底光缆

带宽:960 Gb/s

长度:39 000 km

经过区域:东亚、东南亚、中东、西欧

入境地点:汕头、上海

(4)EAC-C2C海底光缆

带宽:10.24 Tb/s

长度:36 800 km

经过区域:亚太地区

入境地点:上海、青岛

(5)FLAG海底光缆

带宽:10 Gb/s

长度:27 000 km

经过区域:西欧、中东、南亚、东亚

入境地点:上海

(6)泛太平洋(Trans-Pacific Express,TPE)海底光缆

带宽:5.12 Tb/s

长度:17 700 km

经过区域:中国大陆、中国台湾与韩国、美国

入境地点:上海、青岛

作为比较,中国台湾有9条光缆,中国香港和韩国各有11条光缆,而日本至少有11个入口15条光缆。

附录：海底通信历史

1850年盎格鲁—法国电报公司开始在英国和法国之间铺设了世界第一条海底电缆，只能发送莫尔斯电报密码。

这一条穿越英吉利海峡的电缆，品质粗劣，没有其他任何保障。1851年11月13日，受保护的核心，即真正的电缆，被架设起来，1852年，大不列颠及爱尔兰被连接在一起。

1852年海底电报公司第一次将缆线从伦敦连到巴黎。1853年，英格兰一个电缆横跨北海，被架设到荷兰。

1858年赛勒斯由西场（Cyrus West Field）说服英国工业家基金第一次尝试打下一条跨大西洋的电报电缆，这条电缆的技术从一开始就存在不少问题。科学家试图在1865年和1866年不断尝试更新的技术，大东电报局铺设了世界上第一条成功通信的跨大西洋电缆。

1863年，电缆从孟买连接到阿拉伯半岛。

1866年英国在美、英两国之间铺设跨大西洋海底电缆（The Atlantic Cable）取得成功，实现了欧美大陆之间跨大西洋的电报通信。

1876年，贝尔发明电话后，海底电缆具备了新的功能，各国大规模铺设海底电缆的步伐加快了。

1886年，中国第一条海底电缆是由清朝时期台湾首任巡抚刘铭传铺设的通联台湾全岛以及大陆的水路电线，主要作为发送电报用途，由清代台湾台南安平通往澎湖，长53 n mile（1 n mile=1 852 m）。

到1888年共完成架设两条水线，一条是福州川石岛与台湾沪尾（淡水）之间的177 n mile水线，主要是方便台湾向清廷通报当地的天灾、治安、财经情况，并提供商务通信使用；另外一条是台南安平通往澎湖的53 n mile水线。福建外海川石岛的大陆登陆点依旧存在，但是台湾淡水的具体登陆点已经不可考了。

1902年，环球海底通信电缆建成。

1902—1903年，海底电缆从美国大陆连接夏威夷，1902年连接关岛，1903年连接菲律宾。1902年加拿大、澳大利亚、新西兰和斐济也完成连线。

1987年，中国台湾第一条海底电缆完成，即中国台湾淡水与日本长崎之间（已停用）。

国际电缆登陆点有宜兰头城，即电缆从宜兰县头城镇连接美国、日本、东北亚、东南亚、澳大利亚、新西兰、菲律宾等地；屏东枋山，即电缆从屏东县枋山乡连接中国大陆和琉球、日本、韩国、关岛，以及美国西海岸的加州和俄勒冈州。

1988年，中国大陆第一条海底电缆完成，即福州川石岛与台湾（淡水）之间，长177 n mile（已停用）。

1988年，在美国与英国、法国之间敷设了越洋的海底光缆（TAT-8）系统，全长6 700 km。这条光缆含有3对光纤，每对的传输速率为280 Mb/s，中继站距离为67 km。这是第一条跨越大西洋的通信海底光缆，标志着海底光缆时代的到来。

1989年，跨越太平洋的海底光缆（全长13 200 km）也建设成功，从此，海底光缆就在跨越海洋的洲际海缆领域取代了同轴电缆，远洋洲际间不再敷设海底电缆。

进入20世纪90年代，海底光缆已经和卫星通信成为当代洲际通信的主要手段。

1989—1998年底，中国已经先后参与了18条国际海底光缆的建设与投资。

1993年12月，第一个在中国登陆的国际海底光缆系统是中国—日本（C-J）海底光缆系统。

1996年2月中韩海底光缆建成开通，分别在我国青岛和韩国泰安登陆，全长549 km。

1997年11月，我国参与建设的全球海底光缆系统（FLAG）建成并投入运营，这是第一条在我国登陆的洲际光缆系统，分别在英国、埃及、印度、泰国、日本等12个国家和地区登陆，全长27 000多km，其中中国段为622 km。

2000年9月14日，随着亚欧海底光缆上海登陆站的开通，由中国电信集团公司参与建设、连接亚欧海底33个国家和地区的亚欧海底光缆系统，经过三年多的建设正式开通。它的建成标志着我国国际通信水平又迈上一个新台阶。

2014年8月12日，谷歌宣布，将与其他5家公司合作，建设价值3亿美元的太平洋海底光缆系统,从而帮助亚洲用户获得更快的网速。这一名为"FASTER"的高速海底光缆将连接日本海岸线的两处位置和美国西海岸城市,包括洛杉矶、旧金山、波特兰和西雅图。在该项目上与谷歌合作的5家公司包括中国移动、中国电信、法国Global Transit、日本KDDI和新加坡电信。在建设完成后,这一海底光缆的带宽将达到60 Tb/s,是普通有线调制解调器带宽的约1 000万倍。

谷歌还支持了另一个连接美国和日本的跨太平洋海底光缆系统UNITY。这一系统已于2010年投入使用。当时的海底光缆带宽为7.68 Tb/s。

模场直径,麦克斯韦方程组与波动、波导、模式之逻辑

模场直径(MFD),用来表征在单模光纤的纤芯区域基模光的分布状态。基模在纤芯区域轴心线处光强最大,并随着偏离轴心线的距离增大而逐渐减弱。一般将模场直径定义为光强降低到轴心线处最大光强的$1/e^2$的各点中两点最大距离。

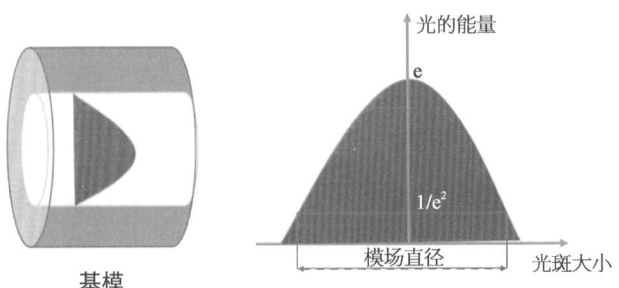

基模

基模这个概念在波导方程中,说清楚又得把麦克斯韦请出来。

模场直径的大小与所使用的波长有关系,随着波长的增加模场直径增大。1 310 nm典型值:9.2 ± 0.5 μm;1 550 nm典型值:10.5 ± 1.0 μm。

光通信波长是这么分的:

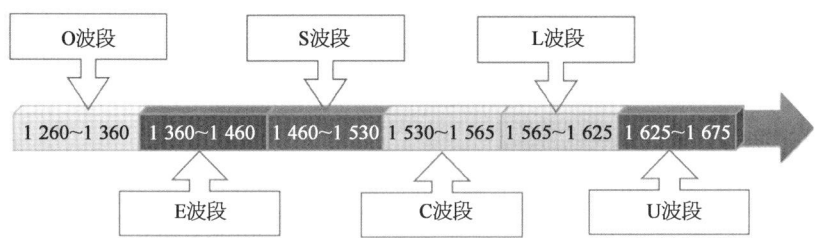

麦克斯韦方程组科学解释

麦克斯韦方程组（Maxwell's equations）是英国物理学家詹姆斯·麦克斯韦在19世纪建立的一组描述电场、磁场与电荷密度、电流密度之间关系的偏微分方程。它由4个方程组成：描述电荷如何产生电场的高斯定律、论述磁单极子不存在的高斯磁定律、描述电流和时变电场怎样产生磁场的麦克斯韦-安培定律、描述时变磁场如何产生电场的法拉第感应定律。

$$\nabla \cdot \boldsymbol{E} = 4\pi\rho$$

$$\nabla \times \boldsymbol{E} = -\frac{1}{c}\frac{\partial \boldsymbol{B}}{\partial t}$$

$$\nabla \cdot \boldsymbol{E} = 0$$

$$\nabla \times \boldsymbol{B} = \frac{4\pi}{c}j + \frac{1}{c}\frac{\partial \boldsymbol{E}}{\partial t}$$

总之呢，这个霸气的方程组包含了时间、空间、质量的一切，称之为"宇宙第一公式"。

老子在《道德经》中说原生质，质生空，空生时，时生万物。

麦克斯韦和老子，一个用公式，一个用诗；还有一个上帝老大爷用《圣经》，各自表达了宇宙万物的本质。多么深奥，费很多脑细胞。

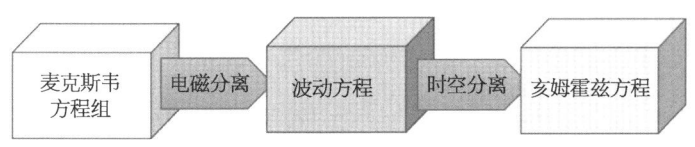

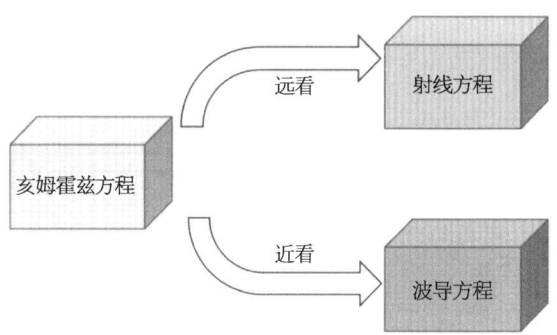

远看,光是线:

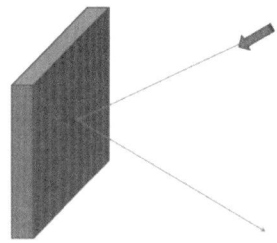

近看,光是波:

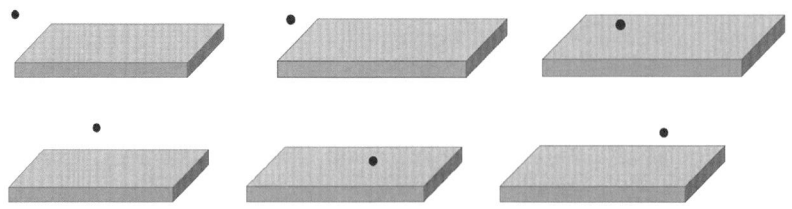

再看,光还是个场:

在宇宙第一公式中，光有这么多种形态，就存在多种模式，就这个方程组，一个解就是一个模式。

所谓单模，就是只走一个模式，取个名字叫作HE11模，这个模式也叫基模，即最基础的模式。

模场直径，就是基模在光纤中传输时的能量分布落在$1/e^2$之内的光斑直径。

第三章
光的原理

DWDM中如何锁定波长

激光器是温度敏感型

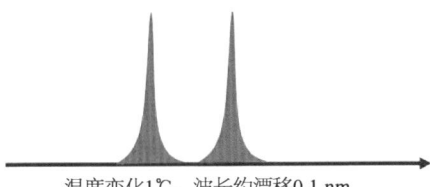

温度变化1℃,波长约漂移0.1 nm

DWDM要求波长间隔0.8 nm或者0.4 nm的,可以给它加个热电制冷(TEC),就像开空调,激光器在恒温环境里。

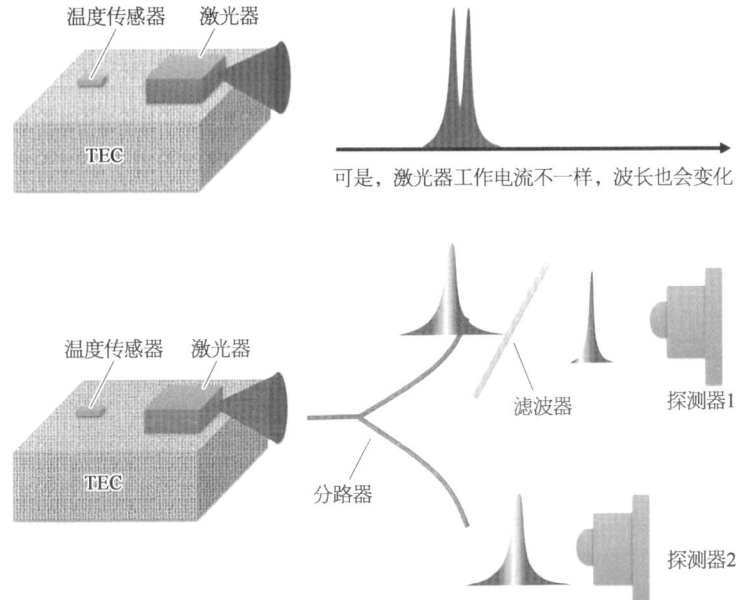

滤波器可以滤过特定波长,探测器1如果功率小于探测器2,说明激光器的波长被滤波器滤掉了一部分。

推论,这个波长不符合咱们要求,那就调整小空调TEC,两个探测器的功率越接近,说明波长越精准。

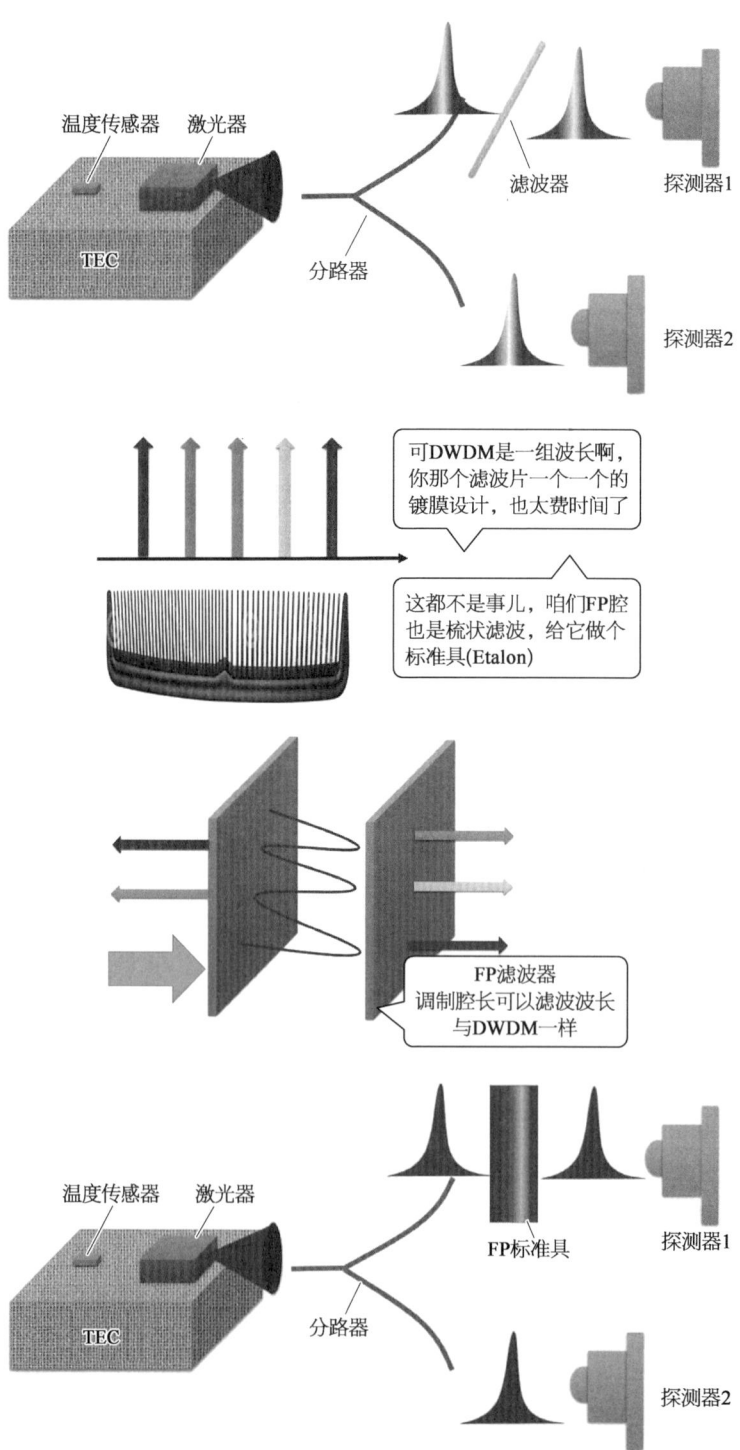

什么是Etalon(标准具)，这个词源于百年前俄国酒庄的标准具。FP Etalon 就是说调整腔长，让梳状滤波器的一组透过波长与DWDM一样。

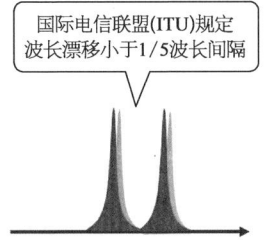

50 GHz DWDM，
波长间隔0.4 nm，波长漂移0.04 nm
温度变化1℃，波长变化0.1 nm，
这是要控制激光器温度小于0.4℃
(普通光模块温度传感器误差是3℃)

这样就是标准具，探测器1和探测器2接收的光功率越接近，说明激光器越符合波长组。这个"组"字很重要，一组波长。

折射率、相对折射率、相对折射率差、有效折射率

这几个折射率直接或间接表达了光的波导传输能力，具体计算略有差异。

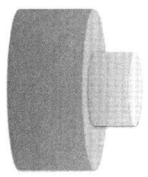

举个例子，对左图可以这么描述：
纤芯折射率1.5
纤芯对包层的相对折射率1.03
光纤相对折射率差3.3%
对1 310 nm有效折射率1.46

光从真空进入介质或从介质到真空，会发生折射与反射。

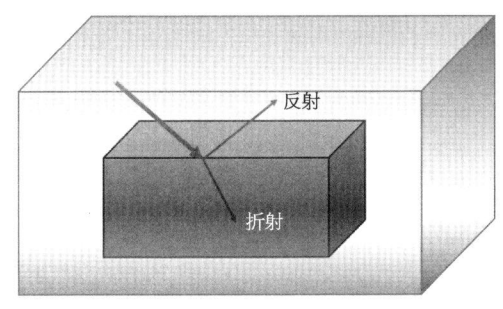

折射率(绝对折射率):光在真空中的传播速度与光在该介质中的传播速度之比率。

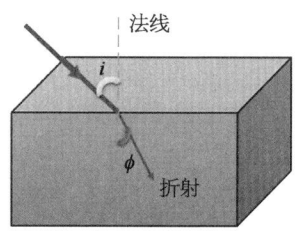

$$折射率(n) = \frac{\sin i}{\sin \phi} = \frac{c(真空)}{v(介质)}$$

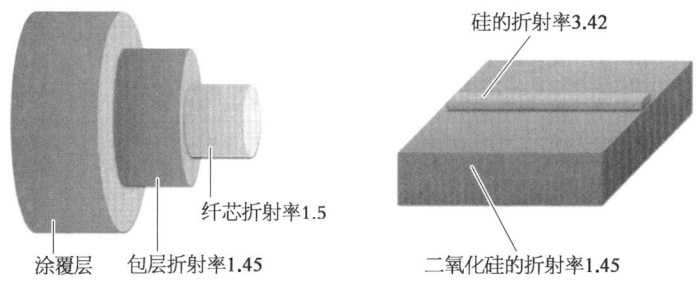

相对折射率:光从介质1射入介质2发生折射时,入射角 i 与折射角 r 的正弦之比 n_{21} 叫作介质2相对介质1的折射率。

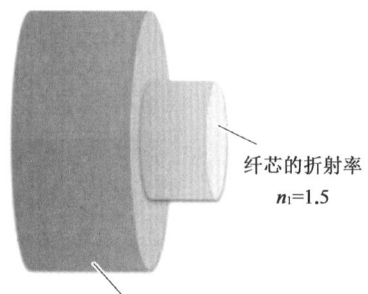

包层折射率 n_2=1.45
纤芯相对包层的相对折射率是 n_{12}=1.03(1.5/1.45)
包层对纤芯的相对折射率 n_{21}=0.97(1.45/1.5)

相对折射率 $=n_1/n_2$

相对折射率差 $=(n_1^2-n_2^2)/(2n_1^2)$

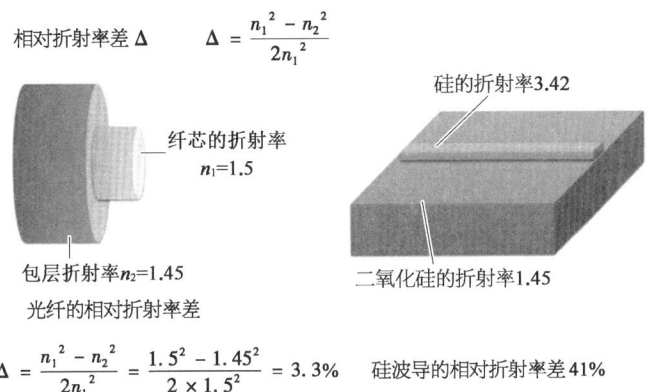

$$\Delta = \frac{n_1^2 - n_2^2}{2n_1^2} = \frac{1.5^2 - 1.45^2}{2 \times 1.5^2} = 3.3\%$$ 硅波导的相对折射率差41%

为什么提到相对折射率差，这个参数与光纤的数值孔径相关，数值孔径是表征光纤对光的收集能力的量（数值孔径不是光纤纤芯的直径）。

超过角度 α 就没办法传输了。所以相对折射率差大，光的收集能力强。

这也是为什么硅波导可以做小尺寸，因为小的都不耽误对光的传输。

数值孔径 $NA = \sin \alpha$。

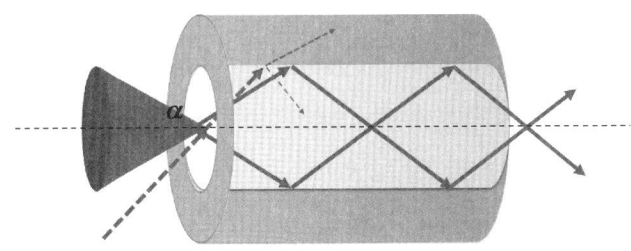

角度多难测试啊，用相对折射率差来计算 $NA = n_1\sqrt{2\Delta}$

有效折射率 n_{eff} 表示介质中的波数是真空的 n 倍，也叫模式折射率，与波长相关，与波导模式相关，与模板、波导结构相关，与波导损耗相关。

光纤的模板传输：

硅波导的模板传输：

它俩对接，要考虑波导结构、模板、损耗等与有效折射率相关的参数：

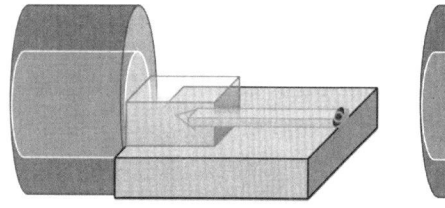
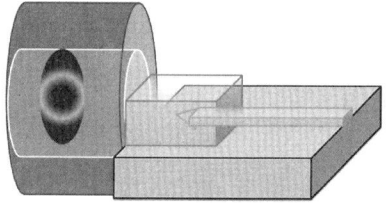

下表为不同材料的折射率与相对折射率差，这些是设计波导结构的基础。

材　料	芯层折射率@1 550 nm	芯层/包层材料	芯层/包层相对折射率差	损耗/(dB/cm)@1 550 nm
SiO_2	1.45	Ge：SiO_2/SiO_2	0～0.5%	0.05
Si	3.4～3.5	Si/SiO_2	50%～70%	0.1
InP	3.2	inP、GaAs/空气	～100%	3
$LiNbO_3$	2.2	Ag（Ti）：$LiNbO_3$/$LiNbO_3$	0.5%	0.5
聚合物（如PMMA）	1.3～1.7	都是聚合物，靠配比改变折射率差	0～35%	0.1

要理解有效折射率，需要了解相对折射率差，相对折射率差简化方程与相对折射率成正比。这一切都与折射率（也就是材料对真空的绝对折射率）相关。

直接调制激光器的啁啾与色散

不同波长的光在光纤中的传输速度不一样,会导致色散。

可为什么直接调制激光器(DML)的色散要大呢?电吸收调制激光器(EML)的外调制激光器用的也是分布式反馈(DFB)啊,为什么直接调制的DFB的色散就大?想不通。

载流子在激光器的有源区,就像过马路,有源区的实际长度是不变的。

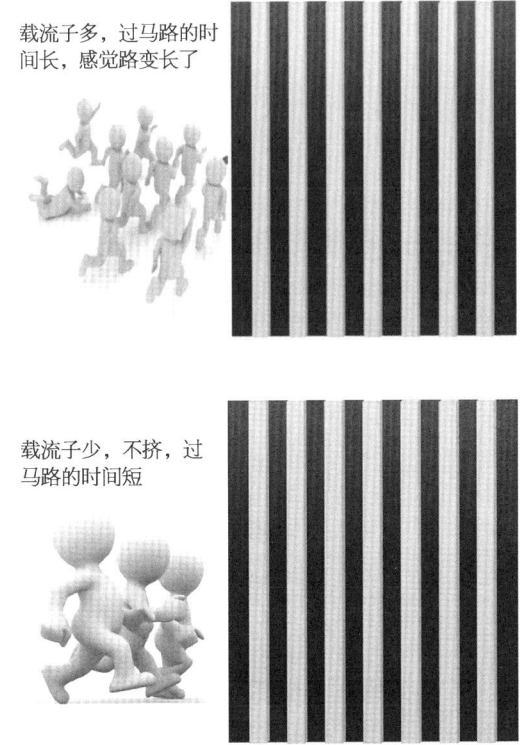

载流子多,过马路的时间长,感觉路变长了

载流子少,不挤,过马路的时间短

过马路的人多,看着这马路就宽,用的时间长;激光器的有源区注入的电流大,载流子多,他们眼中的有源层的距离就看起来不一样。载流子少,也不一样。这在专业中,载流子浓度对有源区的折射率发生了变化。

直接调制激光器，信号1，给的电流大，激光器发出的是"大光"。

信号0，给的电流小，激光器发出的是"小光"。

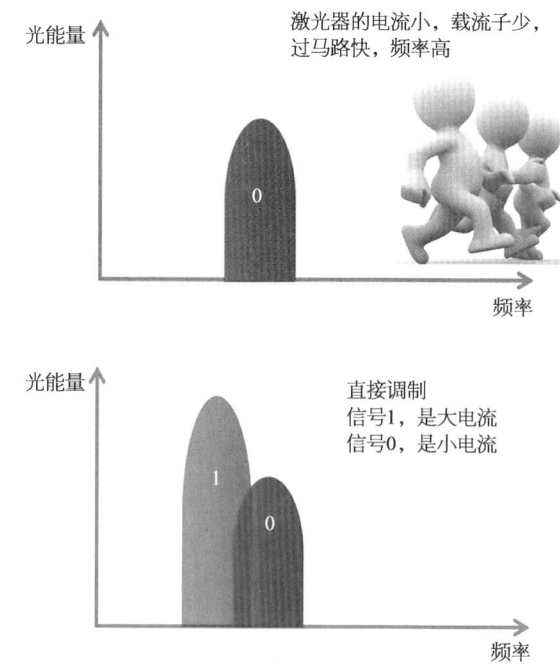

结果看起来一样的马路，实际上通过的时间不一样，人多和人少过同一个马路的时间不一样。

信号1和信号0的光频率是不一样的，就是说波长也不一样啦。

说到色散,直接调制激光器的P_0的波长和P_1的波长不一样,所以P_0与P_1在光纤中传输的速度不一样:

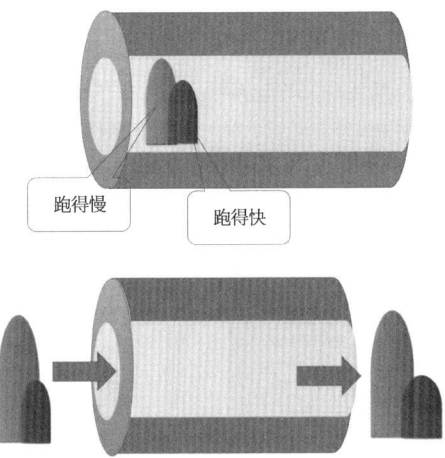

进去的时候脉宽,出来就变宽了,这叫脉宽展宽,信号失真,代价变大。

啁啾这个词,是因为频率的变化,有些频率就变化到声域中鸟声的频域,叫Chirp。

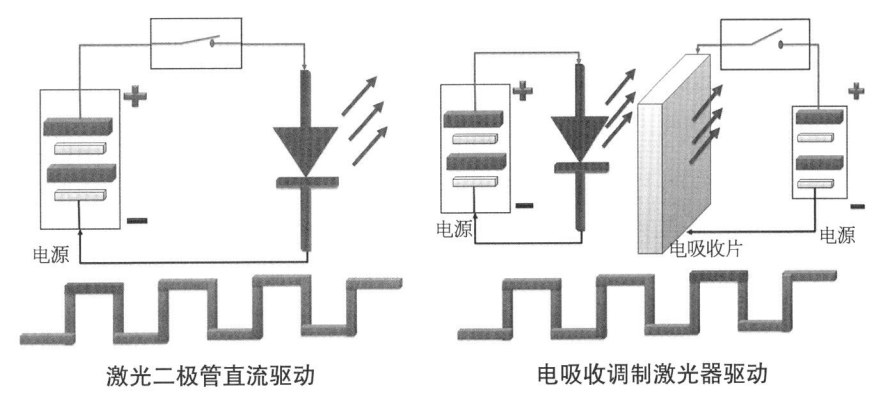

激光二极管直流驱动　　　　　　电吸收调制激光器驱动

这么说,直接调制,激光器的电流变化——导致折射率变化——频率变化——波长变化。

信号1和信号0在光纤传输速度不一样,信号变宽啦。

EML为什么色散小,是因为它的工作电流没有变化,波长不变,色散就比直接调制激光器(DML)的小。

直接调制激光器：

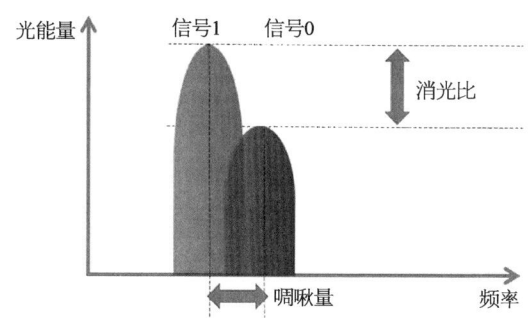

OTDR、瑞利散射、菲涅耳反射

什么是OTDR？

第三章 光的原理

正常光通信是这样的,有发射、有传输、有接收。

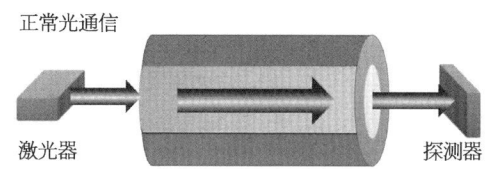

意外的时候也有啊。

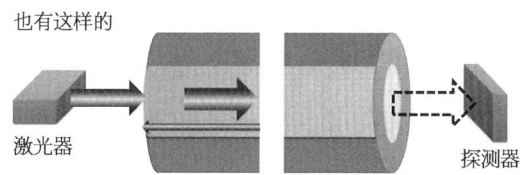

普通人:哎呀呀,咋回事啊,上不了网了,命不好,掐指一算,我的星座诸事不宜
科学家:咦,反射有点大,再试试,反射的信号比激光器的信号迟了200 μs,掐指一算,这是20.492 km的地方,光纤被挖断了,去修吧

普通人和科学家都掐指算了算。

笔者不会算命,那就算算科学家咋想的,他提到一个时间200 μs,一个反射,还算出了距离。

光是可以传播的,那就有速度、有时间。

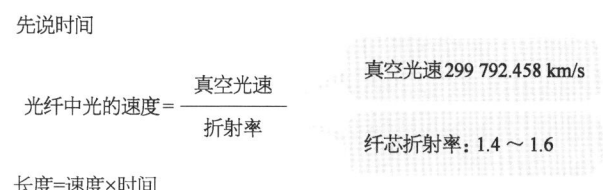

哦,时间能算出距离,很霸气。

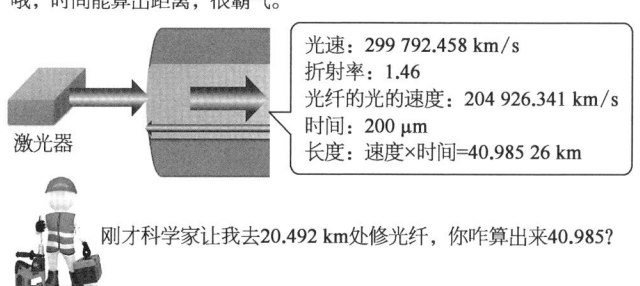

71

因为咱算了光去光回,这位"攻城狮"也是的,先跑20 km去修,再跑20 km回来。往返也是40 km哦。

光时域反射,时间能推算距离,反射是个啥?

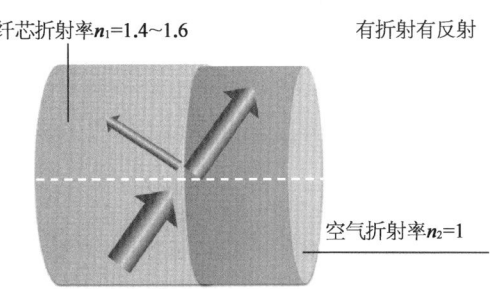

菲涅耳反射

$$反射率 = \frac{反射光功率}{入射光功率} = \frac{(n_1 - n_2)^2}{(n_1 + n_2)^2}$$

掐指一算,反射率约4%,也就是-14 dB

咋的,有"攻城狮"说8°倾斜角接触面(APC)反射小,那不是一样的光纤和空气么!

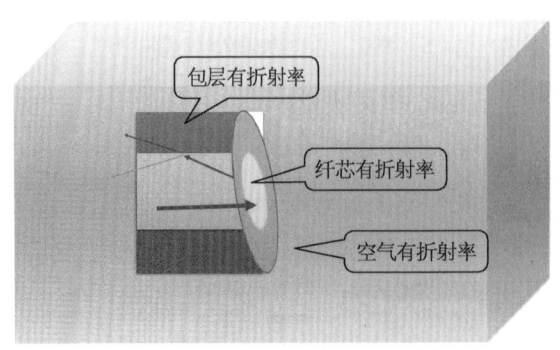

4%的光从空气和光纤中反射回来,也是斜面么,角度不同呀,人家包层也是有折射率的,纤芯和包层之间还有折射呢,又跑了一部分。

是APC面顺着纤芯回

来让检测到的反射光小了。

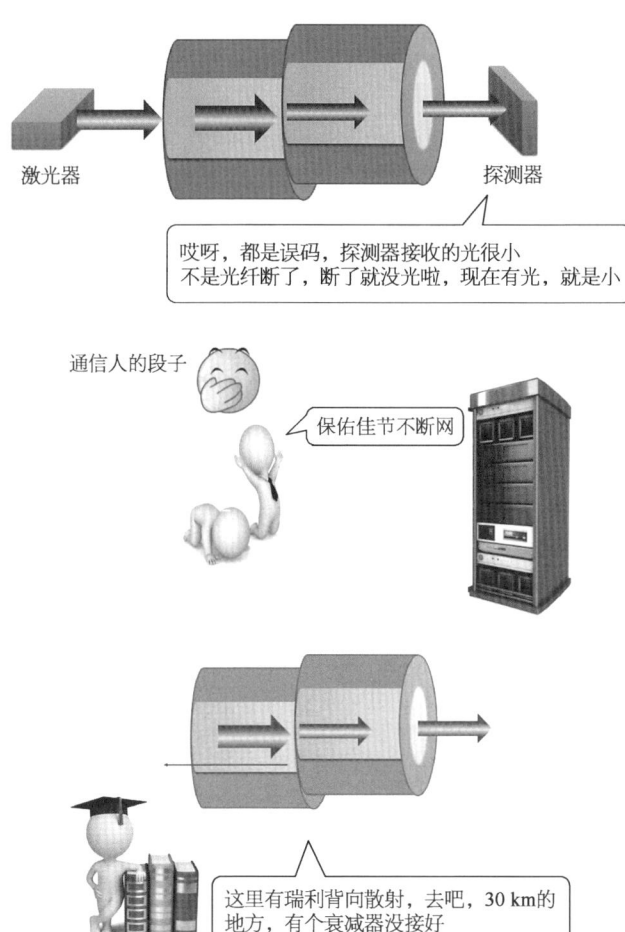

科学家是霸气。咋回事呢?

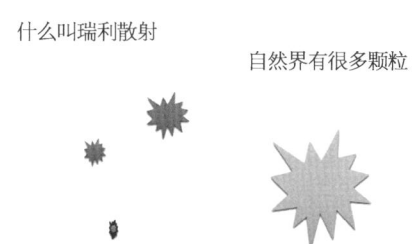

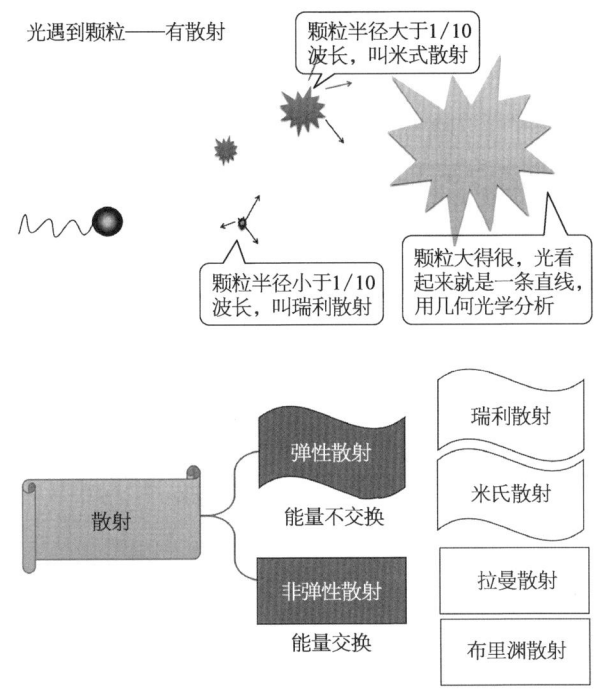

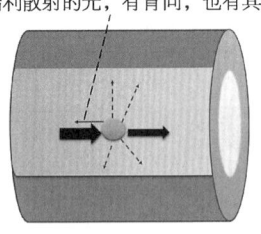

光纤纤芯的分子颗粒,很小哇,属于瑞利散射。

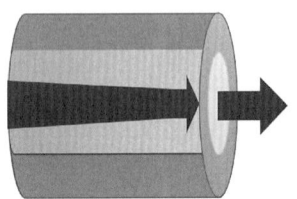

为何提背向散射呢,是因为其他方向的散射检测不到。
这是正常传输:

光在光纤中正常传输,有损耗,功率逐渐降低

这是特殊传输:

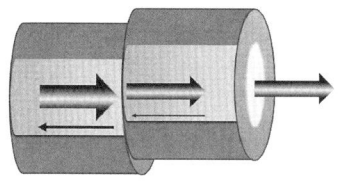
遇到个特殊的不明原因的光小了,背向散射光也小了

把回来的光、反射光、背向散射光,都接收回来,按时间给它排上。

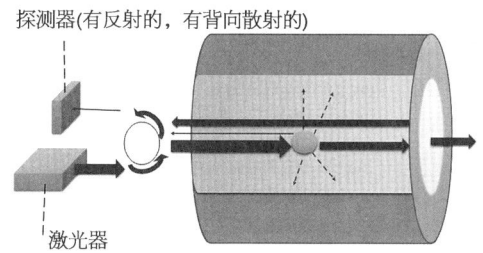

时间就是距离,一掐秒表,就知道距离了。一看大小,就知道啥故障啦。

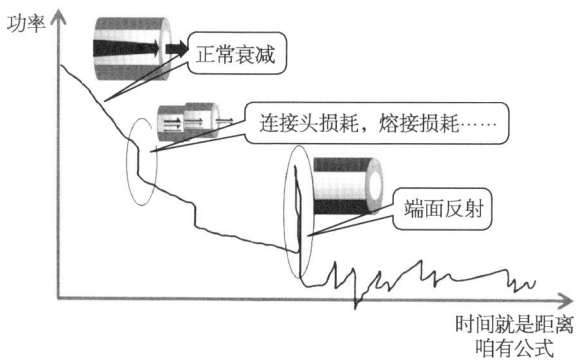

这就是光时域反射计的作用。光还是这些光,特性还是这些特性,会用的是科学家的本事哦。

拉曼效应、拉曼散射、拉曼受激散射、拉曼受激散射放大器

拉曼在印度是神一般的存在，自带光环的一生，虽然拉曼在科学上做出卓越的贡献，可他最喜欢的是玫瑰。去世后，被葬在他的玫瑰花园里。

拉曼

自带光环的人生：
- 16岁　大学毕业
- 18岁　Nature发表光衍射论文
- 19岁　会计考试第一名，入财政部
- 19～29岁　业余科学研究
- 29岁　教授
- 40岁　发现拉曼散射
- 42岁　获诺贝尔奖，亚洲第一个

1921年，33岁的拉曼，代表印度最高学府加尔各答大学，到牛津参加英联邦的大学会议，还去英国皇家学会发表了演讲。

要知道，这在当时的印度有多难，想当年18岁的拉曼就在 nature 发表文章，可当时印度是英国的殖民地，要想成为科学家就要先到英国受训，拉曼身体不好达不到受训的条件。

当时的印度只有会计这个职业不需要去英国受训，19岁高智商的拉曼考了会计第一名，去财政部赚五斗米糊口，业余时间做科研。

10年之后，拉曼业余的科研成就已经卓越不凡，被特聘为教授。

所以33岁的拉曼代表印度最高学府参加英联邦的大学会议，是相当不容易的。

意气风发的拉曼在回程的邮轮上，感觉人生是如此的辉煌，天蓝蓝、海蓝蓝。

然后，遇到一位母亲无法

第三章 光的原理

回答孩子的问题,拉曼叔叔是科学家叔叔啊,16岁就知道瑞利叔叔,他说:

可是,科学家拉曼再一琢磨,细细地观察之后,发现……

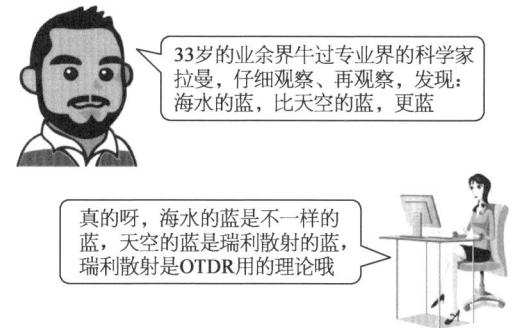

拉曼的小宇宙再次爆发,参加学术会议还带着各种光学仪表呢,边做实验边写论文。

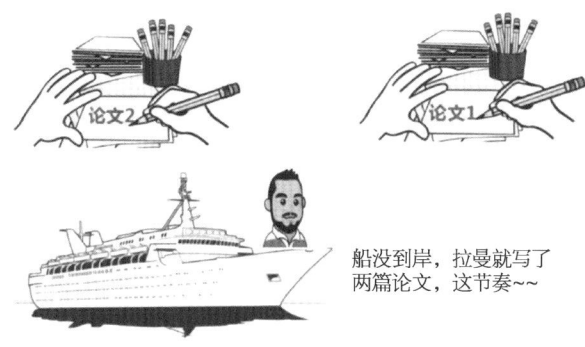

在船中途靠岸休息时,这两篇光芒四射的论文寄走了。

他写的是:海水的蓝,不是天空的蓝的反射,而是光与水分子作用后的新

77

光子,新频率导致的新颜色。

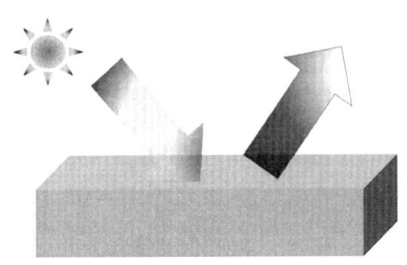

之后的7年,拉曼的小组开始各种研究,从量子力学的角度来解释拉曼散射和瑞利散射。

瑞利散射没有能量交换,只改变了光子的方向。

瑞利散射
光子与物体无
能量交换

拉曼散射有能量交换。

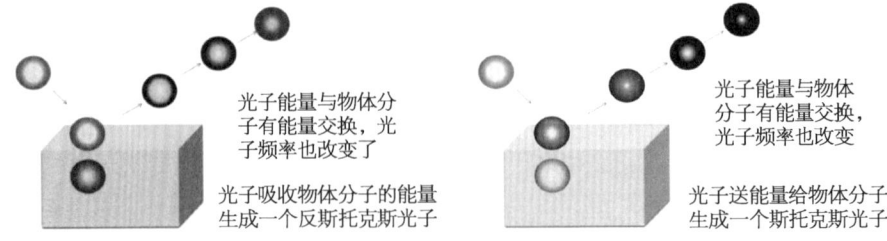

光子能量与物体分子有能量交换,光子频率也改变了
光子吸收物体分子的能量生成一个反斯托克斯光子

光子能量与物体分子有能量交换,光子频率也改变
光子送能量给物体分子生成一个斯托克斯光子

人生就是这样子,一直做一直做,春天的玫瑰种子总有一天开出耀眼的玫瑰,一朵朵鲜艳的玫瑰来安抚拉曼的人生。

之后,拉曼继续做着研究,从42岁的拉曼叔叔,静静地研究到72岁的拉曼爷爷,这时世界上传来一个声音:

梅曼发明激光器啦!

拉曼爷爷的小宇宙再次迸发,我的散射终于派上用场啦!

1962年伍德伯里(Woodburry)和恩戈(Ng)在研究以硝基苯作Q开关红宝石激光器的克尔盒时,探测到从克尔盒发射出的强红外辐射信号,波长是767.0 nm。按照红宝石的能级及其与谐振腔的耦合来看,该装置输出的激光光谱只存在694.3 nm谱线。然而,用分光仪测量波长时,发现若无克尔盒时,确实只存在694.3 nm谱线,一旦在腔中加上硝基苯克尔盒,则除了694.3 nm外,还有767.0 nm谱线。经反复研究,红宝石材料的确不存在767.0 nm谱线。后来证实它是硝基苯所特有的,是由强红宝石激光引起的一条拉曼散射斯托克斯谱线。

什么是斯托克斯线?前头提到斯托克斯光子,光子把能量送给分子,产生一个斯托克斯光子。光子把能量给分子?咦,这不是电子可以获得能量了哇(这和激光器的受激辐射很像)!

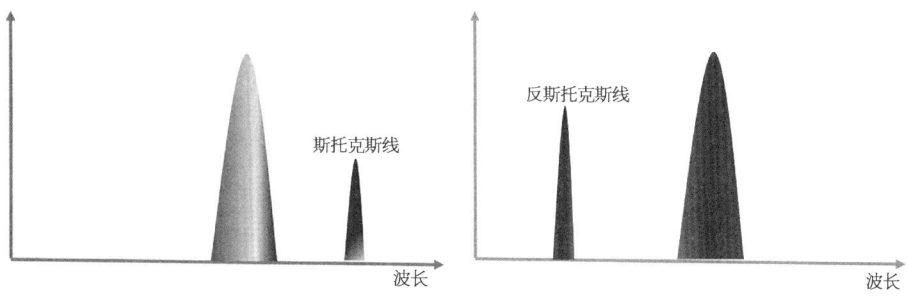

光子有时候也欺负物体分子,吸收人家的能量。这叫反斯托克斯光子,生成的光谱叫反斯托克斯线。

斯托克斯光子,是物体吸收光子能量,然后就有了受激拉曼散射。

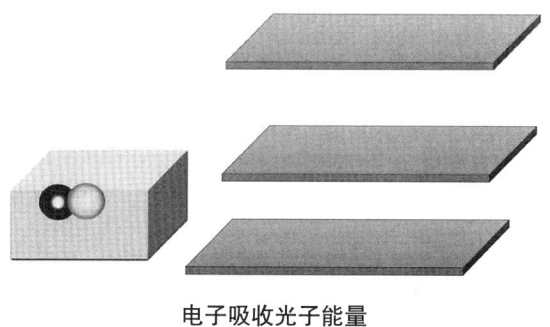

电子吸收光子能量

光子把能量送给电子,电子激发,加上分子振动,然后一生二,二生四,这就可以放大了。

有些东西有点贵,比如金刚石,这要给笔者,首选做成钻戒。

介绍一段常识:

(1)液体。主要是以苯、二硫化碳、四氯化碳、丙酮、二甲亚砜等为代表的几十种有机液体,它们具有较大的拉曼散射截面和一些熟知的散射频移谱线,散射频移对应着液体分子的振动拉曼跃迁。

(2)固体。主要是以金刚石、方解石、铌酸锂、硝酸钡、钨酸钡等为代表的单晶体,此外还有光学玻璃和光学玻璃纤维等介质,散射频移也对应着分子或玻璃体网络单元的振动拉曼跃迁。

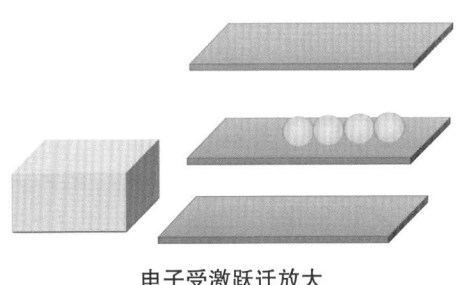

电子受激跃迁放大

(3)气体。高效率的受激拉曼散射效应(SRS)可在很多分子气体(如氢气、氘气、氮气、甲烷、六氟化硫等)系统中产生,受激拉曼可以分别是基于这些分子的振动、振动-转动或纯转动拉曼跃迁,工作气压通常在几十个大气压或更高,以获得较高的增益因子。此外,利用某些金属原子蒸气作为介质,也可以产生对应于电子跃迁的受激拉曼散射。

拉曼光纤放大器(RFA),是利用SRS来工作的。

如果一个弱信号光与一个强泵浦光同时在一根光纤中传输,强泵浦光的能量通过SRS耦合到光纤硅材料的振荡模中,然后又以较长的波长发射,该波长就是信号光的波长,从而使弱信号光得到放大,获得拉曼增益:

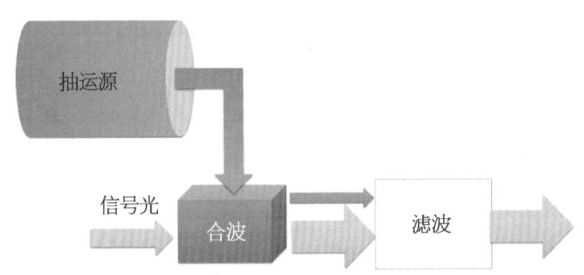

光的传输及色散

有一种观点认为光纤传输信号比电缆快,其实是误解。

光纤传输并不比电缆快(信号时延),而是可以传输更远、信号带宽更大(高速率)。

保偏光纤、色散位移光纤、特种光纤在通信中的地位——高速公路等,都是基于科普理解,没有公式。

1)光的传输

光在光纤中如何传播:基于全反射原理,纤芯的折射率大于包层折射率。

发生全反射的条件,是光从光密介质进入空气,或者把真空的折射率视为1,也就是光从折射率大的介质到折射率小的介质才可能发生全反射。

数值孔径越大,接收光的能力越强。但是光模式畸变也大了,传不了高速信号,带宽受限,NA不是越大越好。上帝说NA大,光入纤效率高,付出带宽这个代价。

还有一位专家说,光纤内部光的干涉也会把一部分光吃掉。

简单说,光是波,两个波一个波峰、一个波谷,就等于0了,等着这两个波去传输信号的伙伴白捉急。

总结:

(1)数值孔径表征光的接收能力。

(2)$NA < 1$,一般取值$0.14 \sim 0.5$。国际电报电话咨询委员会(CCITT,ITU的前身)建议取值$0.15 \sim 0.24$。

(3)NA大,光纤收集光的能力大,信号带宽降低。

2）光的色散

 什么是光纤色散

这个问题有三个子问题
1. 什么是光
2. 什么是光的颜色
3. 光的颜色为什么会散开

光具有波粒二象性，既可以把光看作电磁波，也可以看作一个粒子，即光量子，简称光子。

2015年初，瑞士洛桑联邦理工学院（EPFL）的科学家们第一次同时拍摄到光波粒二象性的快照。这项突破性研究成果发表在《自然通讯》杂志上。

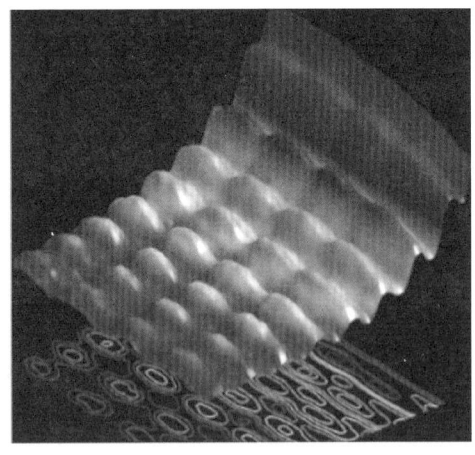

光的波粒二象性

1666年，牛顿发现一个白光通过三棱镜的多色现象：

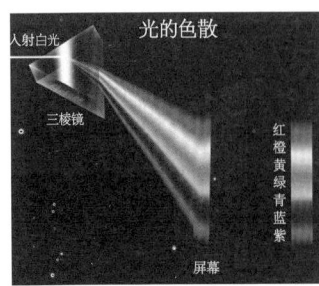

第三章 光的原理

光的颜色其实是光的频率(也可以换算成波长):

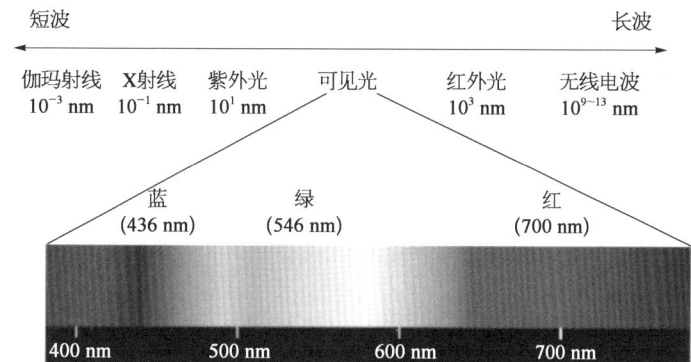

1672年,人类的第一次色散实验,色散现象说明光在介质中的速度 $v=c/n$ (或折射率 n)随光的频率 f 而变:

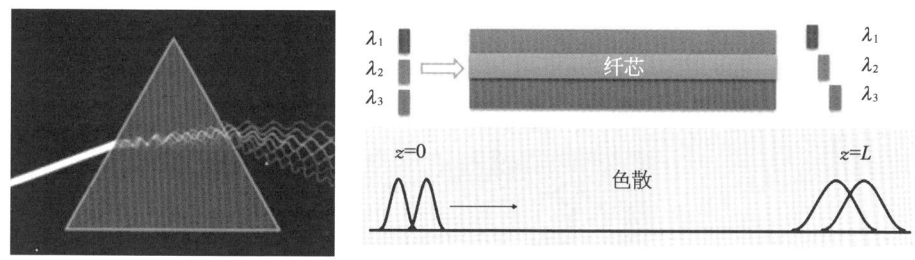

光信号是一段频谱的光承载一段时间的信号(脉宽)。这段频谱有多个频率(或表述为波长)的光,在光纤中的传播速度不同,所以看起来信号脉宽展宽了。这就是色散。

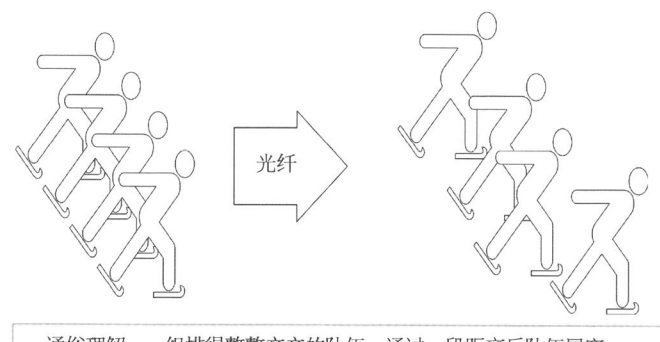

通俗理解:一组排得整整齐齐的队伍,通过一段距离后队伍展宽。
色散也与距离相关,百米展宽,与马拉松的展宽不一样

也有零色散波段,比如G.652光纤对O波段:

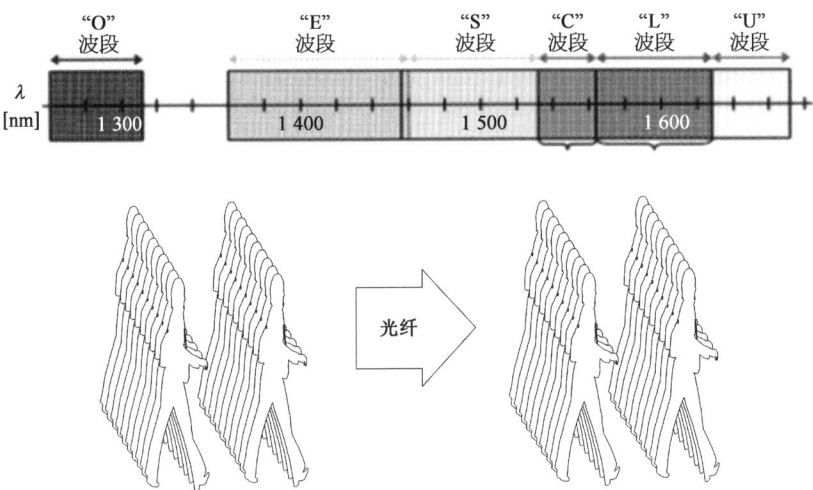

女人的色散:钻石的火彩,就是光的色散,光学专业有个分支——珠宝鉴定:

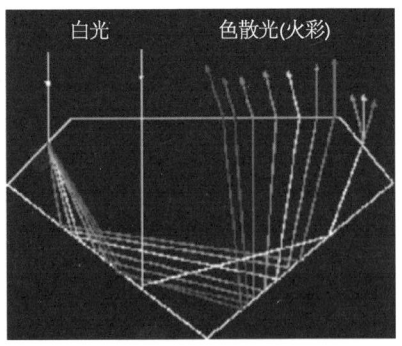

光通信色散有很多种:

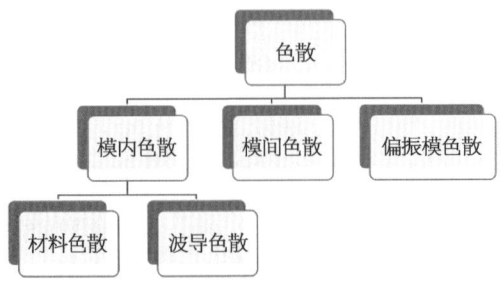

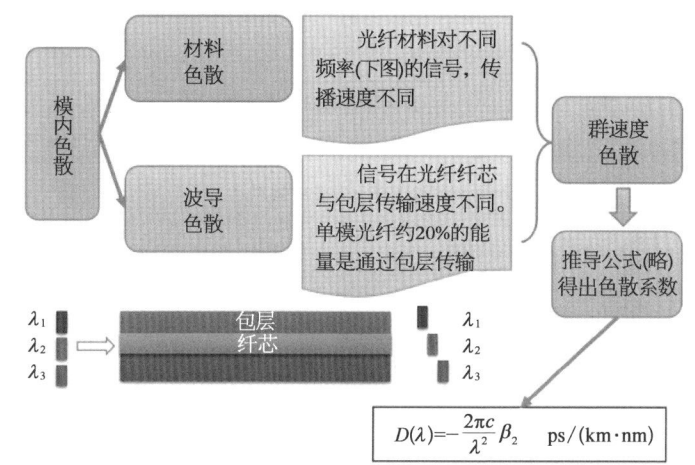

模间色散：多模光纤中，不同的导波模有不同的传输路径和速度。

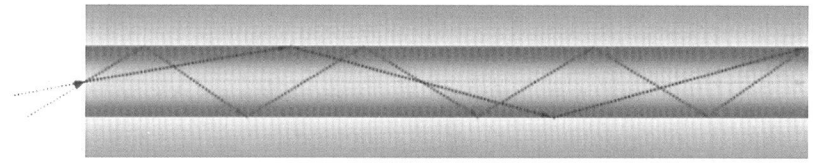

偏振模色散：光有两个偏振态，两个偏振态在光纤中的传播速度不同。

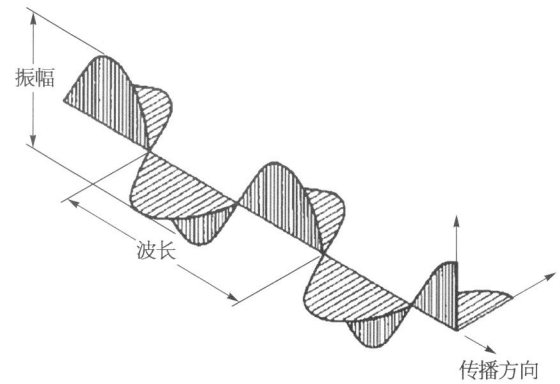

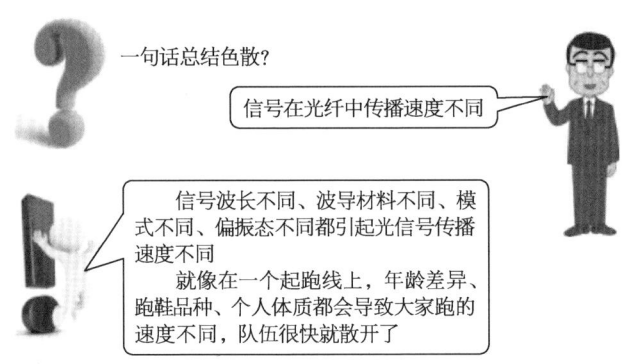

色散可以降低么？

人类的智慧是无穷的，能找到色散就能找到降低色散的方法。

其实，偏振模色散是双折射现象引起的，环境的应力、温度、震动对偏振模有很大影响。具有不稳定性和突发性，目前还没有很好的偏振模色散的补偿技术。

某一个时期内人类的智慧也是局限的。

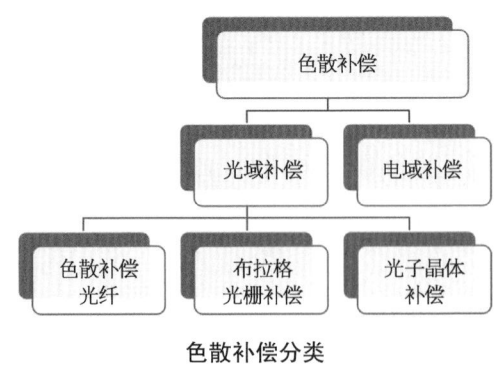

色散补偿分类

色散补偿光纤（DCF）：是具有大的负色散光纤，它是针对现有铺设的 G.652 标准单模光纤而设计的一种新型单模光纤。

就是定个规则说,你跑得快,就返回去跑一段,再回来。

光纤布拉格光栅(FBG):纤芯折射率周期性变化的光纤,光信号中的长波长在光栅的前端反射,短波长成分在光栅的末端反射,这样光纤光栅的色散特性相反,从而起到色散补偿作用。

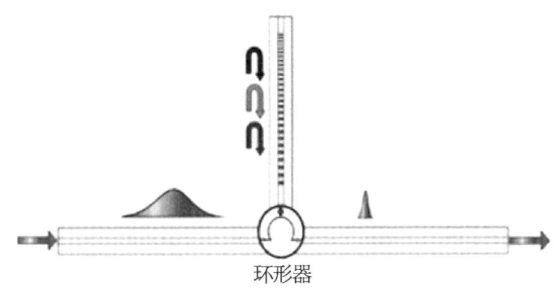

色散补偿技术

就是定个规则说,跑得快的多跑一段弯路,跑得慢的就少跑一段。

电色散补偿(EDC):用电领域的方法来补偿光色散,它是光纤互联网网络论坛(OIF)及IEEE802.3新标准出现的基础。设计EDC是专用来解决色散干扰,以减轻因色散造成的光路信号损伤问题的。

电色散补偿是一种相当关键的技术,因而OIF与ITU,IEEE都讨论标准,比如基于电色散补偿的标准802.3 aq。

光学非线性效应之——倍频

制定光模块新指标:① 提高光功率;② 改善灵敏度。

然后就获得好多功率预算,提高传输距离,增加分支比,登上模块巅峰。

光功率也不能无限提高,为啥?

因为非线性效应。

什么是非线性效应?

简单说,是指光学倍频、受激拉曼散射、双光子吸收、饱和吸收、自聚焦、自散角等。

先讲一个非线性光学史上悲催的笑话。

1960年，梅曼做出世界上第一台红宝石激光器后，另一位科学家弗兰肯很兴奋，他在红宝石激光器出现的第二年，发现光谱除了基频信号外，还有二倍频的产生（光的颜色就是频率，波粒二象性中波的频率），把文章投给 *Physical Review Letters* 杂志……

梅曼

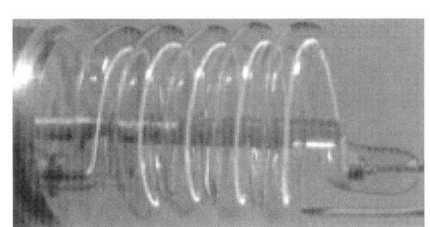
世界第一台红宝石激光器

弗兰肯的文章，遇到了一个非常非常负责任的编辑，这位勤劳认真的编辑，看到弗兰肯的实验数据上有个小黑点，热情地把它抹掉了。

弗兰肯傻了眼，抹掉了二倍频的唯一证据，还能做研究么？还有诺贝尔奖么？

求弗兰肯的心理阴影面积。

另一位哈佛大学的布隆伯根立即在弗兰肯的实验基础上作出了理论分析，并因此获得了1980年的诺贝尔物理学奖。

再一次求弗兰肯的心理阴影面积。

再来说什么是二倍频？

比如蓝色光的频率是红色光的两倍，在某些条件下，可以看到红光变蓝光。

普通情况下，红光通过介质（比如玻璃）后还是红光：

第三章 光的原理

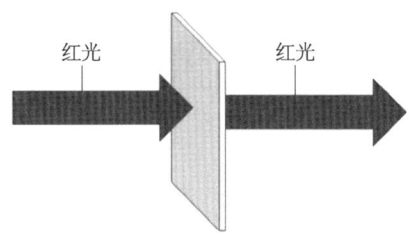

把红光的能量加到阳光的几百倍,通过某些介质后,就变成蓝光啦:

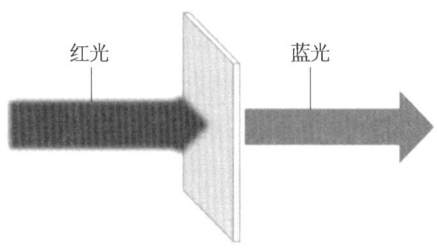

又到了光的波粒二象性,在光特别强的时候,两颗红色光子合体啦,变成一个蓝色光子。

这颗蓝色光子的频率是红色光子频率的两倍。倍频现象与光的强度有关、与介质有关:

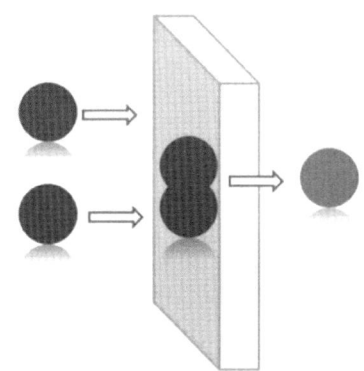

光纤中的非线性效应包括:
(1)散射效应[受激布里渊区散射(SBS)和受激拉曼散射(SRS)等]。
(2)与克尔效应相关的影响,即与折射率密切相关[自相位调制(SPM)、交叉相位调制(XPM)、四波混频效应(FWM)],其中四波混频、交叉相位调制对系统的影响很大。

光 电 效 应

什么是光电效应？

爱因斯坦，犹太裔科学家，提出了光子假设，解释了光电效应，创立了狭义相对论和广义相对论。他因光子假设，成功获得1921年诺贝尔物理学奖。

爱因斯坦一辈子没有把宇宙常数研究明白，成了物理学的最大疑问之一。

激光：1916年爱因斯坦提出的受激辐射概念是激光重要的理论基础。这一理论指出，处于高能态的物质粒子受到一个能量等于两个能级之间能量差的光子的作用，将转变到低能态，并产生第二个光子，同第一个光子同时发射出来，这就是受激辐射。这种辐射输出的光获得了放大，而且是相干光。即多个光子的发射方向、频率、位相、偏振完全相同。

量子：量子一词来自拉丁语quantum，意为"有多少"，一个物理量最小的不可分割的基本单位。例如，光的量子——光子，是光的基本单位。

光电效应：光照射到金属上，引起物质的电性质变化。这类光变致电的现象被人们统称为光电效应（Photoelectric Effect）。光电效应分为光电子发射、光电导效应和阻挡层光电效应，又称为光生伏特效应。前一种现象发生在物体表面,又称为外光电效应。后两种现象发生在物体内部,称为内光电效应。光电效应推动了量子力学的诞生。

1887年,赫兹发现光电效应。

爱因斯坦用光子(光量子)解释光电效应。

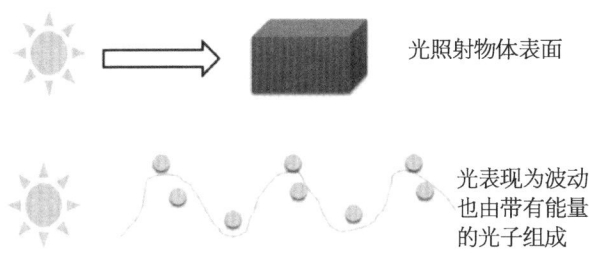

电子有了能量,脱离束缚,到达物理表面,形成了电流。

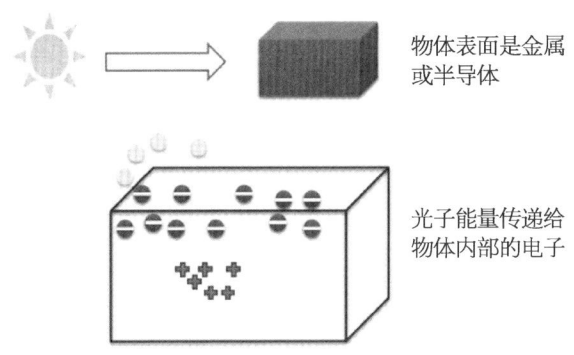

只要有光,就可以有电,这就是光电效应。

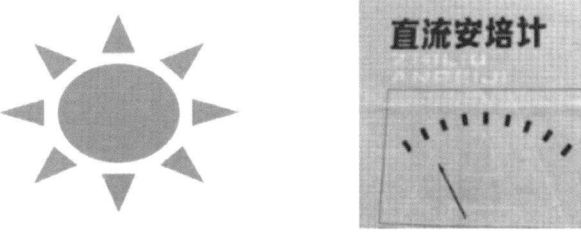

光电效应分类:

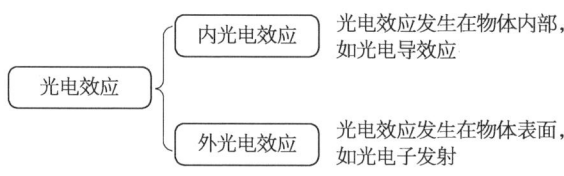

光电效应的应用:

比如太阳能电池,大家见得很多啦

宇宙开发——观测用人造卫星、宇宙飞船、通信用人造卫星等
航空运输——飞机、机场灯标、航空障碍灯、地对空通信等
气象观测——无人气象站、积雪测量计、水位计、地震遥测仪等
航线识别——航标灯、浮子障碍灯、灯塔、潮流计等
通信设备——无线电通信机、步谈机、电视广播中继站等
农畜牧业——电围栏、水泵、温室、黑光灯、喷雾器、割胶灯等
公路铁路——无人信号灯、公路导向板、备急电话等
日常生活——照相机、手表、野营车、游艇、闪光灯等
还有光通信应用的激光器、光电探测器等。

第四章
半导体物理

激光器发明里程碑编年

激光器历史中那些里程碑式的年代和事件

普朗克

黑体辐射：1900年，德国物理学家普朗克（Max Planck）所创的"黑体辐射定律"（Blackbody Radiation Law）是公认的物体间热力传导基本法则。他在著作《热辐射理论》（Theory of Heat Radiation）中平淡无奇地解释说量子化公式中的普朗克常数（现代量子力学中的基本常数）只是一个适用于赫兹振荡器的普通常数。

真正从理论上提出光量子的第一人，是1905年成功解释光电效应的爱因斯坦，他假设电磁波本身就带有量子化的能量，携带这些量子化的能量的最小单位叫光量子。

受激发射理论：1916年，爱因斯坦首次提出受激辐射的概念：处于高能级的原子，受外来光子的作用，当外来光子的频率正好与它的跃迁频率一致时，它就会从高能级跳到低能级，并发出与外来光子完全相同的另一个光子。新发出的光子不仅频率与外来光子一样，而且发射方向、偏振态、相位和速率

汤斯

获诺贝尔奖

也一样。于是,一个光子变成两个光子。如果条件合适,光就可以像雪崩一样得到放大和加强。特别值得注意的是,这样放大的光是一般自然条件下得不到的相干光。

Maser:1954年,美国物理学家汤斯用微波实现了激光器的前身,成功获得了氨分子微波激射放大器和震荡。微波受激发射放大(Microwave Amplification by Stimulated Emission of Radiation),缩写为Maser。

Laser:1957年,汤斯(Maser的发明者)的博士生古尔德(Gordon Gould)创造了"laser"这个单词,是Light Amplification by Stimulated Emission of Radiation(光受激辐射放大)的首字母缩写,从理论上指出可以用光激发原子,产生一束相干光,之后人们为其申请了专利,相关法律纠纷维持了近30年。

打了30年官司

第一台激光器:1960年1月18日,美国加利福尼亚休斯实验室的西奥多·梅曼(Theodore Harold Maiman)研制出了世界上第一台红宝石激光器。从此,激光科学和技术得到了异常迅速的发展。他的实验装置里有一根人造红宝石棒,亮度是太阳表面的4倍。

谐振腔模型:1961年,厉鼎毅和Gardner Fox发表文章 *Resonant modes in a Maser Interferometer*,首次提出了用计算机迭代方法求解衍射积分方程来研

厉鼎毅
DWDM之父

究平腔(F-P腔)内模式的方法。激光器谐振腔内的模式计算是提高激光器输出光束质量和应用自适应光学系统矫正腔内像差的前提和基础。

半导体激光器:1962年,通用电气公司的罗伯特·N·霍尔(Robert.

N.Hall）观察到正向偏置的GaAs的相干光发射，标志着半导体激光器（Semiconductor Laser）的诞生，这是今天小型商用激光器的支柱。

第一个室温工作激光器：1970年，单异质结激光器不能在室温下连续工作，阿法洛夫领导的研究组实现了激光波长为9 000 Å、室温连续工作的双异质结GaAs–GaAiAs（砷化镓–镓铝砷）激光器，第一个室温且连续发射的半导体异质结构激光二极管。

第一次光纤通信：1988年12月14号，美国电报电话公司、美国电信公司和法国电信公司合作设计完成的第一条跨越大西洋的海底光缆Submarine Optical Fiber Cable并开通使用，全长6 700 km，含3对光纤，每对的传输速率为280 Mb/s，中继站距离为67 km，标志着光纤通信时代的到来。

第一根海底光缆

激光空间通信：2014年6月美国国家航空航天局（NASA）利用激光束把一段高清视频从国际空间站传送回地面，成功完成了一种可能根本性改变未来太空通信的技术演示。

激光空间通信

这一通信试验名为"激光通信科学光学载荷"（OPALS）。据NASA发布的消息，在5日进行的技术演示中，一段时长37 s、名为"你好世界！"的高频视频，只用了3.5 s就成功传回，相当于传输速率达到50 Mb/s，而传统技术下载需要至少10分钟。

量子阱的前奏——超晶格的发明

光电行业与晶体密不可分,晶体之美在于规则与共享。

人生从来不是单一的规则,晶体也不是仅仅一种排列规则。在激光器发展历史上,量子阱的发明是一个重要的里程碑。

江崎(Esaki),比亚里夫(A. Yariv)大5岁,19岁那年考入东京帝国大学,那一年是1944年,日本侵华战争后期。

江崎在博士期间(20世纪50年代),发现PN结的隧穿现象,因此获得了1973年的诺贝尔奖。

笔者对量子隧穿的理解就是,原本用一堵墙挡

江崎

着敌人,结果墙比较薄,敌人都不需要绕道而行,直接破墙而入,省了许多力气。

20世纪60年代末,江崎在国际商业机器公司(IBM)做研究。那会儿的IBM不是现在咱们熟悉的这个跨国大公司,而是美国著名的研究机构之一。当时两大著名研究机构:一是贝尔实验室,二是IBM研究部,吸引着全世界优秀的科学家在此做学术。

1968年,江崎和朱肇祥发现超薄层晶体存在量子效应,也就是超晶格的概念。

当超薄有源层材料厚度小于电子的德布罗意波长时,有源区就变成了势阱区,两侧的宽带系材料成为势垒区,电子和空穴沿垂直阱壁方向的运动出现量子化特点。从而使半导体能带出现了与块状半导体完全不同的形状与结构。在此基础上,根据需要,通过改变超薄层的应变量使能带结构发生变化,发展起来了应变量子阱结构。

什么是超晶格? 近看是规则排列,远看还是规则排列,两种或者多种规则之下的晶体,就是"超"晶格:

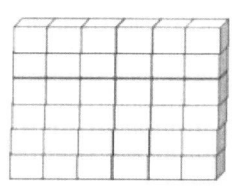
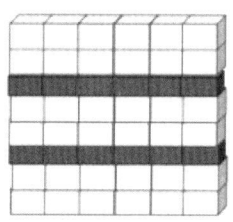

超薄,超晶格,量子效应,然后就有了量子阱:

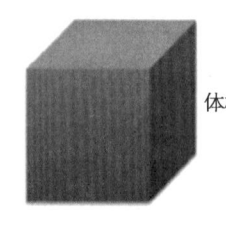
体材料

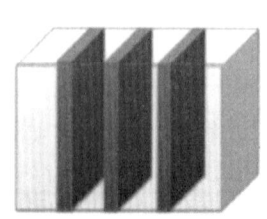
量子阱
-单量子阱
-多量子阱

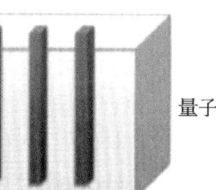
量子线

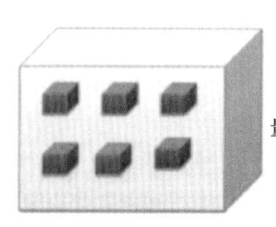
量子点

量子阱,就像是挖一条战壕的作用。

如果你挖个足球场那么宽的坑,就是个体材料啦,其实起不到限制与保护的作用。

战壕要窄,量子阱的有源层要薄。

BiCMOS工艺以及半导体产业

双极型(Bipolar)技术有更好的驱动能力,互补金属氧化物半导体(CMOS)工艺具有低功耗、低成本的优势,有些应用既想驱动能力强,还想省电和便宜,可以吗?

双极性器件Bipolar:

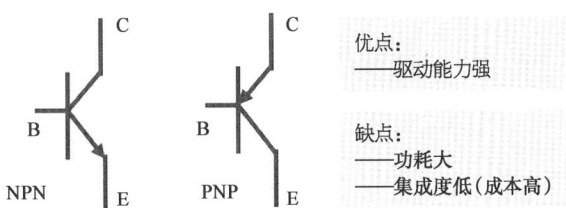

CMOS:

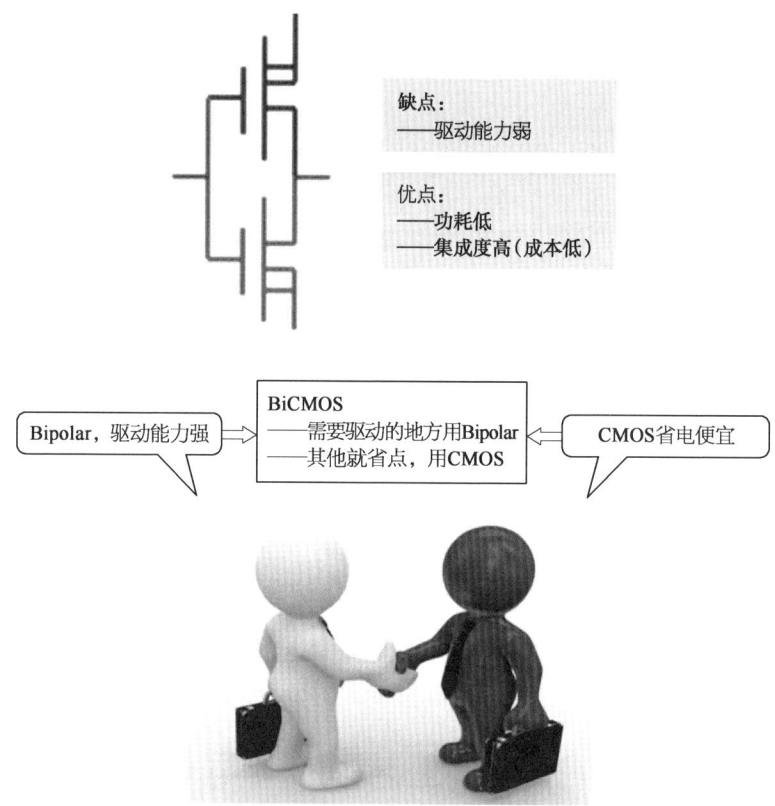

什么叫作双极CMOS集成电路（BiCMOS）？ 就是需要NPN，PNP，在一部分区域做Bipolar工艺，下图就是把CMOS与NPN放在一起：

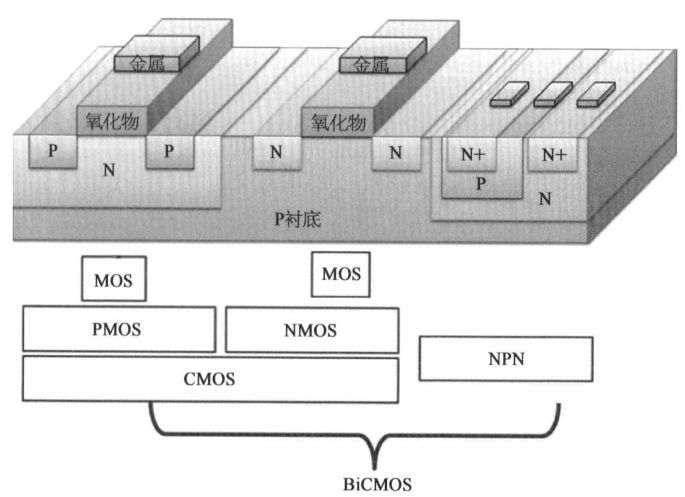

工艺流程步骤：

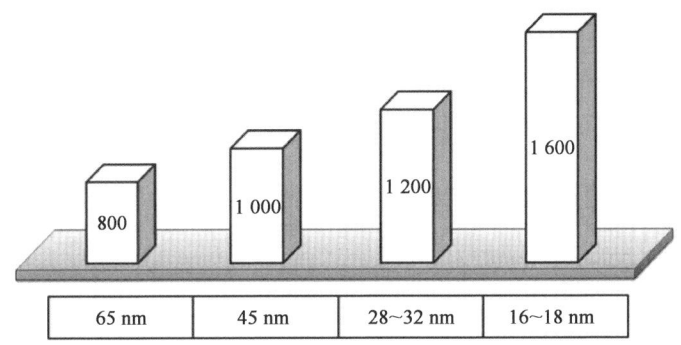

对28 nm工艺，电路设计费用70万美元左右，建一条生产线40亿美元左右。

器件尺寸变小，功耗更低，单片成本低（芯片面积小了，成本低）。

实际上工艺变得更复杂，投资变大。28 nm工艺建一条产线约40亿美元，20 nm就需要60亿～70亿美元，英特尔（Intel）16 nm工艺线投资超过百亿美元，所以有能力建这些产线的公司越来越少。

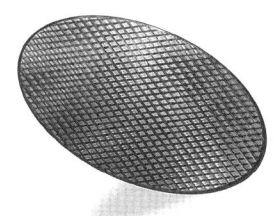

16 nm工艺有多难
300 mm晶圆是16 nm的530 000 000倍

不同工艺节点产业链的分布

130 nm	65 nm	28～32 nm	16～18 nm
AMS Semico.			
Dongbu HiTek			
Grace Semico.			
SMIC			
UMC			
TSMC			

(续表)

130 nm	65 nm	28～32 nm	16～18 nm
Globalfoundr.	SMIC		
Seko Epson	UMC		
Freescale	TSMC		
Infineon	Globalfoundr.		
Sony	Infineon		
Texas Instrum.	Sony		
Renesas	TI	UMC	
IBM	Renesas	TSMC	
Fujitsu	IBM	Globalfoundr.	
Toshiba	Fujitsu	ST	
STMicroelect.	Toshiba	Intel	Intel
Intel	STMicroelectr.	Samsung	TSMC
Samsung	Intel	IBM	Globalfoundr.
Cypress	Samsung	NEC	Samsung
Atml	MEI	MEI	IBM

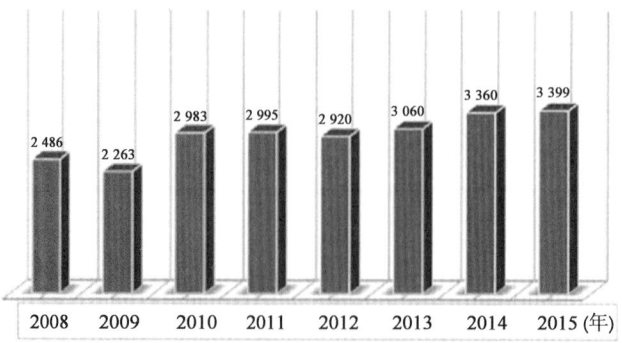

全球半导体市场(单位：亿美元)

第四章 半导体物理

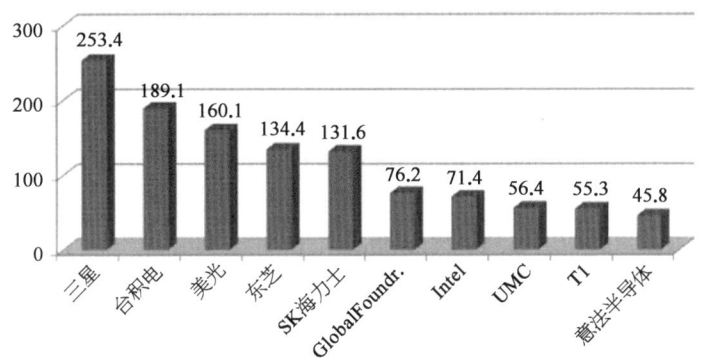

2015年全球半导体产能(单位：亿美元)

CMOS 结 构

CMOS/NMOS/PMOS/MOS 中的 M，是 Metal，指金属，金属在半导体世界充当什么角色？

金属，全是自由电子，是导体；N型，P型有一些自由电子的空穴，是半导体；氧化物没有自由移动电子或者空穴，是绝缘体。

P型半导体和N型半导体结合，形成PN结，有单向导通特点。

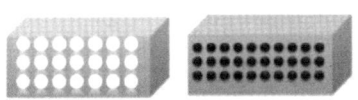 金属的自由电子比N型半导体多很多。

半导体与金属结合,也是单向导通,叫金属-半导体接触(Metal-semiconductor):

金属与半导体之间,加入绝缘体(氧化物可以做绝缘体),金属-氧化物(绝缘体)-半导体,就是MOS,有什么特性?

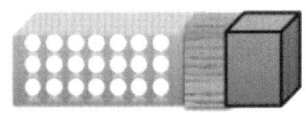

两个金属中间加绝缘体,是电容:

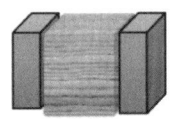 把金属换成半导体,无非是自由电子多少的事儿

金属-绝缘体-半导体,还是电容:

 木头是绝缘体,氧化物(比如二氧化硅)也是绝缘体

金属-氧化物-半导体,依然是电容:

 Metal-Oxide-Semiconductor, MOS

虽然MOS依然是个电容,但是有特殊情况。

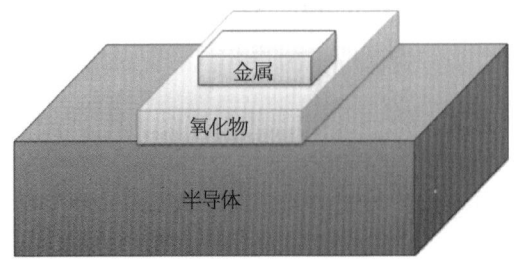 普通情况不导电,特殊情况,外加电场就导电

科学家有研究:

两个N型半导体,都有自由电子,金属—氧化物—半导体,有外加电场就参加载流子输运

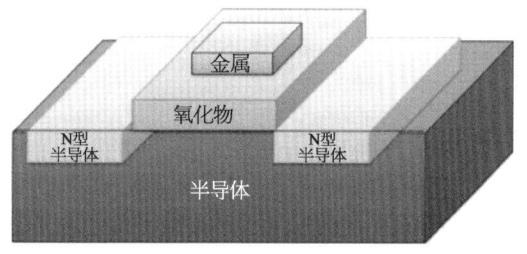

两个N型半导体加上电极,控制MOS的金属部分,就有了开关,名叫MOSFET(MOS Field-effect Transistor),这个MOSFET就是两N型半导体,叫NMOS:

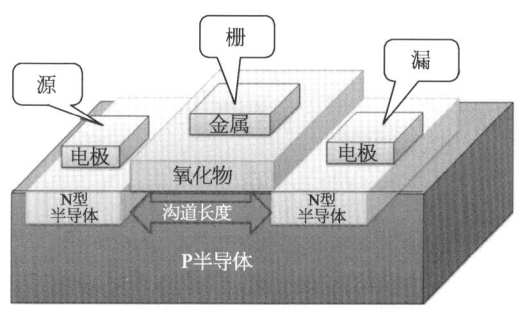

如果N半导体加个电场,导通是有电流的。

PMOS也可以做开关:

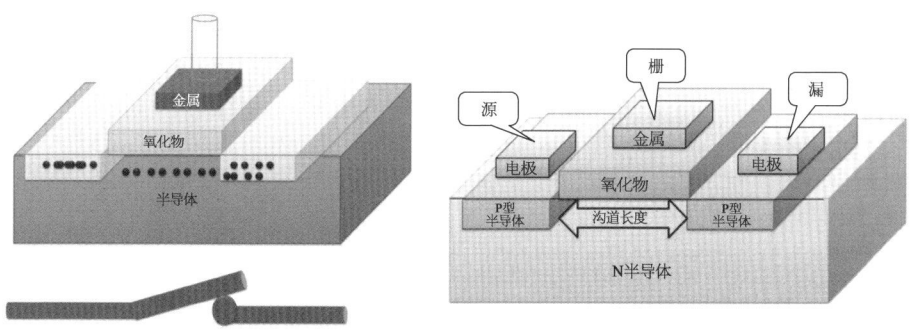

给MOSFET定个符号:

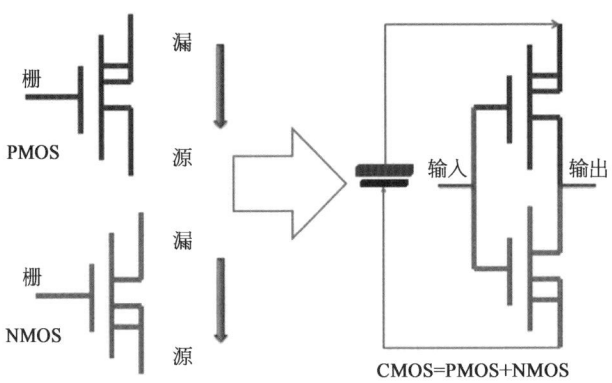

CMOS总是只有一个管子是导通的,就是加个电场,也是没有电流的,这说明功耗极低:

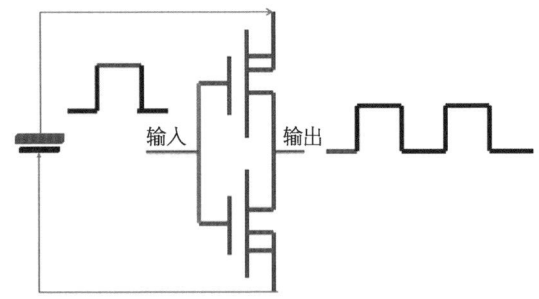

看下CMOS结构:

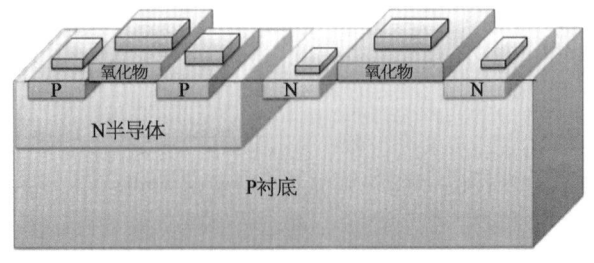

左边PMOS,右边NMOS,简单不？做好真不容易。

器件的特征尺寸,通常90,45,22 nm,指的是沟道长度。

相当于在一根头发圆截面 70 μm 上刻 1 000 个点，错一个重新来，然后重复刻几万根头发，几万根头发错一个点还是重新来。

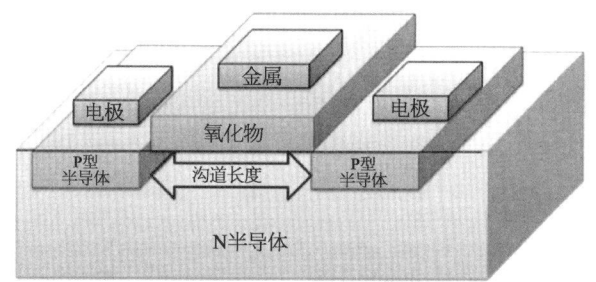

双极型晶体管，开关特性

PN 结是 P 型半导体和 N 型半导体的结合：

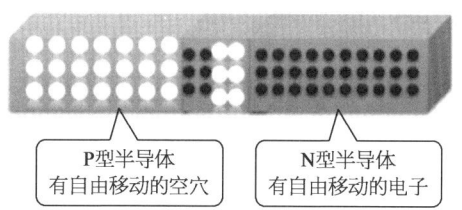

有试过两 PN 结在一起是什么特性么？第一个晶体管就是两 PN 结：

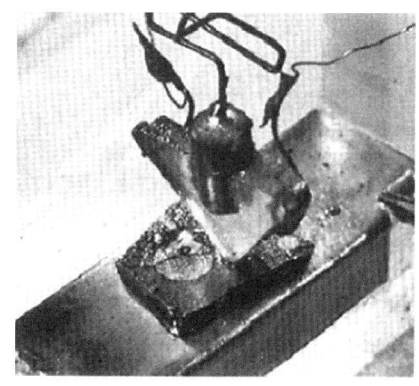

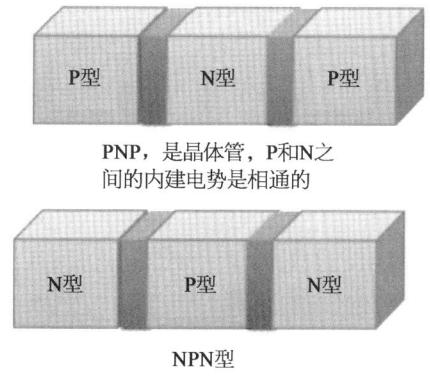

PNP，是晶体管，P 和 N 之间的内建电势是相通的

NPN 型

107

漫谈光通信

N-P-N-P型或者P-N-P-N，是可控硅，也是半导体基本器件，这里只讨论晶体管的开关特性。

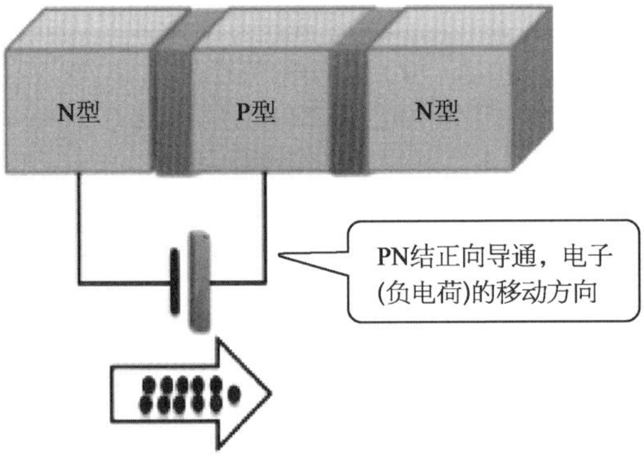

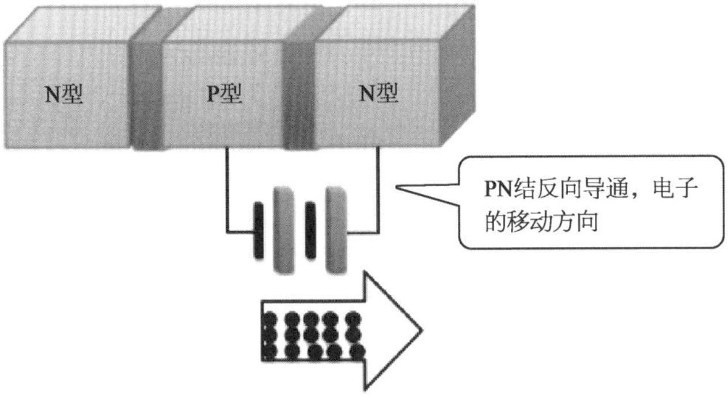

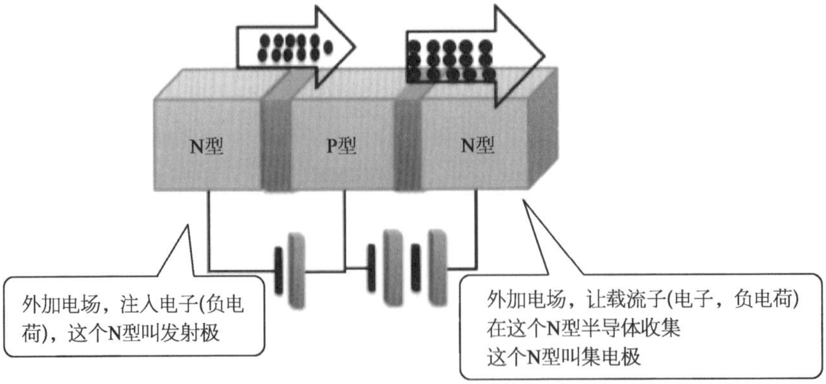

第四章 半导体物理

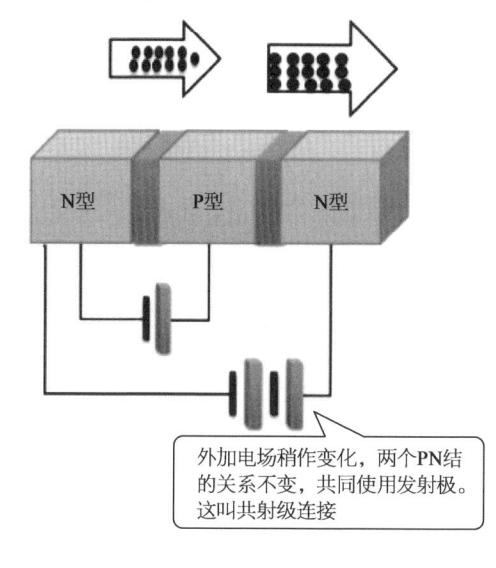

外加电场稍作变化，两个PN结的关系不变，共同使用发射极。这叫共射级连接

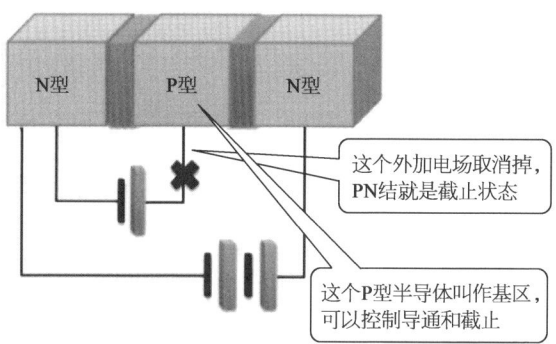

这个外加电场取消掉，PN结就是截止状态

这个P型半导体叫作基区，可以控制导通和截止

基于可以通过外加电场控制载流子导通或截止，就相当于开关。

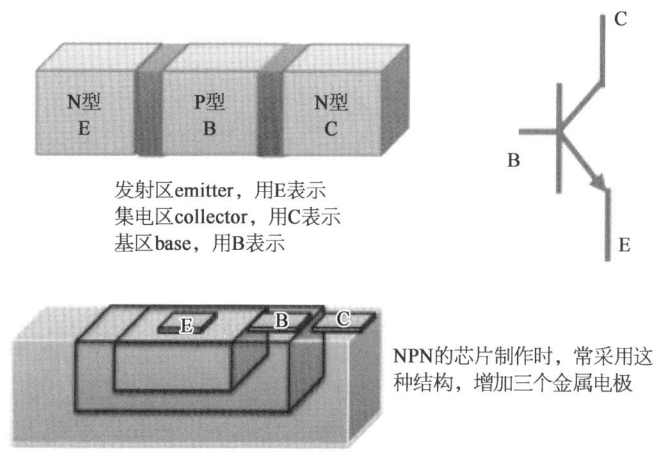

发射区emitter，用E表示
集电区collector，用C表示
基区base，用B表示

NPN的芯片制作时，常采用这种结构，增加三个金属电极

晶体管也叫作双极型晶体管,或称双极型结晶体管(BJT)。

下图是NPN型晶体管导通和截止,电子是负电荷,电流方向是电子运动的反向:

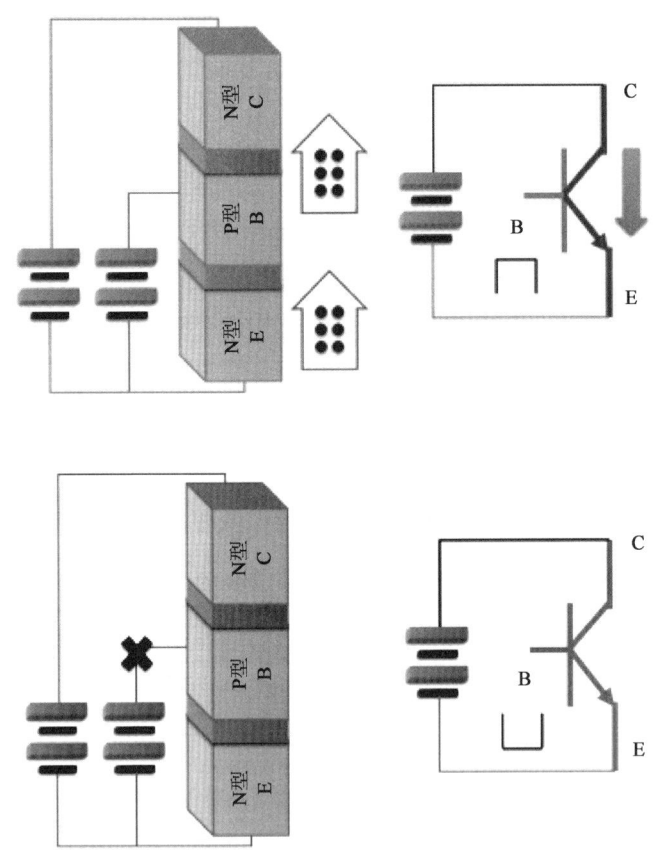

PN结、P型半导体、N型半导体

带可移动正电荷的半导体是P型半导体,激光器探测器的本质是一个PN结。

第四章 半导体物理

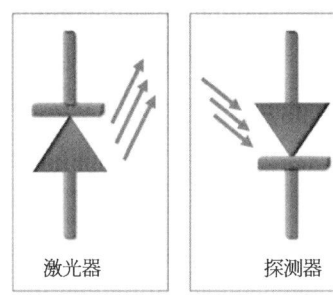

闪锌矿结构：大部分的Ⅲ～Ⅴ族化合物半导体（如GaAs）具有闪锌矿结构，它与金刚石晶格的结构类似，只是两个相互套购的面心立方副晶格中的组成原子不同，其中一个副晶格为Ⅲ族原子（Ga），另一个副晶格为Ⅴ族原子（As）。

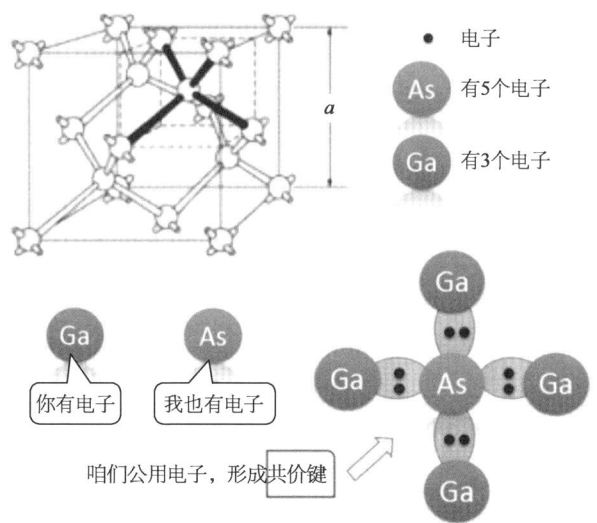

下面用硅晶体来解释N型半导体和P型半导体，原理是相通的。

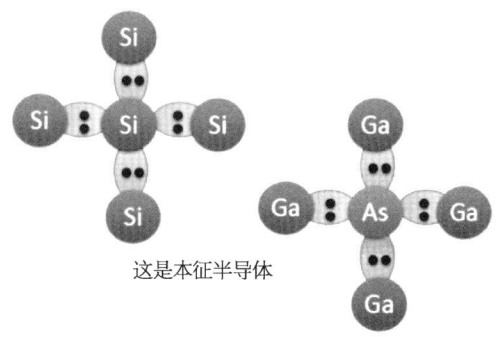

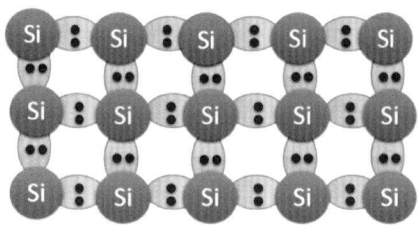

B是硼原子，放在Si的位置，但只有3个电子，还能共享么？

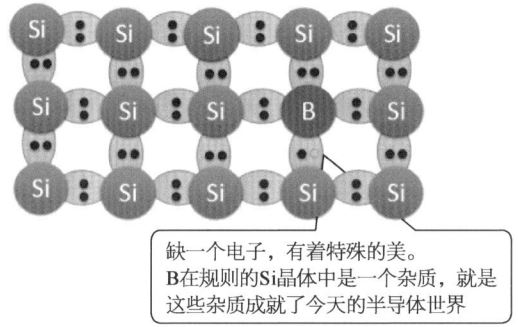

缺一个电子，有着特殊的美。
B在规则的Si晶体中是一个杂质，就是这些杂质成就了今天的半导体世界

原子核的正电荷数量与电子的负电荷数量相等的本征半导体，呈现电中性。

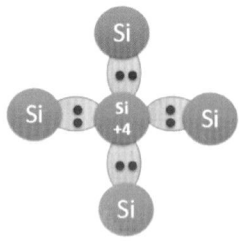

缺一个电子，价带中形成一个可移动的空穴（Hole，正电荷）。现在仍然是电中性，但有可移动正电荷的半导体，成为P型半导体。

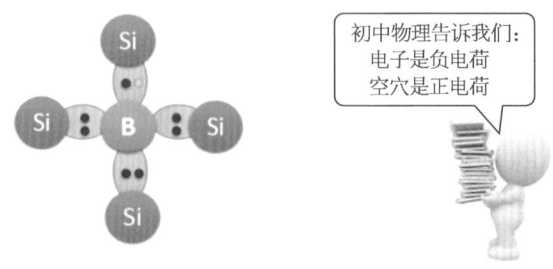

初中物理告诉我们：
电子是负电荷
空穴是正电荷

多一个电子,价带中形成一个可移动的电子(负电荷)。现在的半导体就成了带可移动负电荷的半导体,称为N型半导体,这个可移动的电荷,就是载流子。

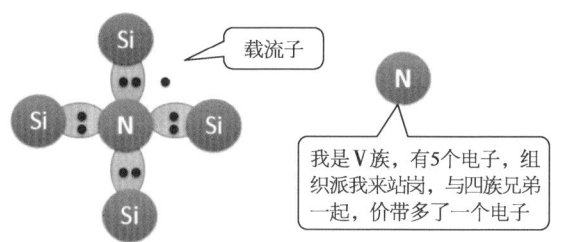

垂直腔面发射激光器(VCSEL)结构也有N型、P型半导体。
脊波导型(RWG)激光器结构:

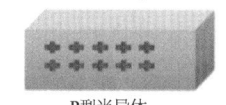

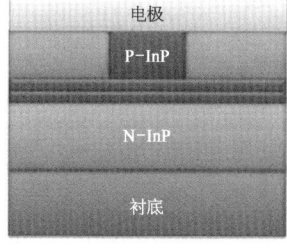

异质结(BH)激光器结构:

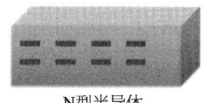

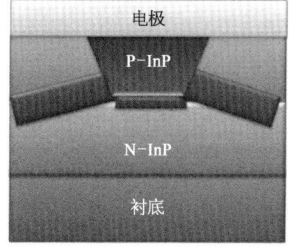

P型半导体与N型半导体结合形成了PN结，PN结呈现的特性是半导体光电世界的基础。

空穴是载流子，电子也是载流子，空穴多，叫作多数载流子，简称多子；电子少，叫作少数载流子，简称少子。

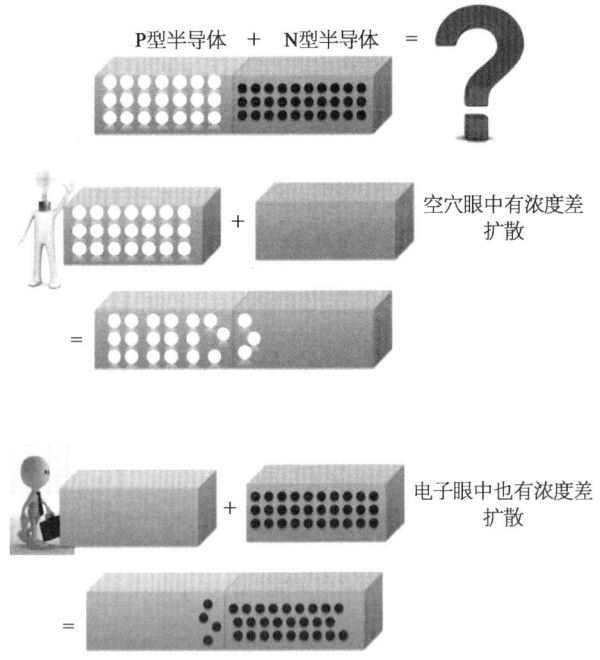

空穴扩散，电子扩散，P型半导体和N型半导体结合后，形成一个特殊的区域PN结：

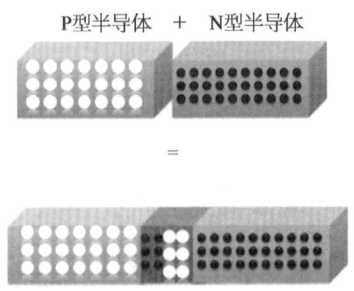

这个PN结 有了空穴,有了电子,能形成电势么?这是电势,内建电势。有了电势,就拥有了能量。

PN结的内在电势,阻止空穴和电子继续扩散,最后形成平衡状态。

有一天这种平衡被打破了,外加电场带来源源不断的可移动的空穴和电子,攻破了PN结的内建电势。

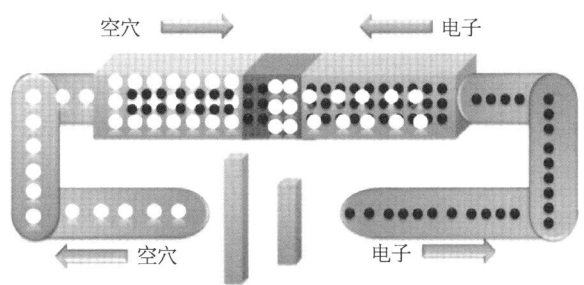

外加电场在PN结上
空穴 ➡ 移动,PN结电流方向向右
电子 ⬅ 移动,电子负电荷,PN结电流还是向右

空穴的正向移动,电子的反向移动,首次突破PN结内建电势,这是正向导通电压。

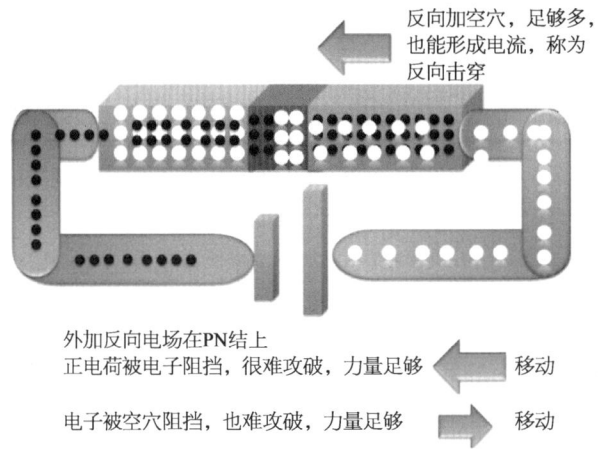

总结:

(1) P型半导体与N型半导体结合,扩散作用形成PN结。

(2) PN结内建电势,阻止空穴与电子进一步扩散,形成平衡。

(3) 外加正向电场,空穴正向跑,电子逆向跑,PN结正向导通。

(4) 外加反向电场,空穴阻止电子,电子阻止空穴,PN结反向截止。

(5) 外加特大反向电场,攻破电子与空穴的阻止力,PN结反向击穿。

P型半导体材料与N型相同,叫同质结,不相同叫异质结,异质结使得半导体激光器取得突破性进展。

掺杂、扩散与离子注入

初中物理告诉我们:

扩散现象是指物质分子从高浓度区域向低浓度区域转移的现象,速率与物质的浓度梯度成正比。扩散是由分子热运动而产生的质量迁移现象,主要是由于密度差引起的。

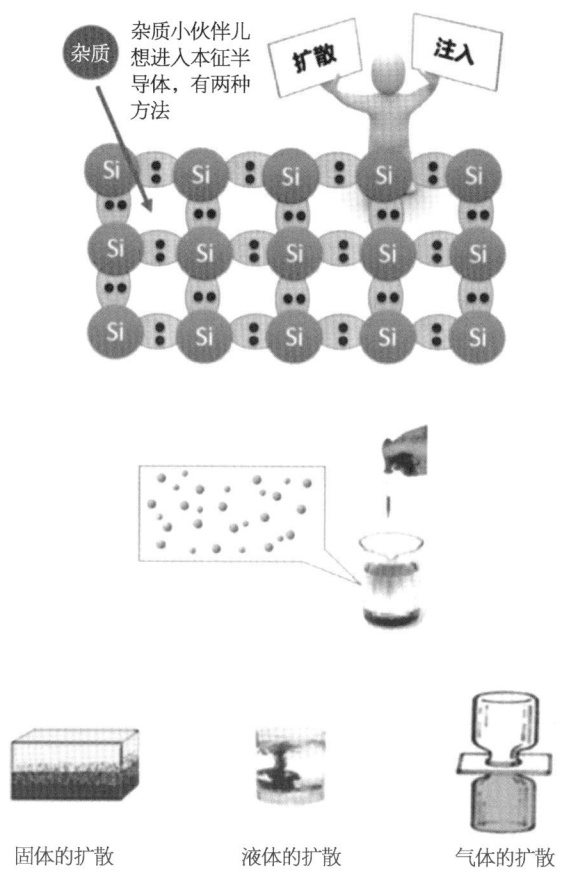

杂质分子与本征半导体的分子大小相似:

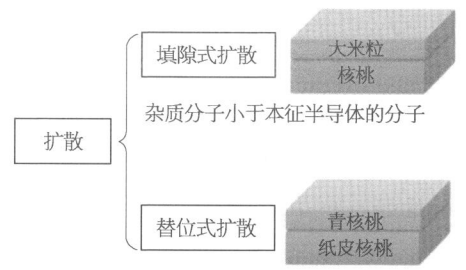

对于非专业人士,扩散是掺杂的一种工艺,可以让半导体带正电和负电。立志于成为专业人士的小伙伴儿,可以继续深入了解菲克定律,了解掺杂浓度与时间空间的关系,了解扩散方程,了解退火,扩散动力学……

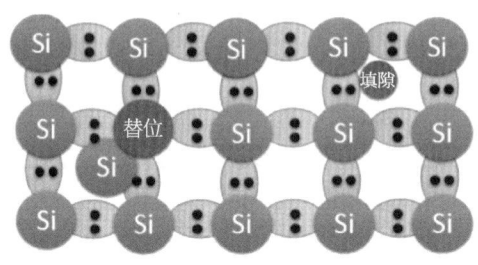

扩散又慢,分布还不均匀,需要更快更准的方法:离子注入。

加了能量的离子束,把分子射向固体材料,这样把杂质分子留在固体材料内部,是离子注入。

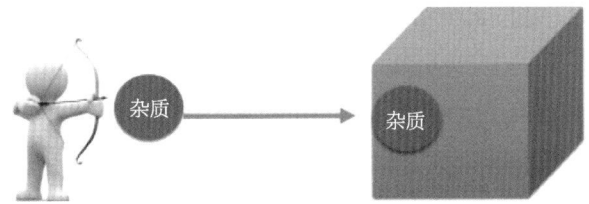

万一射不进去或者射穿了,这些也不是失败,科学家利用这些原理形成了溅射工艺。

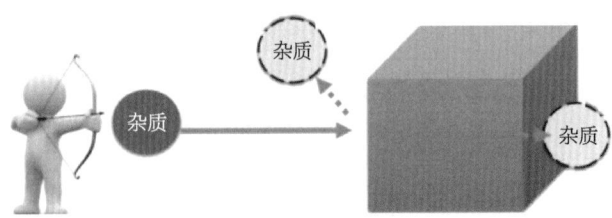

扩散就像是贴膏药,药物成分慢慢渗透,药物剂量渗透多少还取决于膏药的药物剂量、皮肤的吸收能力、药物的种类等,不太能精细控制。

离子注入就像打针,可以精确控制多少毫升药物,注入哪个部位,但是呢,打针疼,对皮肤有损伤。

如何使用主要看场合、看成本。其实古代贴膏药的多,现在打针的多。

黑磷——比石墨烯还霸气的材料

二维材料,一个或者几个原子的厚度,小于 1 nm 的微观世界。

二维(2D)材料石墨烯,这几年的热度就不用说了。

石墨烯

黑磷,被认为是比石墨烯更具潜力的半导体材料,其实并不少见,像火柴头就含有磷:

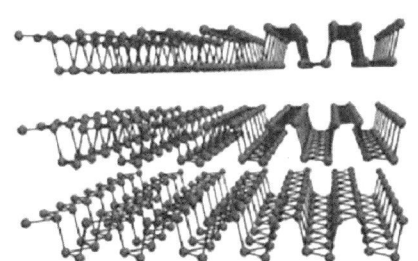
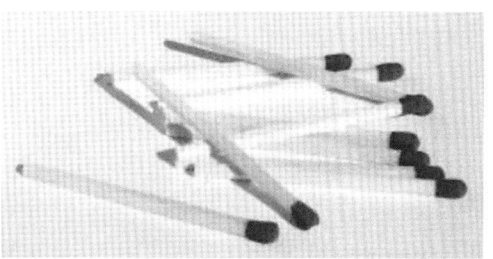

黑磷为什么可以取代石墨烯呢?因为石墨烯虽然有很好的光电特性,但有个缺点,就是能带结构:

石墨烯的能带都快成导体了,可我们要找的是半导体材料,所以呢,在石墨烯上还要继续做一些工作,把它的能带结构分开一点点,才能做成半导体。

黑磷的好处就是,有个天然能带带隙,是半导体:

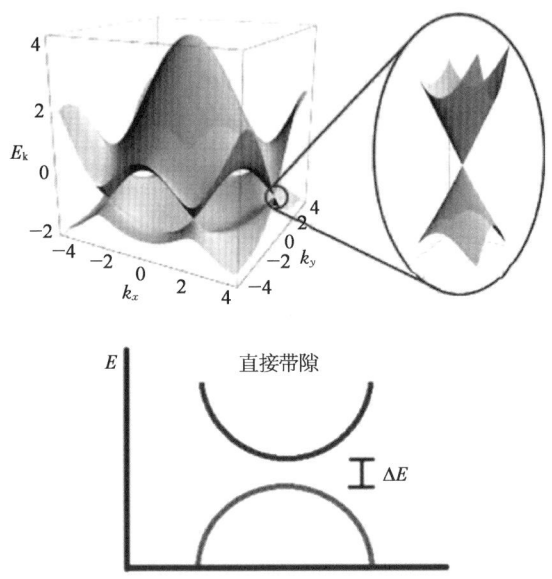

科学家们很兴奋,用黑磷做个晶体管,效果很好:

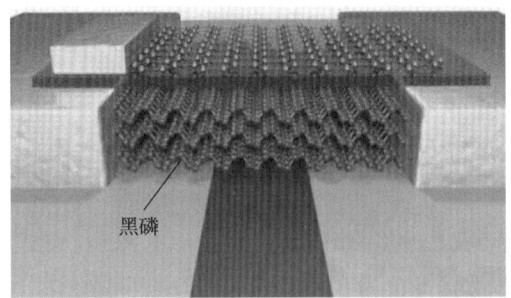

其实二维材料很多,比如石墨烯卷成个球——富勒烯:

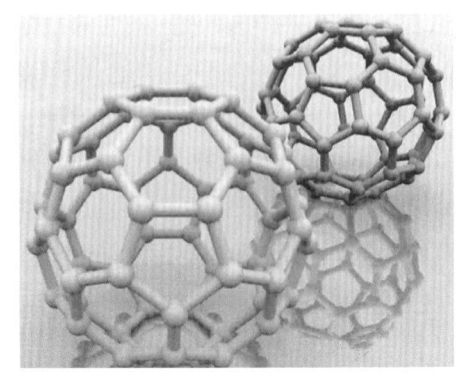

石墨烯卷成桶——碳纳米管：

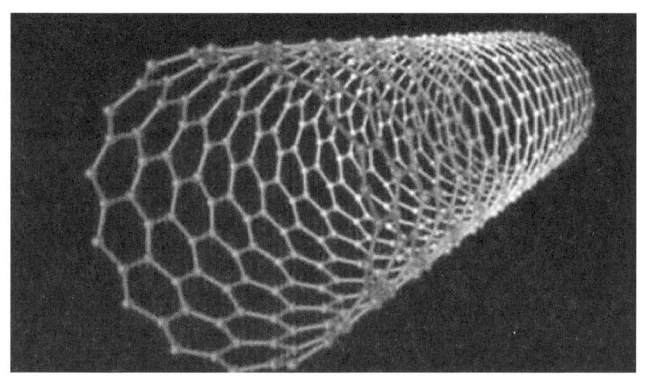

二维材料二硫化钼也很热：

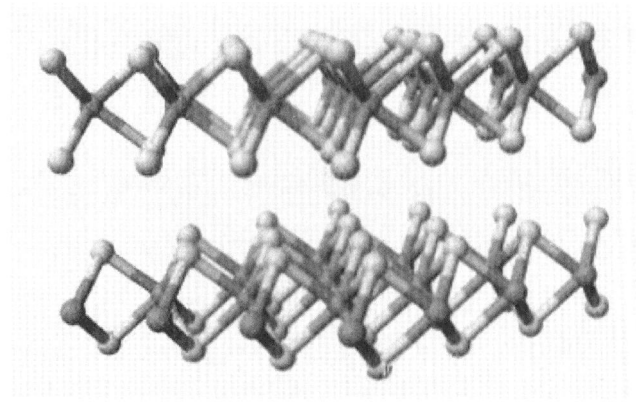

还有与石墨烯类似结构的硅烯等。

小结：
　　石墨烯是很好的二维材料,能带结构没有完全放开,不算是完美的"半"导体。黑磷则可以弥补石墨烯这个缺陷,但是呢,毕竟刚刚发现,更多应用还要等科学家进一步研究发现。

激光器选择三五族材料的来源

对于非光学专业的"攻城狮",听着激光器材料三五族、异质结等名词是一头雾水。

光电集成也是很火的新行业,每次看到结论都是硅基光电集成解决不了光源。这其实是一个原因,在于材料的能带图。

一切都要从元素周期表开始:

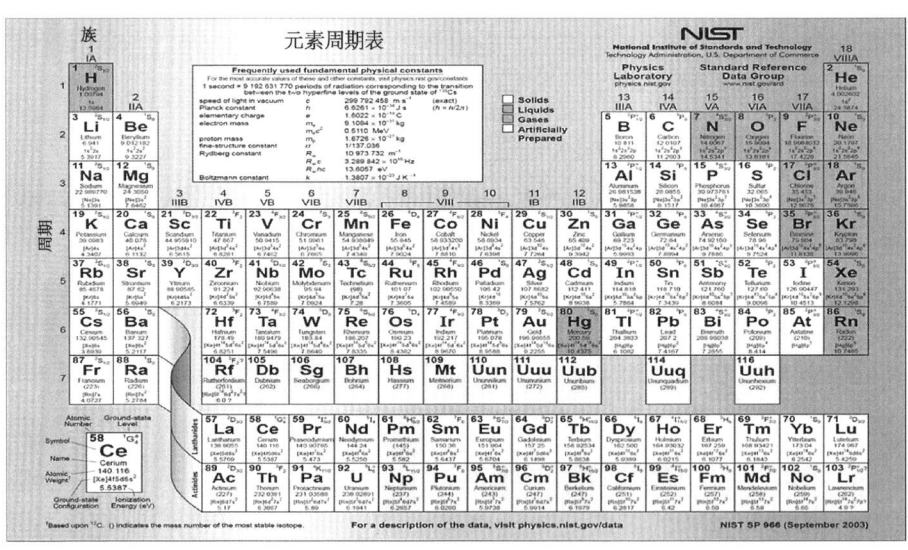

放大:

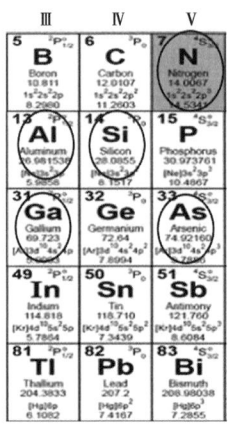

从左到右,依次是三族、四族、五族。

常用半导体材料,分为元素半导体和化合物半导体。

Si(硅)、Ge(锗)是元素半导体,也是电芯片常用的材料。

硅的原子结构与晶体结构,属于金刚石晶体,就是钻石,大钻石的那种金刚石。

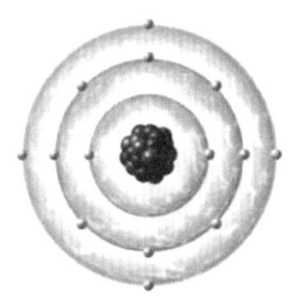

硅原子　　　　　　　　　晶体结构

化合物半导体分为二元化合物半导体(由两种元素组成)、三元化合物半导体(由三种元素组成)、多元化合物半导体(由三种及以上元素组成)。

二元化合物半导体:

(1)Ⅳ-Ⅳ族元素化合物半导体:碳化硅(SiC)等。

(2)Ⅲ-Ⅴ族元素化合物半导体:砷化镓(GaAs)、磷化镓(GaP)、磷化铟(InP)等。

(3)Ⅱ-Ⅵ族元素化合物半导体:氧化锌(ZnO)、硫化锌(ZnS)、碲化镉(CdTe)等。

(4)Ⅳ-Ⅵ族元素化合物半导体:硫化铅(PbS)、硒化铅(PbSe)、碲化铅(PbTe)等。

三元化合物与多元化合物半导体:

(1)由Ⅲ族元素铝(Al)、镓(Ga)及Ⅴ族元素砷(As)所组成的合金半导体$Al_xGa_{1-x}As$即是一种三元化合物半导体。

(2)具有$A_xB_{1-x}C_yD_{1-y}$形式的四元化合物半导体可由许多二元及三元化合物半导体组成。例如,四元化合物$Ga_xIn_{1-x}As_yP_{1-y}$合金半导体是由磷化镓(GaP)、磷化铟(InP)及砷化镓(GaAs)所组成。

化合物半导体的优势:

化合物半导体具有与硅不同的电和光电特性。这些半导体，特别是砷化镓（GaAs），主要用于高速光电器件。

大部分的化合物半导体（如GaAs）具有闪锌矿结构。它与金刚石晶格的结构类似，只是两个相互套构的面心立方副晶格中的组成原子不同，其中一个副晶格为Ⅲ族原子（Ga），另一个副晶格为Ⅴ族原子（As）。

三五族（Ⅲ族、Ⅴ族）的来历有了，那为什么四族不做光源，而是三五族或二六族呢？

砷化镓的能带结构允许传导电子从高迁移率的能量最小值（称之为谷）跃迁至低迁移率、能量较高的邻近谷中。电子沿[111]方向，从中央谷中跃迁至邻近的谷中：

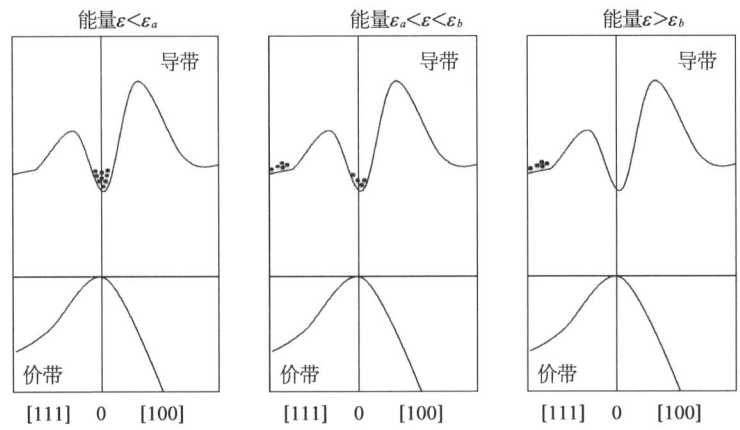

其实可以这样理解，要从下面山峰（导带顶），蹦到上面（价带底），需要能量。

输入的能量是温度，输出改变电阻，则为温敏电阻。

输入是光，输出也是光，就是光放大器。

输入是电，输出是光，就是激光器。

输入是光，输出是电，就是探测器。

简单地说，大部分三五族化合物半导体是直接带隙，硅半导体是间接带隙。

通俗的理解就是，一个人站在苹果树下摘苹果，跳起来摘得到是直接带隙。

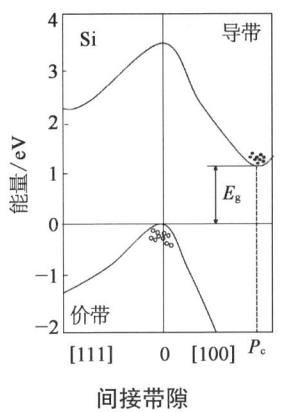

间接带隙

站在苹果树边两米远,再往上跳也摘不到苹果,那这是间接带隙。

那直接带隙都可以摘得到苹果吗?也不一定,还要看苹果的高度与身高的差异。

苹果树很矮,不用跳就摘到苹果,是导体。

苹果树比人高,一般摘不到,跳一跳可以摘,是半导体。也就是在通过外界如电流、温度、光照等条件使得电子空穴可以跨越约 1 eV 进行跃迁。这是半导体(半字用得好)。

苹果树十米高,人怎么跳也摘不到果子,则是绝缘体。也就是无论外界怎么触发,电子空穴也无法完成能级跃迁,通常能级在 9 eV。

把间接带隙与直接带隙的图作对比:

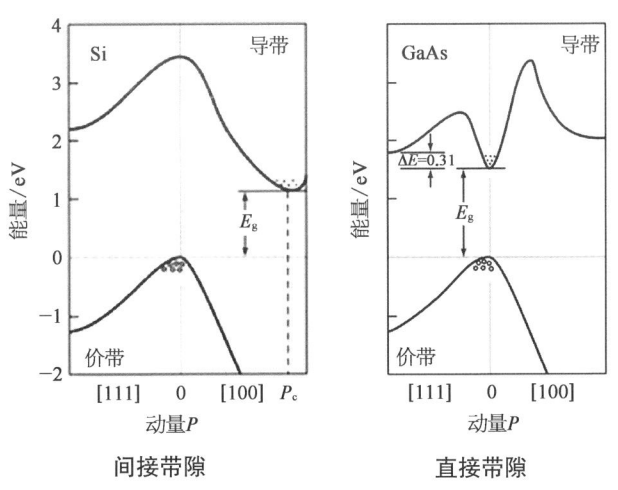

间接带隙　　　　　直接带隙

那就可以解释了,上面左图的硅虽是半导体,但非直接带隙,在自家跳摘别人家的果,很难。

上图右边是三五族化合物半导体,直接带隙。稍微一跳就够得着果子,容易跃迁。

关于异质结,异是不同,一个激光器或探测器本质是一个PN结,异质是说P和N采用两种不同的材料接触形成的PN结。

为什么选择异质呢?科学家发现不同材料组成结,速度比同质结更快,光电特性更好,渐渐地就成了快速器件和光电器件的关键构成要素。

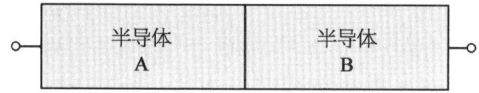

相关常识:

1957年,克罗马提出了用异质结双极型晶体管(HBT)来改善晶体管的特性,这种器件有可能成为更快的半导体器件。

1962年霍尔等人第一次用半导体得到了激光。

1963年克罗默尔、阿尔费罗夫和卡扎里诺夫发表了异质结构激光,奠定了现代激光二极管的基础,使激光可以在室温下连续工作。

小结:

(1)半导体激光器要发光,就需要选择半导体材料,选择半导体材料中具有直接带隙的材料。

(2)直接带隙的材料通常是化合物半导体。

(3)化合物半导体中二元组合、三元组合、多元组合的材料通常列于元素周期表中的三族与五族。这就是三五族材料的由来,当然也有二六族材料。

第五章
有源器件

二极管泵浦固体激光器、808激光器

二极管泵浦固体激光器（DPSSL）是优秀的第二代泵浦激光器，体积小、功耗低、寿命长。

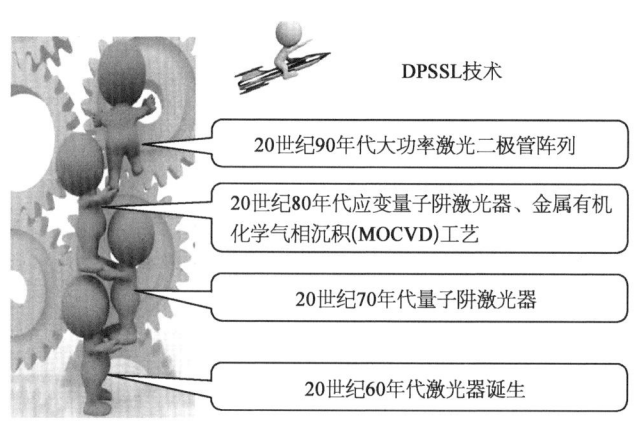

有端面泵浦，也有侧面泵浦。

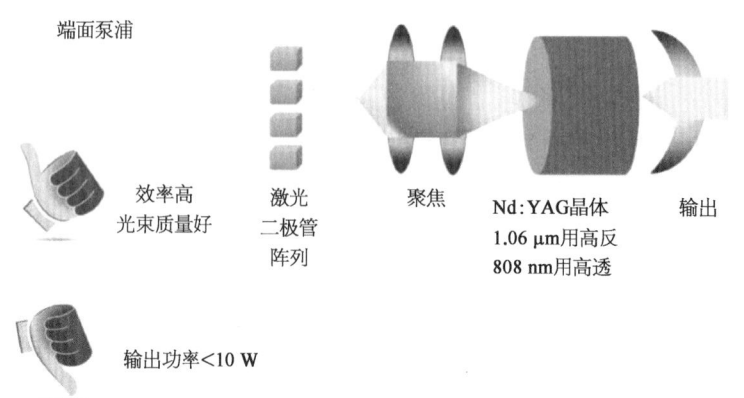

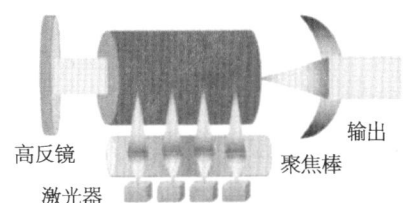

侧面泵浦

效率高
输出功率>4 000 W

光束质量做出
巨大牺牲

最吸引笔者的是

Nd:YAG
Nd:Y$_3$Al$_5$O$_{12}$

钇铝石榴石晶体
一种有前途的晶体

晶体内Nd原子含量为
0.6%～1.1%,可激发激光

808激光器是最早成熟的一批固态激光器,据说超过300种,用在哪里呢?

激光推进——送卫星上天。

激光制导、激光跟踪——海湾战争中,75%的飞机是被激光制导导弹给击落的。

激光探测——水下潜艇用的探测雷达等,都需要光源。

激光成像——成像这个事情,哪里都有用处。

激光通信——激光卫星通信、激光对潜通信,各种高大上的通信。

还可用于激光打标、激光测距、光盘、打印机等,几乎覆盖了光电子行业的每一个领域。

SOA,FP-SOA和TW-SOA

看历史,这几位科学家开启了光通信的飞翔模式:

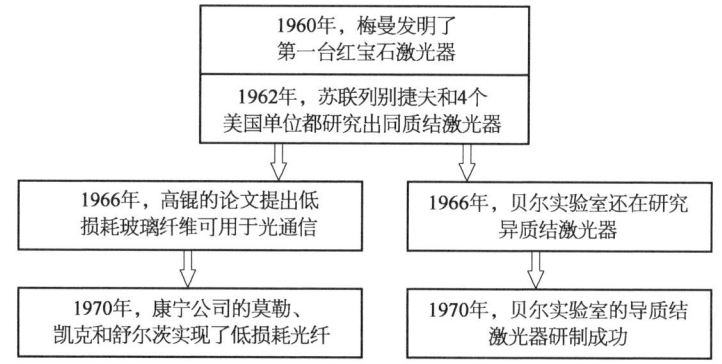

然后,半导体光放大器(SOA)也闪耀登场,厉鼎毅的谐振腔理论fox-li模型是法布里-珀罗激光器(FP-LD)、法布里-珀罗半导体光放大器(FP-SOA)、DFB的基础,有着卓越的贡献。

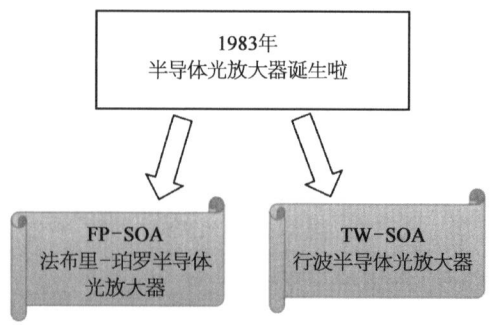

FP-SOA,FP-LD,TW-SOA这三位兄弟,有联系,有区别。

FP-LD:电注入,粒子数一反转,来回反射几下,输出光。

FP-SOA:光输入,粒子数一反转,来回反射几下子,光放大输出。

TW-SOA：光输入，粒子数一反转，光放大输出：

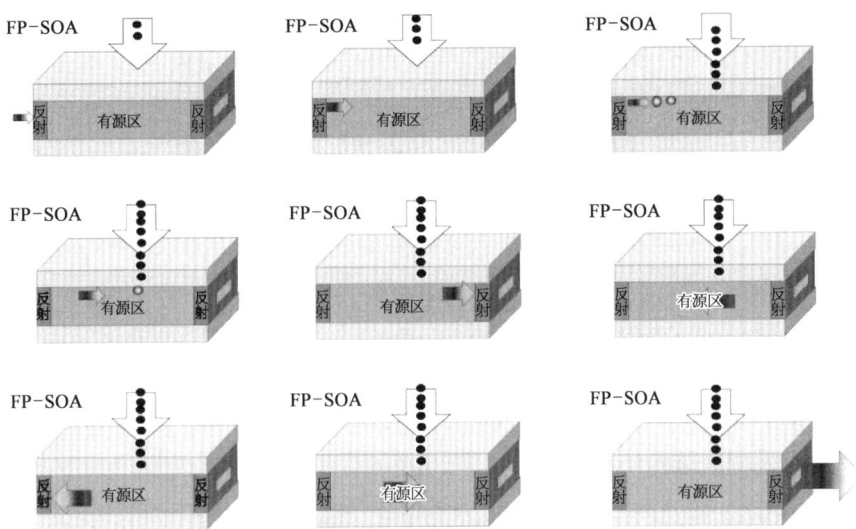

TW-SOA 是没有谐振的：

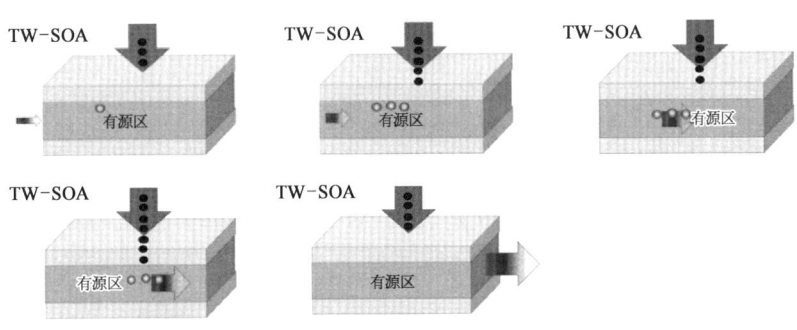

这都是光放大器，掺稀土的光放大器与半导体光放大器，有区别。

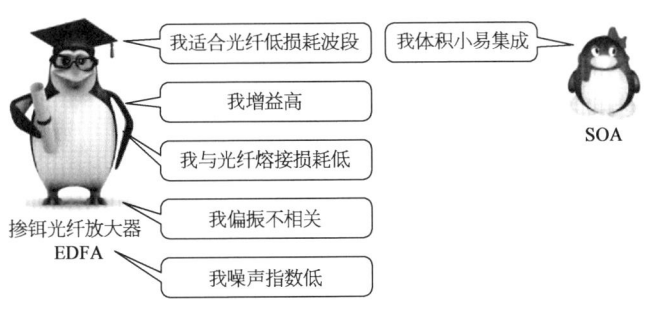

Fox-li 模型应用在 FP 平面反射镜的激光器谐振模型计算：

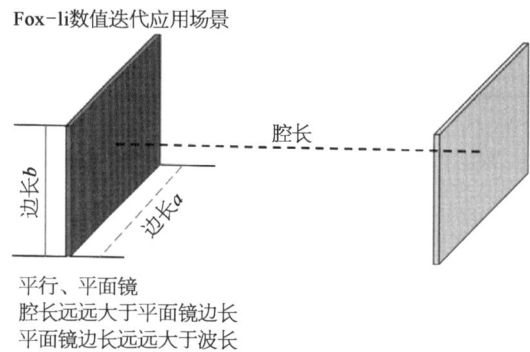

平行、平面镜
腔长远远大于平面镜边长
平面镜边长远远大于波长

用迭代模型，可以推导出激光的振幅与相位分布，激光的传播特性谐振频率、相移、模的衰减等。

EDF 和 EDFA——吸星大法

光纤掺稀土元素（如 Nd, Er, Pr, Tm 等）后可构成多能级的激光系统，在泵浦光作用下使输入信号光直接放大。

光纤掺稀土元素
Nd：适合 1 060 nm, 1 330 nm
Er 铒：适合 1 550 nm(通信行业的低损耗窗口)
Pr：1 300 nm(通信行业的低色散波段)
Tm：S 波段 146~1 530 nm

掺铒光纤放大器（EDFA）的多能级图：

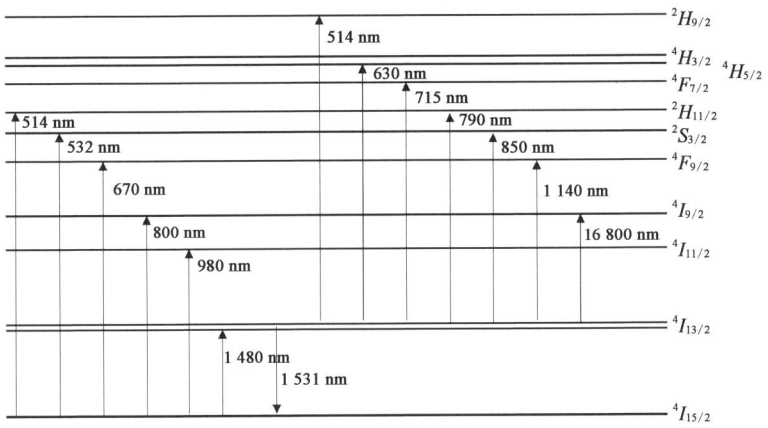

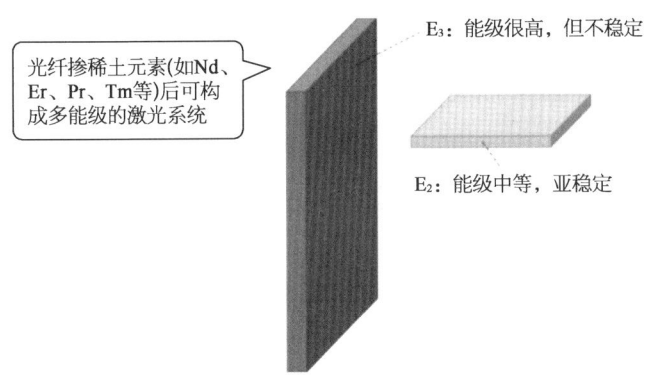

然后呢,给个泵浦光(激光原理也是这样吧,有增益物质,要粒子数反转,要有泵浦。半导体激光器是个电泵浦,EDFA 是个光泵浦。啥样的泵浦都是个能量源。就如给个包子能吃饱,给个馒头也能吃饱一样)。

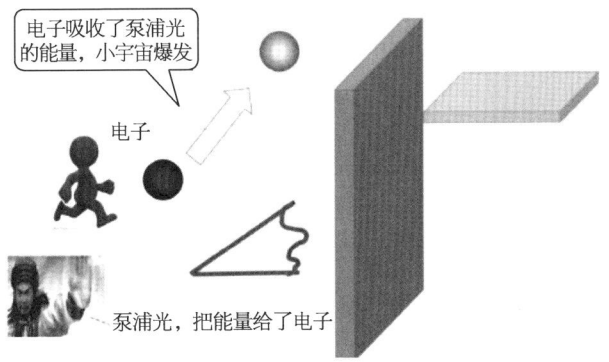

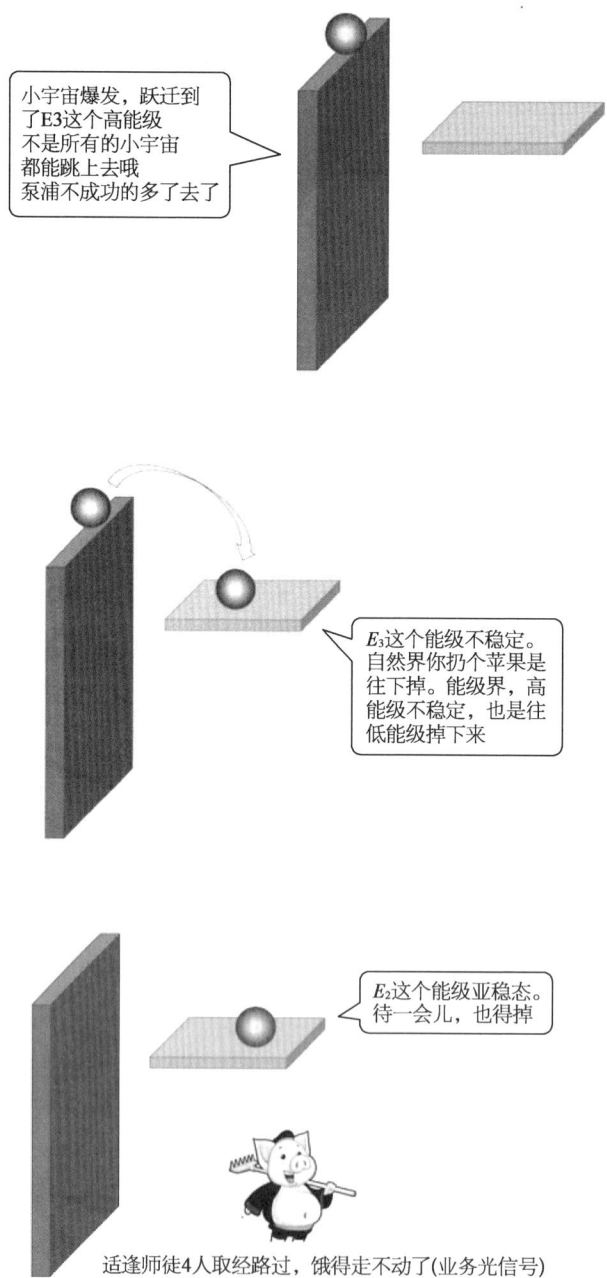

业务光,就像唐僧师徒4人去取经,长途跋涉走的没有能量了。还要继续走就得吃东西。

第五章 有源器件

业务光吸收了泵浦光的能量,这就是放大

常规EDFA的功能框架有光隔离器、光滤波器、掺铒光纤(其他稀土元素也是类似)、业务光、泵浦光:

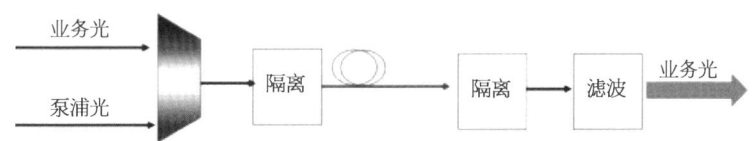

这EDFA是最重要的,有了它就能吸收泵浦光的能量。

泵浦光可以在前、可以在后、也可以两头都有,光隔离器、滤波器、合分波都是配件。

探测器的几个关键参数

量子效率:光子能量传递给物体内部的电子,吸收一个光子,能量生成一

135

个电子空穴对,电子到物体表面形成电流。

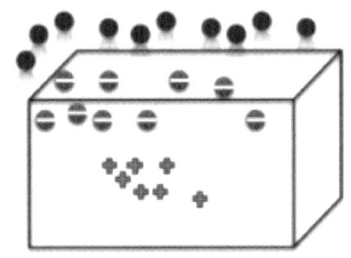

$$量子效率 = \frac{被破坏的电子空穴对的数量}{光子数量} = \frac{9 对}{10 个} = 90\%$$

响应度:

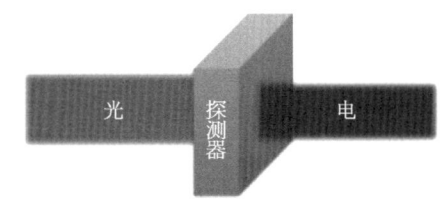

$$响应度 = \frac{光电流}{入射光功率} = \frac{0.9\ mA}{1\ mW} = 0.9\ mA/mW \quad 或者\ 0.9\ A/W$$

灵敏度:量子效率和响应度是探测器芯片光电转换效率的不同表征方式,这两个参数一一对应,可以互相换算。光模块的灵敏度选型与这两个参数相关。

倍增因子:电场足够大,产生雪崩倍增效果,电压加大,光电流明显增高。

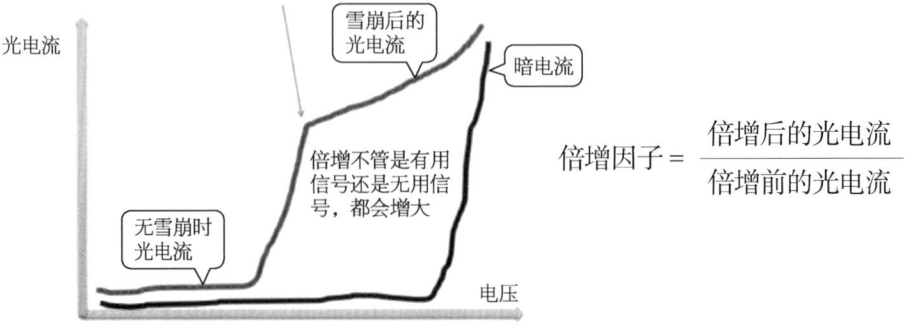

$$倍增因子 = \frac{倍增后的光电流}{倍增前的光电流}$$

雪崩倍增就像是给庄稼施肥,并不是越大越好。

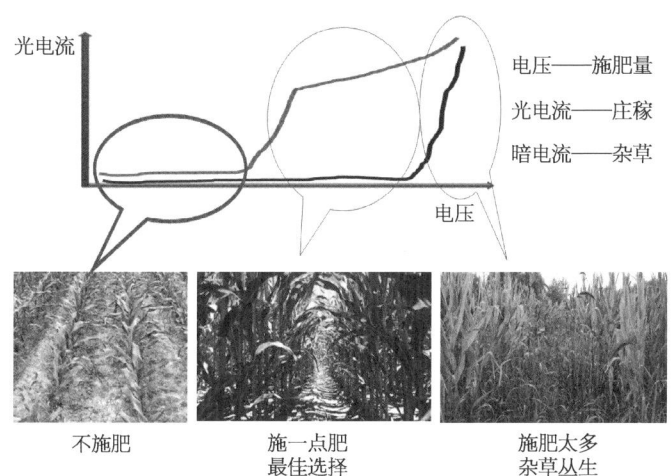

暗电流:在无光的情况下,光电探测器仍有电流输出,这种电流称为暗电流。

热运动由耗尽层中载流子的产生−复合电流和耗尽层边界的少数载流子扩散电流、表面漏电流构成,就是总有些调皮的电子自己挣脱形成自由电子。

暗电流的大小与偏压、光电二极管的结面积有关,当偏压增大时,暗电流增大。

暗电流与探测器的结面积成正比,面积越大,暗电流越大。

响应时间:入射光转变为光电流所需的时间为响应时间(也叫响应速度)。

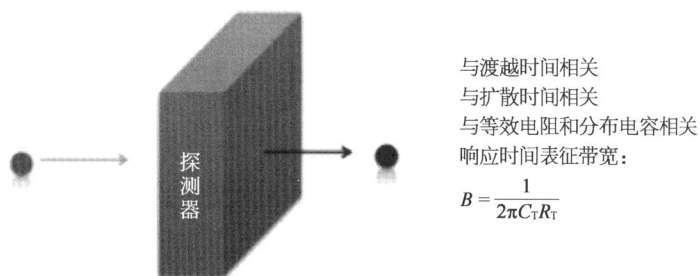

与渡越时间相关
与扩散时间相关
与等效电阻和分布电容相关
响应时间表征带宽:
$$B = \frac{1}{2\pi C_T R_T}$$

响应时间、响应速度、信号带宽是评价探测器光电转换快不快的,光模块的上升时间、下降时间,可以评估探测器的响应时间。

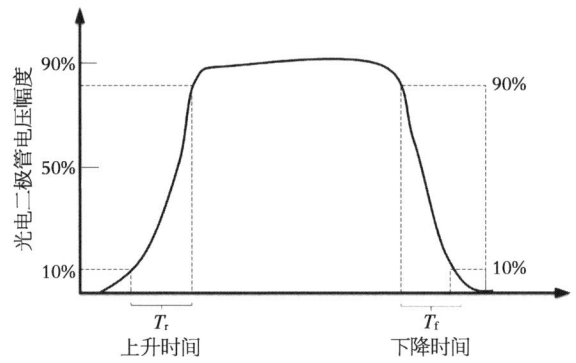

小结：

(1) 量子效率、响应度、灵敏度——评价好不好。

(2) 响应速度、响应时间、带宽——评价快不快。

(3) 暗电流、噪声——评价施肥管不管用。

PIN,APD型光电探测器基本结构

空穴扩散、电子扩散、P型半导体和N型半导体结合后，形成一个特殊的区域PN结。

光电探测器的本质是PN结，PN结的扩散运动对光电转换率有影响。

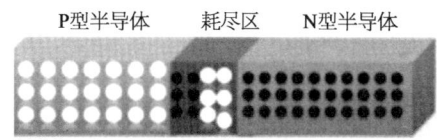

扩散就像两军对峙,阵营太近容易投敌叛逃。

两军对峙加个隔离带(本征),降低投敌风险(扩散)——提升作战实力;增加隔离带也增加了作战距离(载流子渡越时间),消耗体能,降低作战实力。

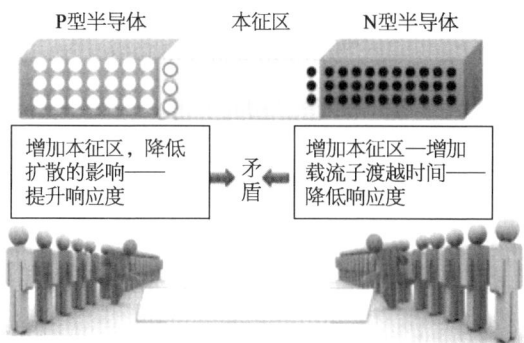

对这个本征区宽度的选择和平衡,或者设计更优秀的探测器结构,是芯片设计师的工作。

PIN探测器的基本结构:

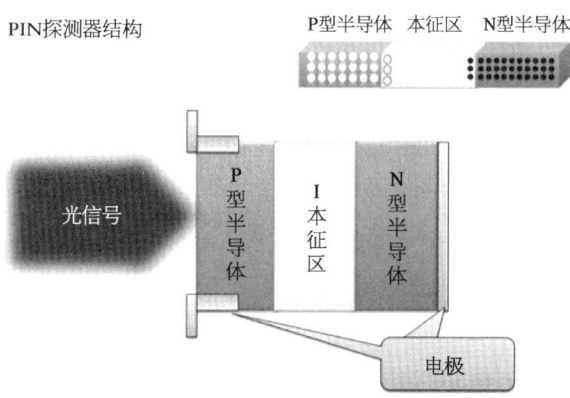

雪崩倍增:反向偏压下,在耗尽区因热产生的电子,由电场得到动能。可以破坏键而产生电子空穴键合。这些新产生的电子和空穴,可由电场获得动

能,并产生新的电子-空穴对,这些过程生生不息,连续产生新的空穴-电子对,这个过程叫作雪崩倍增。

只要电场足够强大,这种碰撞就会1到2、2到4、4到8……PIN型一个光子被吸收后最多生成一个载流子。有了雪崩效果,一个光子就可以生成许许多多的载流子。

探测器的雪崩倍增,与真正的雪崩很像,就是雪山顶上,一点点雪落下来,一路不断碰撞,雪团越来越大形成雪崩。

雪崩形成的条件,山足够高。

探测器雪崩倍增的条件:外加电场足够高。

APD型的电压是几十伏特,PIN型3.3 V就可以了。

雪崩光电探测器的基本结构,在PIN探测器本征区之后,加一个雪崩倍增区域。

使用APD,都有一个升压电路,这是为了增加外加电场,产生雪崩倍增效果。当然除了倍增有用的光生载流子外,也同时倍增热噪声(就是泥石俱下的感觉),把雪崩区选在N型半导体之前,也是把N型半导体的噪声倍增,于信号不利。雪崩区也不能再往左放,是因为光子绝大部分在本征区吸收生成载流子。

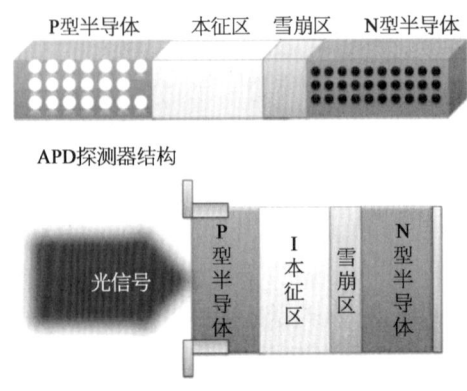

APD探测器结构

波长与探测器材料的关系：

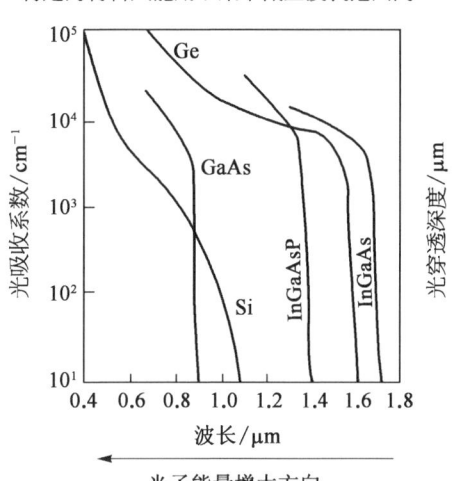

材料的截止波长 λ_c 由其带隙能量 E_g 决定：

$$\lambda_c = \frac{hc}{E_g} = \frac{1.24}{E_g}$$

若波长比截止波长更长，则光子能量不足以激励出一个光子。

上图还说明，同一个材料对短波长的吸收很强烈，而且短波长激发的载流子寿命较短，因为粒子的能级越高，越不稳定。

总结：

（1）半导体光电探测器利用内光电效应进行光电探测，通过吸收光子产生电子空穴对，从而在外电路产生光电流。

（2）PIN型探测器包括2个过程：材料在入射光照射下产生光生载流子；光电流与外围电路之间的相互作用并输出电信号。

（3）APD光电探测器包括3个过程：材料在入射光照射下产生光生载流子；载流子输运或在电流增益机制下的倍增；f 光电流与外围电路之间的相互作用并输出电信号。

光电探测器原理 PIN/APD/MSM

光模块拆开后,有光发射组件(TOSA)、光收发一体组件(BOSA)、三向光器件(TriOSA)等光器件。

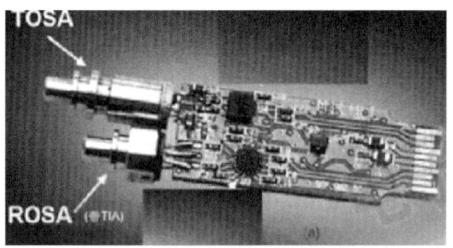

光接收组件(ROSA):将光信号还原成电信号。

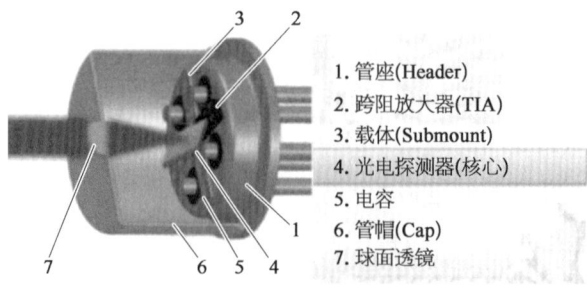

激光器、探测器本质也是一个PN结。

激光器一直是难题,但探测器容易得多,激光器需要直接带隙,探测器不需要纠结直接带隙,三五族可以做探测器,硅也可以做。

行业人士一般都知道探测器主要分两大类:PIN,APD。其实还有很多其他的类型:

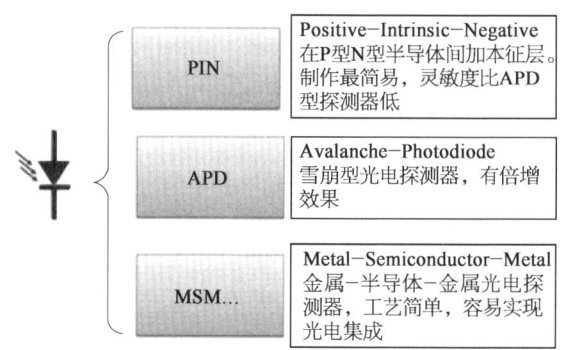

光电探测器是基于光电效应的。

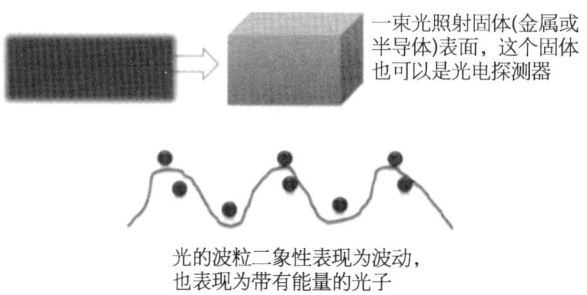

光子能量传递给物体内部的电子,电子有了能量脱离束缚,到达物质表面,形成了电流(这个专业的词叫光生载流子)。

光电探测器是利用光电效应,把光转化为电,无论什么类型的探测器都是为了这个根本目的:把光转换为电。

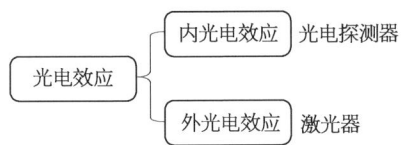

爱因斯坦解决了原理,光能转成电。但怎么转得又快又好又方便,还得便宜价格低,这才是技术、商务、公司关心的问题,也就是学术转化为产业的问题。

垂直腔面发射激光器

垂直腔面发射激光器(VCSEL)是光通信领域应用极广的一款激光器。

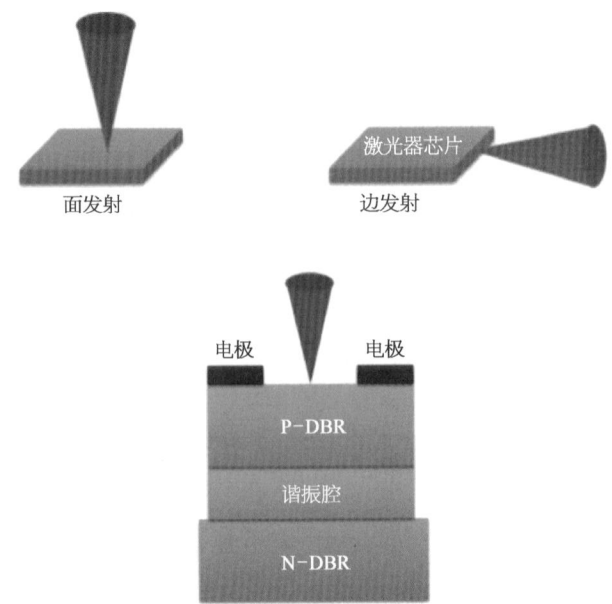

VCSEL光束窄且圆,耦合效率高;阈值电流低,功耗低;易集成;低成本,可以直接在晶圆(Wafer)上完成工艺制作和测试。

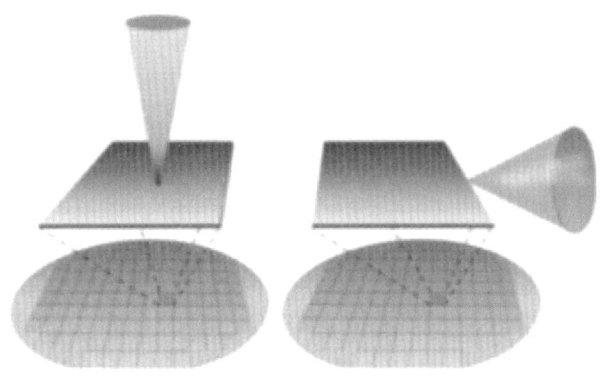

VCSEL的应用:

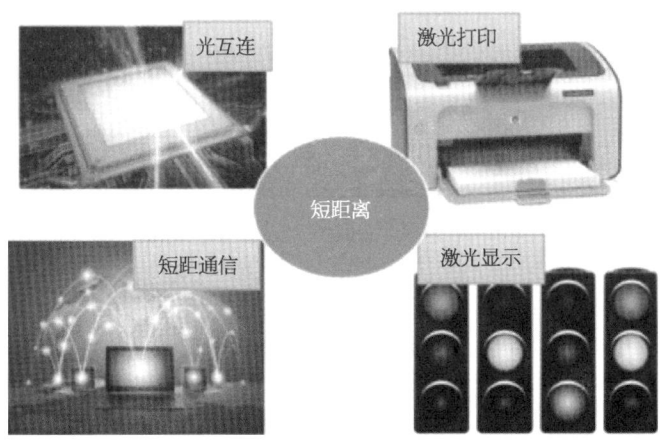

说到这里,有人会问,那直接让VCSEL取代FP,DFB这些激光器吧,便宜又好用。VCSEL在短距离通信上有绝对的地位,但长距离通信还是需要付出一些代价的。

DFB激光器的发散角、脊波导与掩埋结构的区别

激光器传输高斯球面波,看下基膜矢量公式:

$$E(x,y,z) = \frac{A_0}{W(z)}\exp\left[-\frac{(x^2+y^2)}{W^2(z)}\right]\cdot\exp\left\{-i\left[k\left(z+\frac{x^2+y^2}{2R(z)}\right)-\varphi(z)\right]\right\}$$

式中,A_0为原点($Z=0$)处的中心光振幅,k为波数($n=1$)。

一般激光器通常都是高斯光束,它在传播方向上有一个位置处的光斑直径最小(称为腰斑),其他位置处的光斑直径都比腰斑大,几何光学里发散角就是两条光线的夹角,在传播过程中光束直径越来越大,越来越发散,但是发散角是不变的:

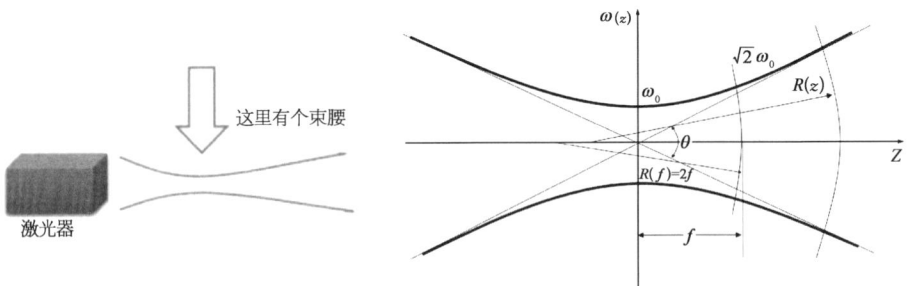

来看与行业成本相关的两种激光器结构。

行业专家们经常会说,DFB激光器有脊波导(RWG)和掩埋(BH),成本不同,结构也不同。

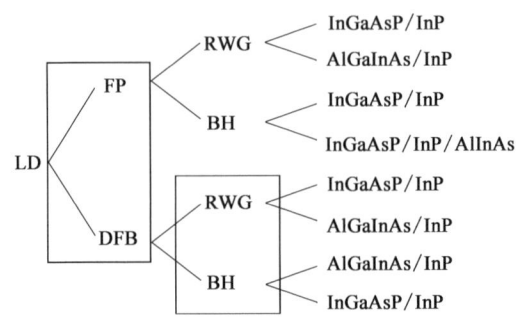

这里从非专业的角度来理解这两者。FP和DFB的主要区别在于是否有光栅：

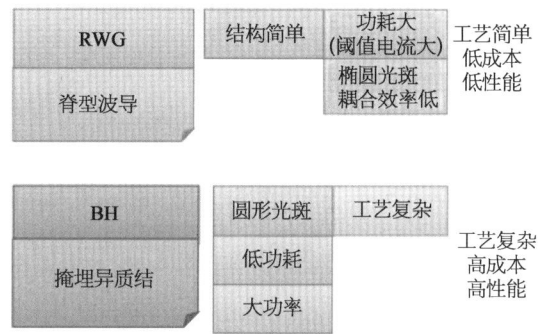

老百姓说，一分价钱一分货。

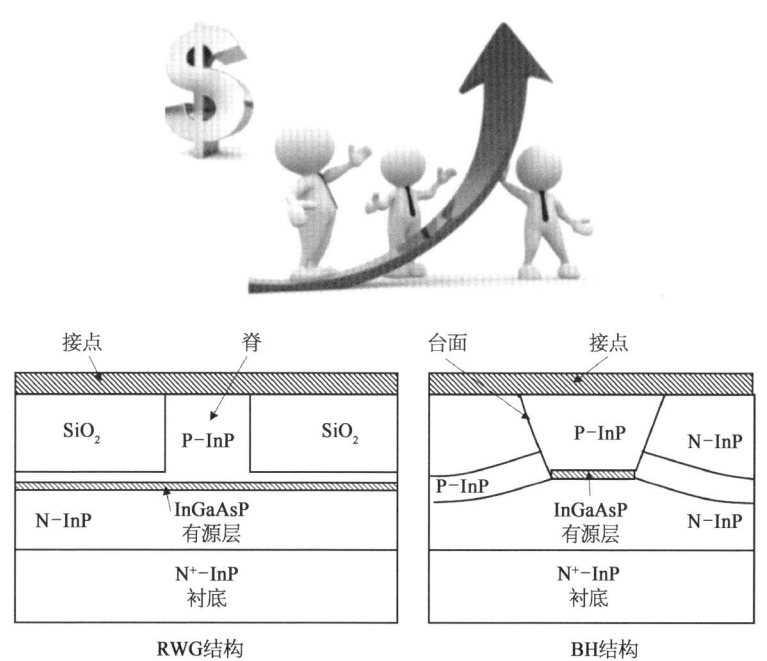

RWG结构：弱折射率导引，$\otimes n_L$ H 0.01。

结构特点：

（1）将P型的一部分腐蚀掉形成脊。

（2）在脊的两边沉积SiO_2，形成折射率波导（$n_{SiO_2} < n_{P-InP}$），将光限制在

脊区。

(3)优点:结构简单,制造工艺简单。

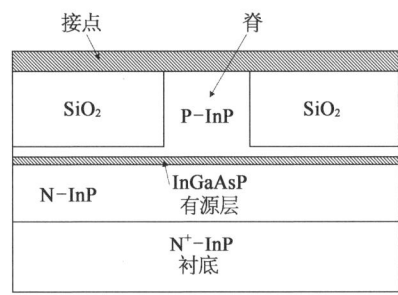

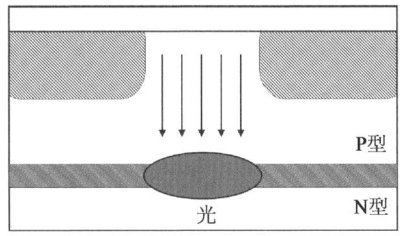

BH结构:强折射率导引,$\otimes n_L = 0.2 \sim 0.3$。

结构特点:

(1)有源区被若干低折射率层从各个方向掩埋。

(2)优点:侧向折射率差较大,对光场限制作用强;光空间分布稳定性高,被大多数光波系统采用。

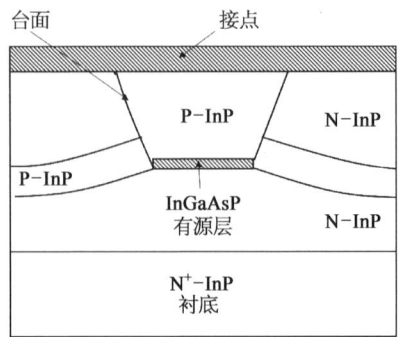

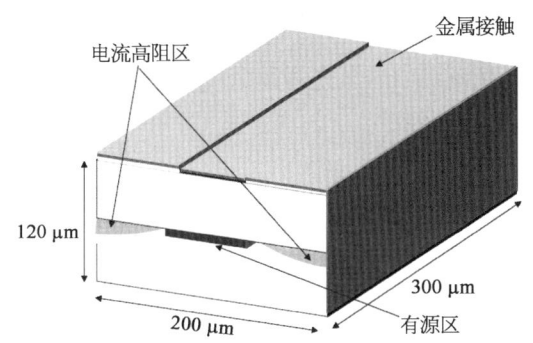

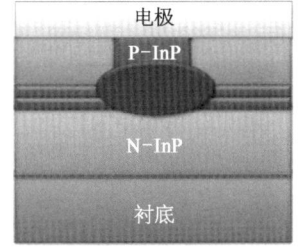

量子点激光器
——体材料、量子阱、量子线、量子点

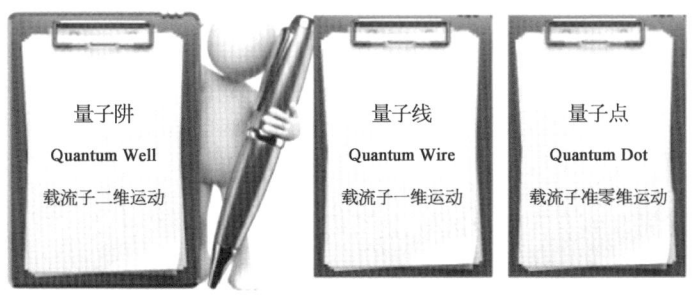

激励源：

(1) 电流，现在光模块中的激光器是电流驱动。

(2) 光，光泵浦的激光器。

(3) 其他，还有化学激励、热激励……

第一步，要有合适的工作物质。

第二步，要有激励源。

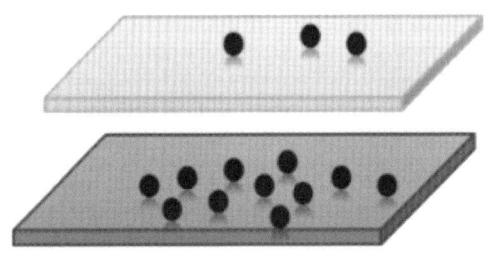

量子阶的基本特征是由于量子阶宽度（与电子的德布罗意波长可比的尺度）的限制，导致载流子波函数在一维方向上的局域化，量子阶中因为有源层的厚度仅在电子平均自由程内，阶壁具有很强的限制作用，使得载流子只在与阶壁平行的平面内具有二维自由度，在垂直方向，使得导带和阶带分裂成子带。

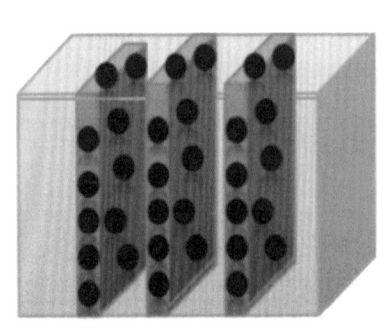 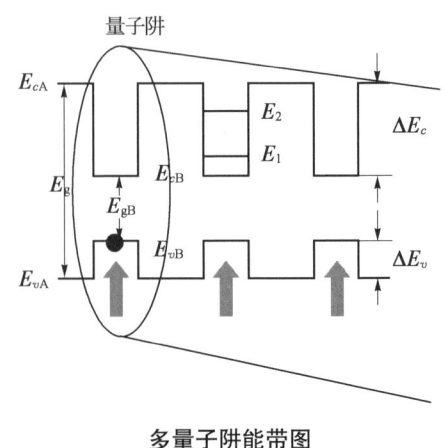

多量子阱能带图

载流子被限制在深灰色区域，能级跃迁容易。

载流子的运动维度：

三维是体材料。

二维是阶材料(可能因为英文是wall,画出来也确实像墙),一个激光器只有一个wall,是单量子阶;多个wall,是多量子阶。

一维是量子线。

零维(其实是准零维)是量子点。

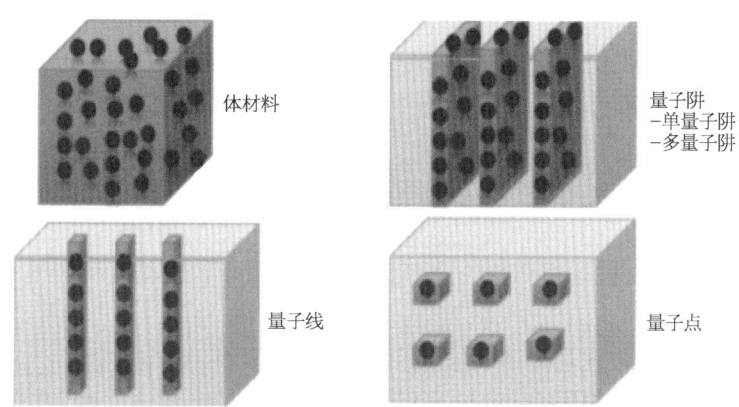

体材料是三维的,看起来好复杂,其实就是载流子在哪里的问题。

量子点激光的优点:① 低阈值电流;② 高通信保密性;③ 更强的干涉性。

量子点激光器应用:① 高速光通信;② 量子通信;③ 图像显示;④ 精密制造;⑤ 导航;⑥ 激光武器。

看一个量子点激光器的发光示意图:

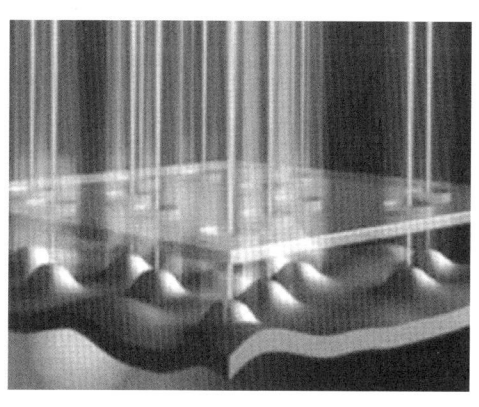

激光器发光原理的通俗理解

Laser：受激辐射式光频放大器，简称激光器。

工作物质：前面讨论过的三五族材料。

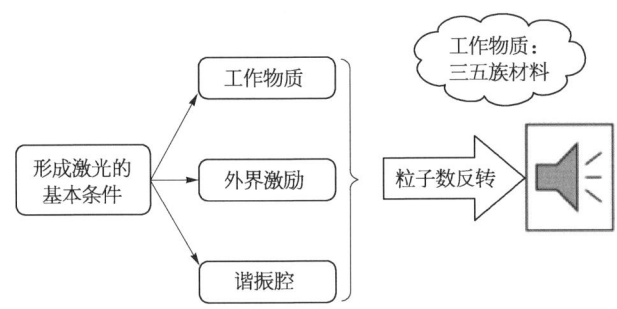

只要聊到激光器原理，科学家们给个图，然后粒子数一反转，发光啦。可没有专业知识、系统知识的人听不懂啊！

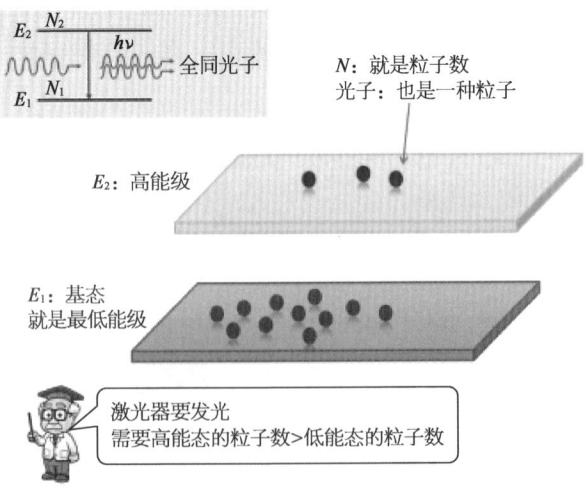

通俗地讲：

第一步，要有合适的工作物质。

第二步，要有激励源。

第三步：谐振腔，沿轴线运动的光子将在腔内继续前进，并经反射镜的发射不断往返运行产生振荡,运行时不断与受激粒子相遇而产生受激辐射,沿轴线运行的光子将不断增加,在腔内形成传播方向一致、频率和相位相同的强光束,这就是激光。

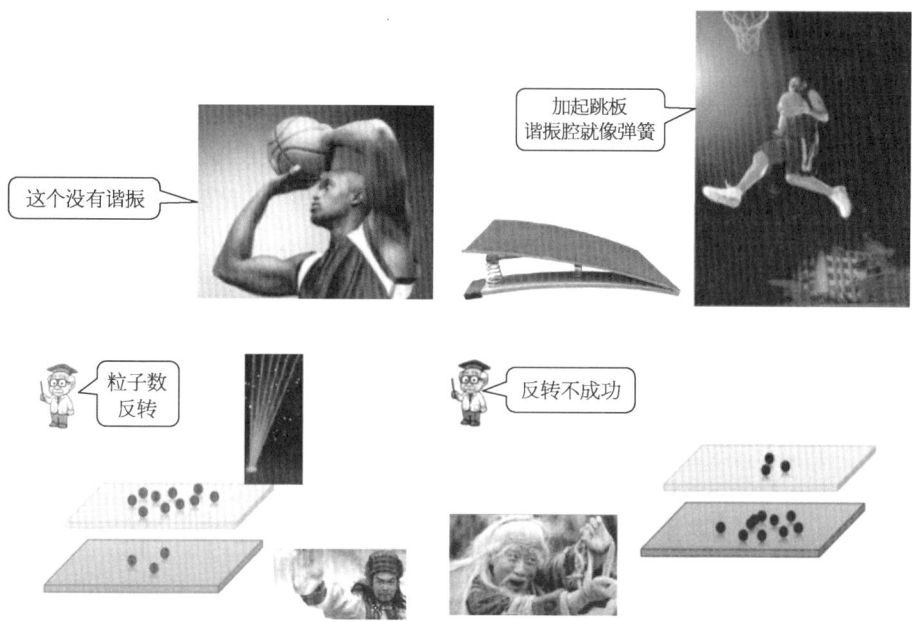

所有的激光器材料能级都不是两级,比如红宝石是3个能级,铷玻璃是4个能级,粒子数反转原理是可以类推的。

三能级系统
红宝石激光器

四能级系统
钕玻璃激光器

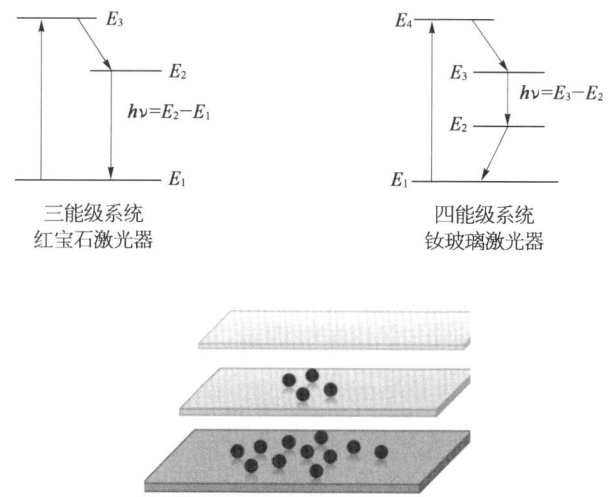

为何APD的最大输入光功率小于PIN

APD芯片的设计结构导致不能承受更大的光生电流。

某企业的内部要求：禁止对APD加入大于−3 dBm的光。

APD探测器特性和应用相对PIN来说APD更容易出现过载损伤。在95%Vbr下禁止加入大于−3 dBm的光。

再看通信行业标准，对APD的极限工作条件下最大输入光功率是低于PIN探测器的。

ICS 33.180.20
M33

中华人民共和国通信行业标准

极限工作条件

参数名称			最大值	单位
最大输入光功率	OLT	APD	−5	dBm
		PIN	0	
	ONU	APD	−9	
		PIN	1	

APD雪崩光电二极管，是一种半导体光检测器，有光电倍增效果，这是光通信经常用到的一种结构，多了一层倍增层。

1）载流子倍增

载流子在外电场加速下，获得足够能量，撞击晶格产生新的载流子的过程，载流子呈指数增加，产生链式反应。

这个链式反应使载流子数量无限增加，达到不可控了就是雪崩击穿（原子弹）。

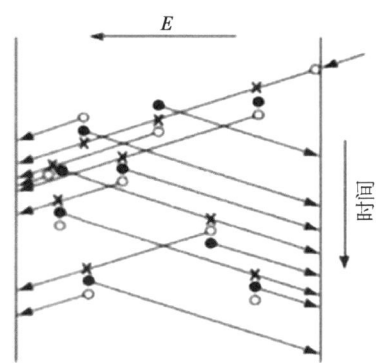

APD作为一个光接收元件,链式反应要可控,倍增因子控制在10或15以内(单光子APD除外),就要控制工作电压低于击穿电压(原子能发电)。

2)碰撞电离系数,又称离化系数

表征电子和空穴在一定电场下一定距离内发生雪崩倍增的概率或能力。离化系数不仅和材质有关,和温度也有关。高温下离化系数减小,所以APD控制电路中有温度补偿。

以砷化镓为例,GaAs($Al_xGa_{1-x}As$)的碰撞电离系数(x为Al组分)如下:

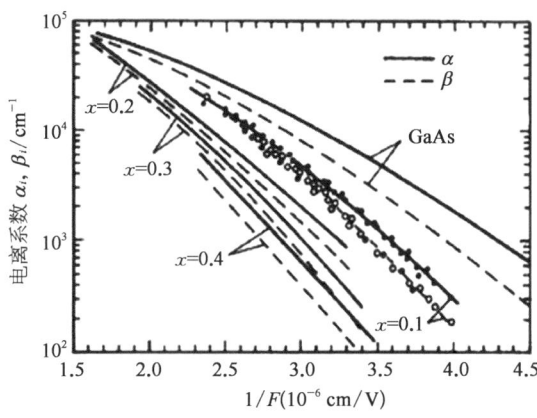

上图中,α为电子的碰撞电离系数,β为空穴的碰撞电离系数。

对应GaAs材料来说,$\alpha > \beta$,则相同电场情况下电子碰撞晶格新产生的电子空穴对比空穴碰撞晶格新产生的电子空穴对要多。

因为GaAs的$\alpha > \beta$,以GaAs为倍增层的APD,电子碰撞电离占主导,空穴(不论是注入倍增层还是在倍增层新产生的)的碰撞电离贡献可以忽略,习惯上说GaAs倍增层的APD是电子倍增。

与GaAs相同，$\alpha > \beta$的材料还有Si和AlInAs等，以它们为倍增层的APD，都称之为电子倍增的APD。

可是，常用的InP-APD，倍增层是InP材料，对于InP，$\alpha < \beta$，习惯上都称之为空穴倍增的APD。

3) 光通信常用的APD，两种典型结构及其电场分布

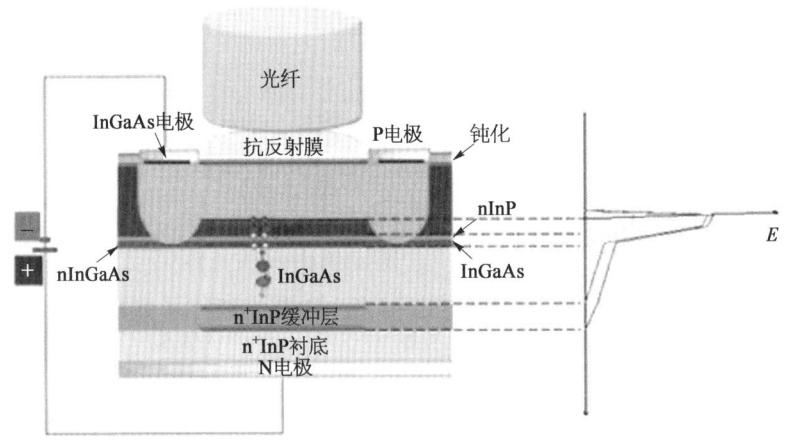

InP倍增层的APD结构和电场分布

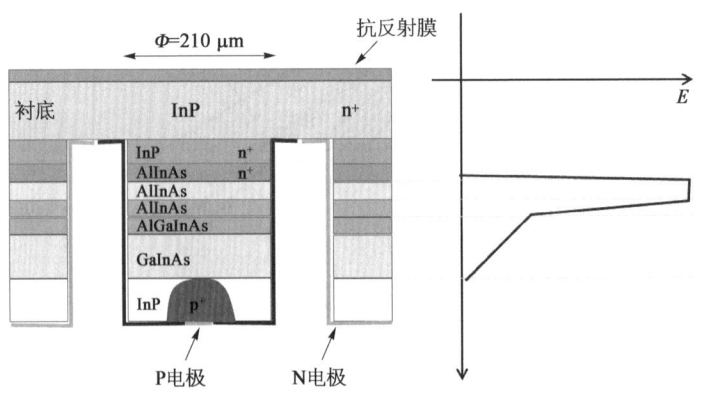

InAlAs倍增层的APD结构和电场分布

InP倍增是正入射结构，InAlAs倍增是背入射结构，电场强的区域好像是一样的，其实不一样。要是从InGaAs吸收区角度来看，InP倍增层一定在P型一侧，InAlAs倍增层一定在N型一侧。

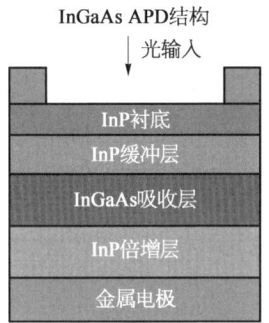

APD的光生电流计算，与PIN也不同，多了增益M。

$$I_p = \frac{\eta q}{h\nu} P_{in}$$

P_{in}为入射到接收机的平均功率

对于PIN，信号功率为

$$I_p^2 = R^2 P_{in}^2$$

对于APD，信号功率为

$$I_p^2 = M^2 R^2 P_{in}^2$$

光生电流信号

$$M = \frac{I_M}{I_p} = \frac{1}{1-(V/V_B)^n}$$

式中，I_M为雪崩增益后输出电流的平均值，I_p为未倍增时的初级光电流，V为反向偏压，V_B为二极管击穿电压，n为常数，一般为2.5～7。

光电二极管实际上类似于一个加了反向偏压的PN结，它在反向偏压的作用下形成一个较厚的耗尽区。当光照射到光电二极管的光敏面上时，会在整个耗尽区（高场区）及耗尽区附近产生受激跃迁现象，从而产生电子空穴对，电子空穴对在外部电场作用下定向移动产生电流。

光电二极管的响应时间是指它的光电转换速度，影响响应时间的主要因素有：① 耗尽区的光载流子的渡越时间；② 耗尽区外产生的光载流子的扩散时间；③ 光电二极管以及与其相关的电路的RC时间常数。

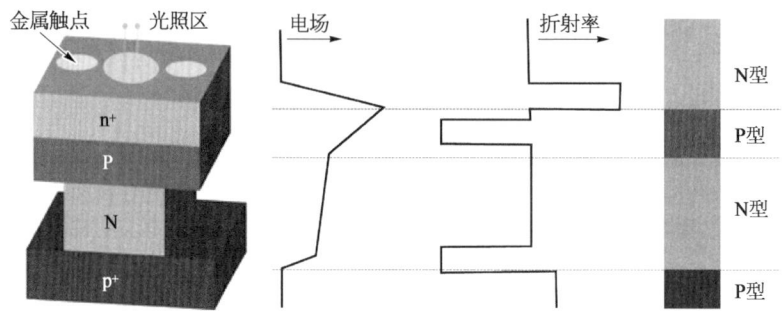

影响这三个因素的参数有:耗尽区宽度 w、吸收系数 a、等效电容、等效电阻等。

APD 的设计结电容更小、光电速度更快,导致不能承受更大的光生电流,好处就是有更优秀的灵敏度表现。

通俗的理解就是不能要求一个身形纤细的绣花女生拥有健美冠军的体魄。

APD 探测器在灵敏度上表现优秀,就要放宽一些对过载输入功率的要求。

最后总结就是一句话,APD 的设计导致不能承受大于 1 mA 的光生电流,否则会对芯片造成永久性损害,一般企业内部定义为小于 0.5 mA 的最大光生电流。换算成 dBm 的功率表达方式,即为小于 −3,−6,−9 dBm 等,这和耦合响应度相关,自家的器件可以自行推算。

特种光纤之——防鼠光缆

百度学术"防鼠光缆",三年有989篇文章。

然后查了国家标准,中国通信标准化协会 GB/T 29199—2012《光缆防鼠性能测试方法》(Test methods for rodent resistance of optical fiber cable)参与写标准的单位:北京康宁光缆有限公司、成都康宁光缆有限公司、北京邮电大学、北京通和实益电信科学技术研究所有限公司、武汉邮电科学研究院、长飞光纤光缆有限公司、江苏永鼎股份有限公司、江苏亨通光电股份有限公司。

关联标准:

GB14922.1—2001 实验动物寄生虫学等级及监测

GB14922.2—2001 实验动物微生物学等级及监测

GB14924.2—2001 实验动物配合饲料卫生标准

GB14924.3—2010 实验动物配合饲料营养成分

GB14925—2010 实验动物环境及设施

GB/T 16491—2008 电子式万能试验机

GB/T 19291—2003 金属和合金的腐蚀试验一般原则(ISO11845:1995,IDT)

既然有标准,那就容易多啦。先看我国鼠类分布:

1. 松鼠科　主要：北松鼠
2. 鼯鼠科　小飞鼠　危害小
3. 仓鼠科　主要：仓鼠
4. 鼹形科　鼢鼠　竹鼠（广西、四川）
5. 跳鼠科　危害小
6. 睡鼠科　危害小
7. 豪猪科　危害小
8. 鼠科　姬鼠　家鼠
9. 田鼠科

光缆被咬的图片：

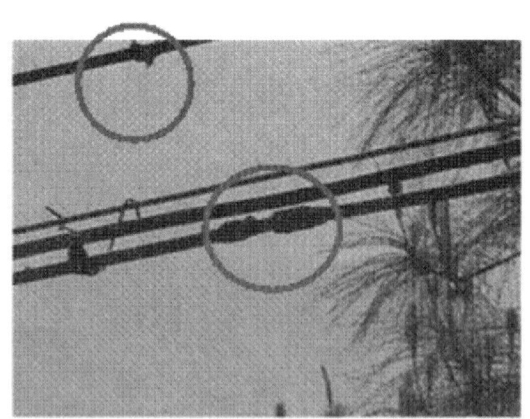

防鼠分类：

类别	优势	劣势
化学防鼠 光纤护套内加药物	• 成本低 • 铺设简单	• 对人员有伤害 • 对环境污染
物理防鼠 采用钢丝或玻璃纤维	• 维护简单 • 铺设简单	• 成本高 • 制作复杂

物理防鼠分类：

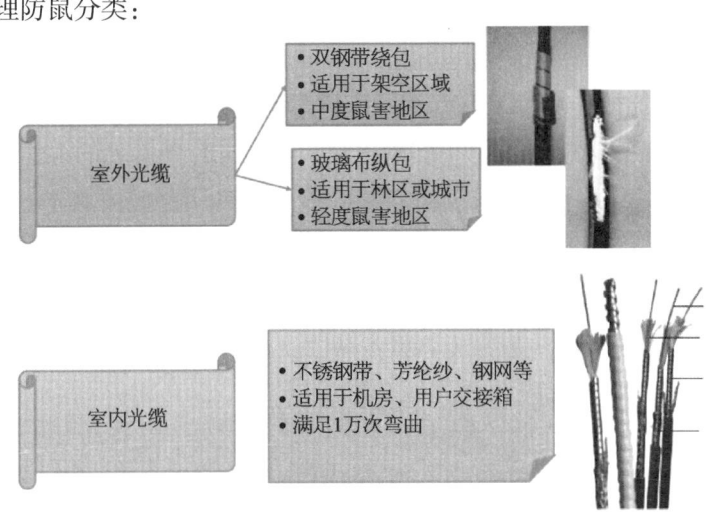

硅基光源在技术上实现的难度

对于光电集成或硅光子集成，尚有一些学术与产业之间的困难亟待专家解决。

硅基为什么难做激光器，先了解什么是激光器。

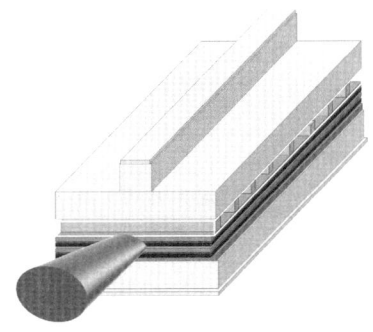

除自由电子激光器外，各种激光器的基本工作原理均相同。产生激光的必不可少的条件是粒子数反转和增益大于损耗，所以装置中必不可少的组成

部分有激励（或泵浦）源、具有亚稳态能级的工作介质两个部分。激励是工作介质吸收外来能量后激发到激发态，为实现并维持粒子数反转创造条件。激励方式有光学激励、电激励、化学激励和核能激励等。工作介质具有亚稳能级可使受激辐射占主导地位，从而实现光放大。激光器中常见的组成部分还有谐振腔，但谐振腔并非必不可少的组成部分，谐振腔可使腔内的光子有一致的频率、相位和运行方向，从而使激光具有良好的方向性和相干性。而且，它可以很好地缩短工作物质的长度，还能通过改变谐振腔长度来调节所产生激光的模式（即选模），所以一般激光器具备谐振腔。

激光器分类与市场比例：

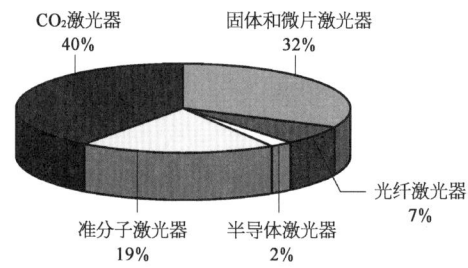

CO_2激光器主要用于切割、焊接、打标。

固体激光器应用广泛，主要包括焊接、打孔、打标、切割、微加工。

半导体激光器主要用于表面处理、焊接、塑料连接、光通信。

准分子激光器主要用于光刻和微加工。

光收发模块用的多为电注入式半导体激光器。

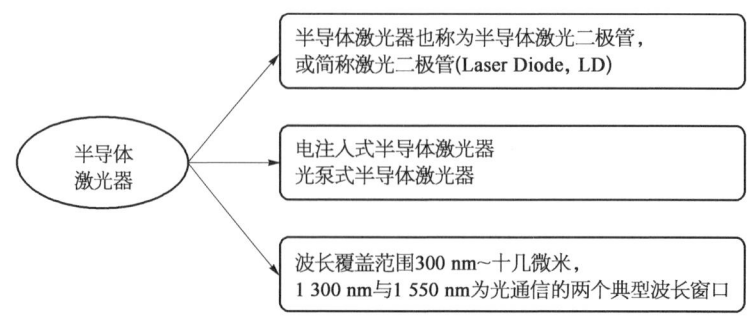

半导体激光器发光条件：

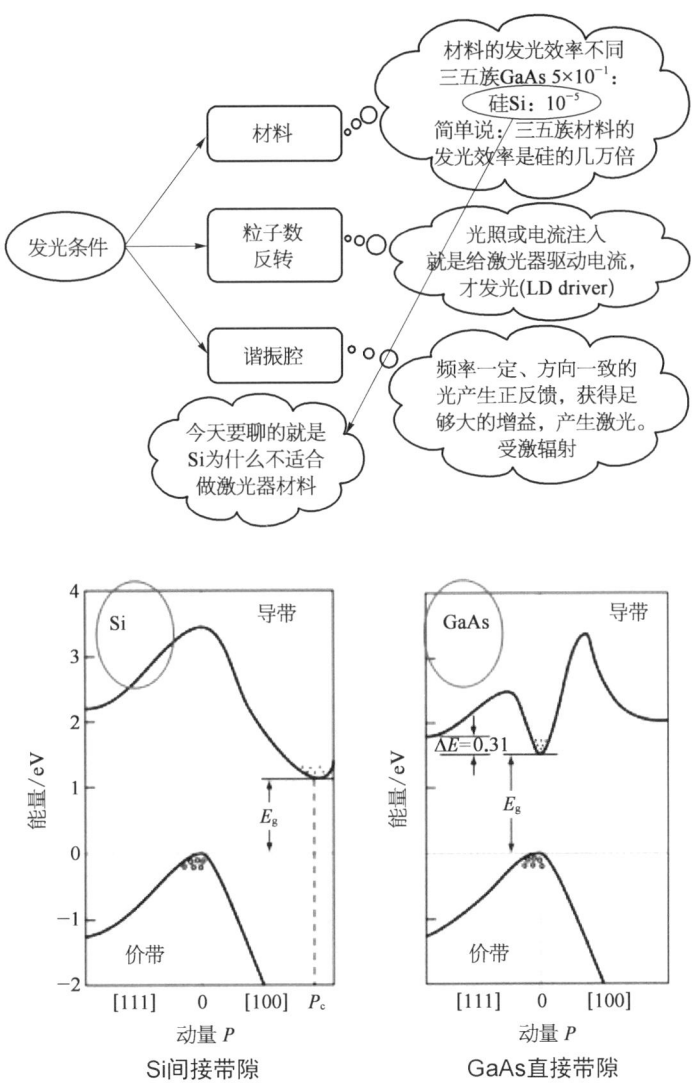

Si间接带隙　　　　　GaAs直接带隙

直接带隙半导体：导带和价带的极值都在K空间原点，带间复合为直接跃迁，由于直接跃迁的发光过程只涉及一个电子-空穴对和一个光子，其辐射效率很高。

间接带隙半导体：导带和价带的极值对应于不同的波矢K，这时发生的带与带之间的跃迁是间接跃迁。

内量子效率：为单位时间内辐射复合产生的光子数与单位时间内注入的电子-空穴对数之比。辐射复合速率$(W_{nr}+W_r)$之比。

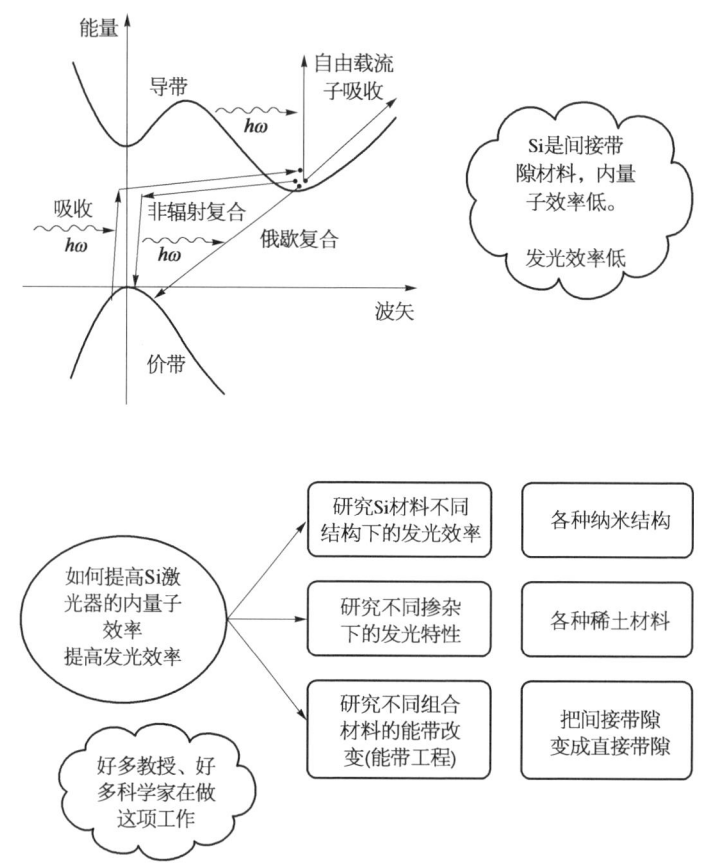

硅光产业只有光源一个困难么？还有：

与CMOS工艺精度兼容问题……

产业化市场需求与投资收益权衡……

工业化封装的挑战……

第五章 有源器件

硅光子集成

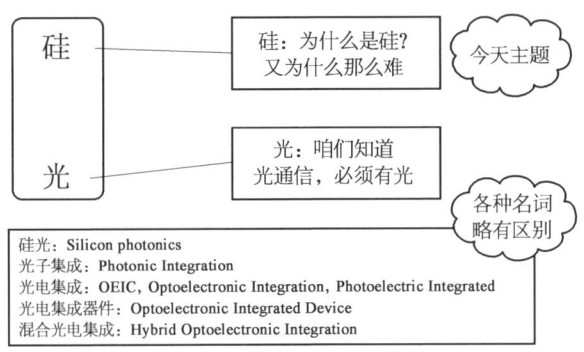

2015年3月，IBM宣布硅光芯片可商用。

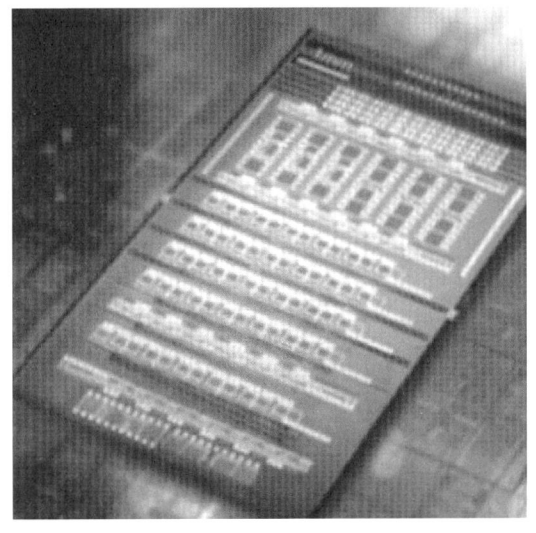

2015年12月24日消息，美国三所大学的研究人员发明一款光子芯片，它可以用光来传输数据，研究者宣称这是第一款成熟的、用光传输数据的处理器。芯片每平方毫米处理数据的速度达到300 Gb/s，用7 000万个晶体管

165

和850个光子元件(用来发送和接收光)组成两个处理器内核,整个芯片只有3 mm×6 mm大。

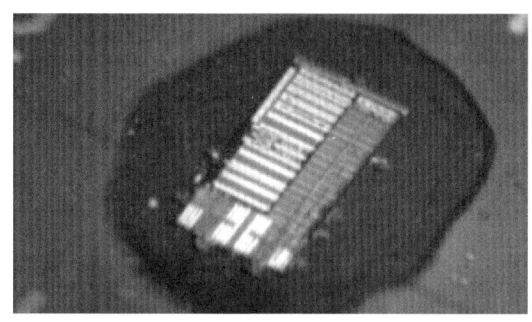

2004年英特尔实验室在 *Nature* 杂志上发文宣布硅光电子学实质性的图片——1 Gb/s硅光调制器研制成功。

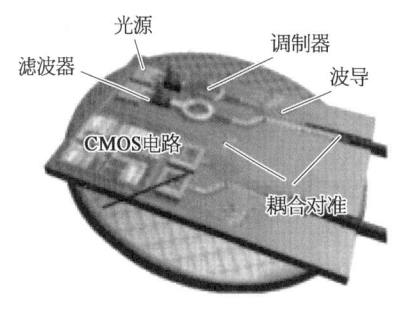 

英特尔院士、光电子学技术实验室总监帕尼恰(Mario Paniccia)博士

光电集成要集成什么内容?

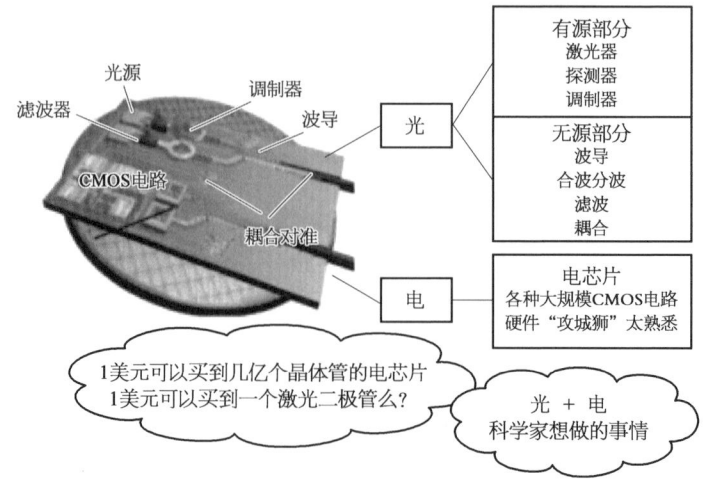

光电集成为什么这么难?

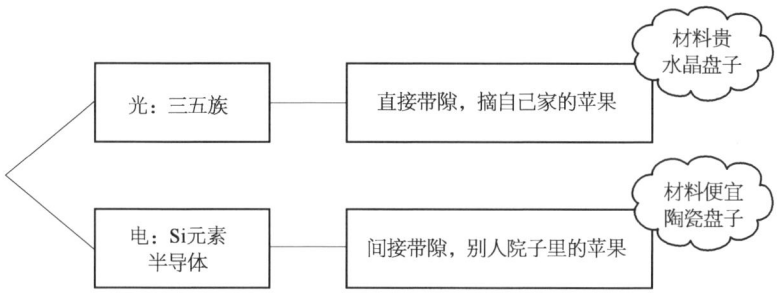

光也有了,电也有了,那就光电集成吧。

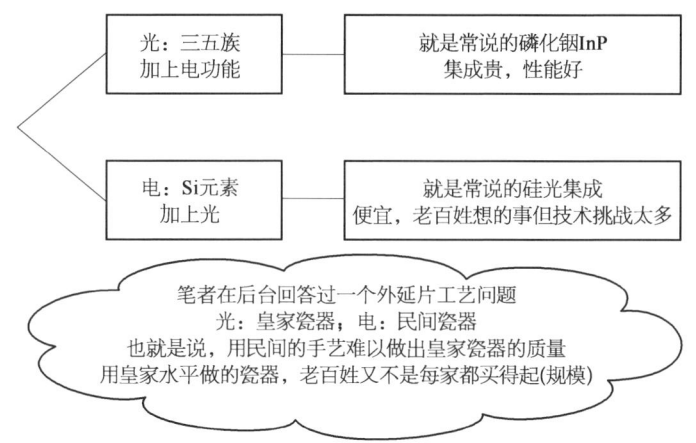

第六章
无源器件

光滤波器——介质膜滤波、FP滤波

光滤波器就是用来选择波长的,它可以从众多的波长中挑选出所需的波长,除此波长以外的光将会被拒绝通过。

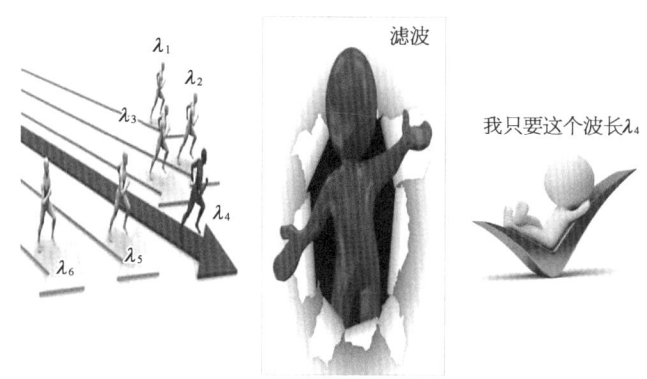

FP腔做过激光器,以太网无源光网络(EPON)ONU的发射就是FP激光器,加个光栅就是吉比特无源光网络(GPON)用的DFB激光器。

FP腔也可以做半导体光放大器。消耗电能量输出光就是激光器,把自己的电能量送给输入光信号就是光放大器。

FP腔还可以挑选波长。万能型的节奏。

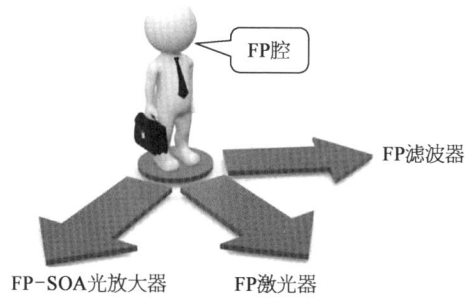

怎么挑?

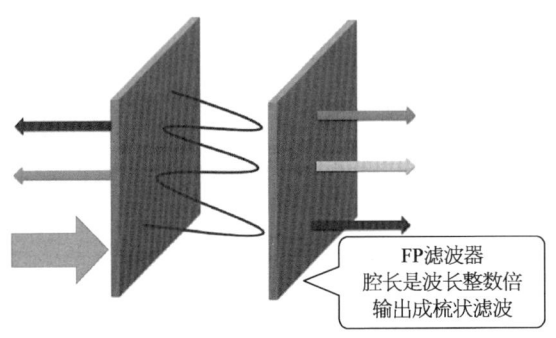

FP腔，就是俩平板，输入的光就在里边来回往返地跑，跑一圈一个波往返（两个半波）正好等于腔长的一个整倍数，就输出啦。

不断往返跑，就有 n 个整数倍的波长被挑出来啦。整整齐齐的像梳子。

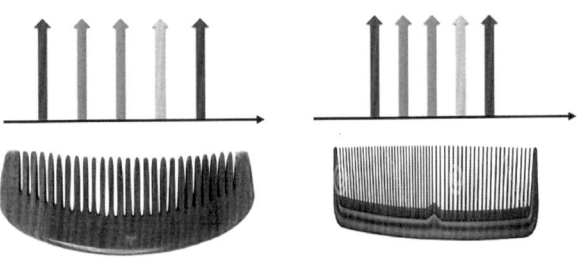

腔长，就是俩平板之间的距离，与中间物质的折射率是有关的。

腔长长的梳子密；腔长短的波长稀疏。

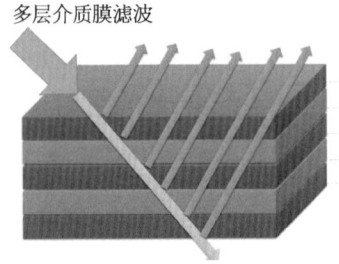

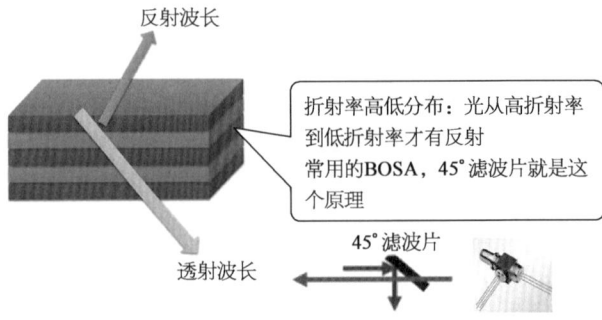

光收发一体组件(BOSA)的滤波片有反射、有透射。透射不改变方向；反射是90°，所以这个滤波片放成45°，水平来垂直走，一切都那么恰到好处。

有科学家把多层介质膜和FP腔两种滤波器结合起来，这样叠加的效果是，滤波的过渡带变得抖了好看好用。多层介质膜，上下就是俩平板，好做。

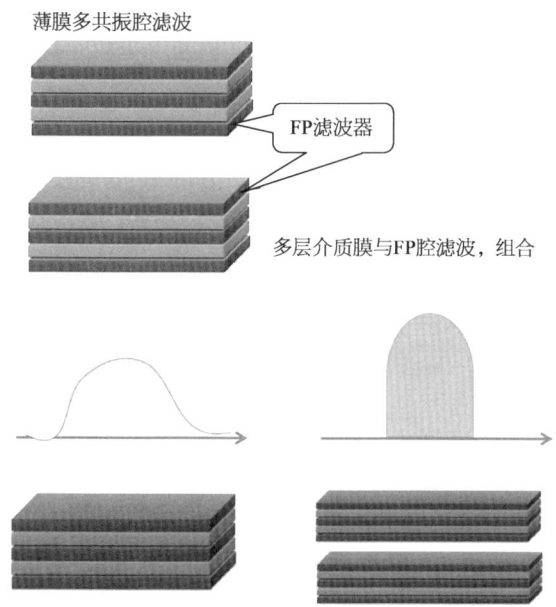

还可以给它做成3个FP腔、4个FP腔与多层介质膜组合。

图中只画了5层，供应商的产品可是有十几层、几十层、上百层，就卖几毛钱，想想都不容易。

把这些滤波片，给他们组合贴装在一起，各自选各自的波长。

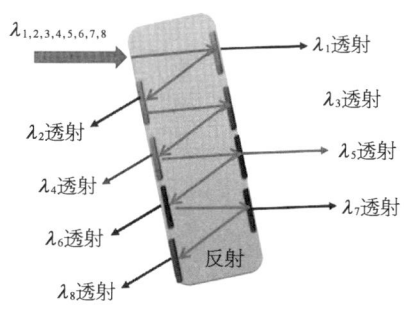

MEMS以及MEMS在光学上的应用

微机电系统(MEMS),也称微电子机械系统、微系统、微机械等。

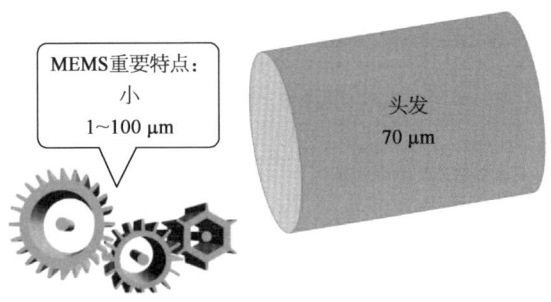

无论叫啥,MEMS的特点就是小,非常小,比头发丝还小。

看看早些时候的麦克风和MEMS的麦克风:

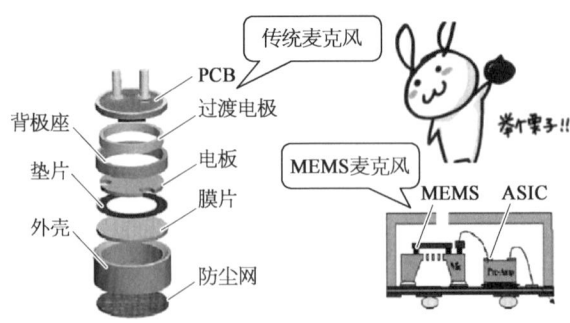

怎么做到这么小呢?

电磁感应,这都是初中物理知识。把机械臂与电磁感应圈做成的吸引电极,放一起就是个原型MEMS。

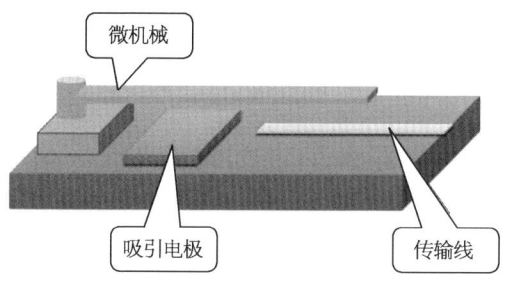

通电—电磁—像磁铁一样把悬臂吸引过来,和传输线就连上了,这是开。

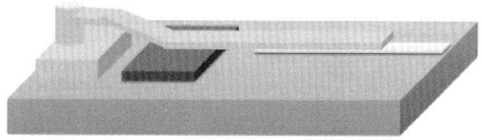

断电—无磁性—悬臂与传输线断开,这是关。

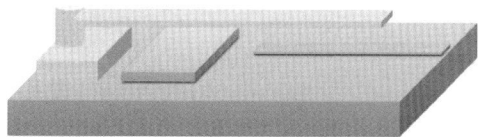

MEMS在各个领域都有应用。

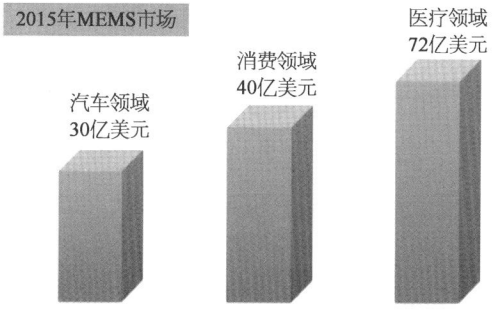

光通信行业怎么用呢,对尺寸小的需求是一定的。比如光衰减器,在MEMS上加反射镜,组装合适的位置。

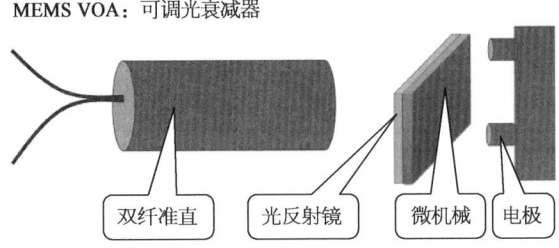

MEMS VOA：可调光衰减器

双纤准直　光反射镜　微机械　电极

你看输出光的量，可大可小，这就是可调衰减。

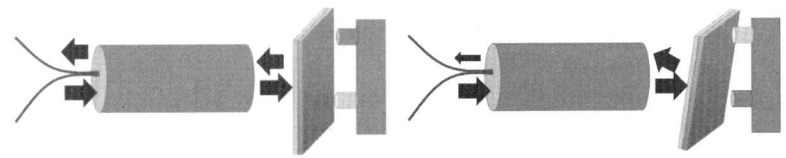

"攻城狮"的设计要复杂得多，要考虑功能、考虑性能、考虑可靠性、考虑客户需求。

MEMS 在光学中还有应用吗？这是二维角度的光开关。同样调整反射镜的角度，起到光开关的作用。二维也可以增加输入输出路数。也可以增加到三维或者多维度的开关调用。

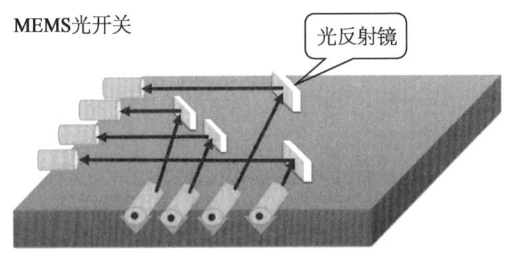

MEMS光开关　　光反射镜

MEMS 在光学上还可以做什么？
· MEMS 光开关
· MEMS 光可调滤波
· MEMS 可调光衰减器
· MEMS 波长选择开关
· MEMS 光分插复用器
· MEMS 光透镜阵列

总结:

MEMS: 微型化、智能化、多功能、高集成度。

MEMS技术是一种多学科交叉的前沿性研究领域,涉及自然及工程科的几乎所有领域:电子技术、机械技术、物理学、化学、生物医学、材料科学、能源科学等。各种霸气!

阵列波导光栅

在讨论波分复用时,分波与合波有很多选择,阵列波导光栅(AWG)是其中一种,它怎么做到合、分波的呢?

首先光是波,它的颜色跟频率相关。

合波是分波的逆过程,两者原理是相通的。

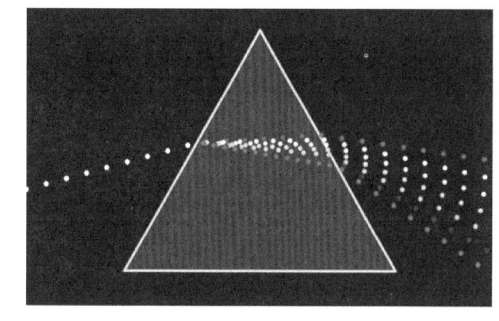

AWG通常是一束光进入,不同波长的光出来。光是怎么出来的?

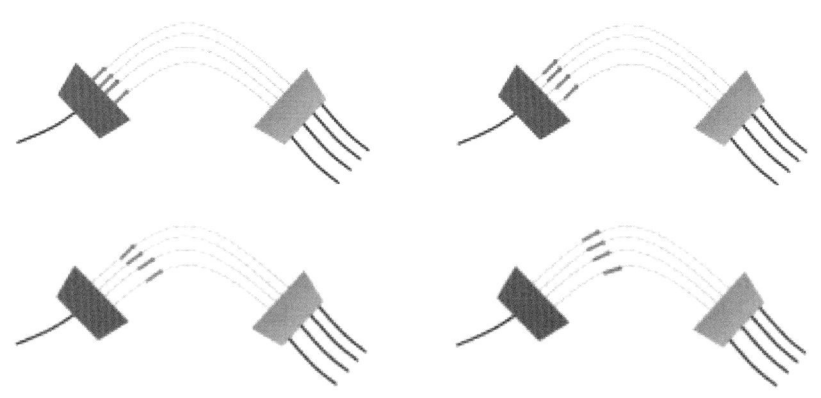

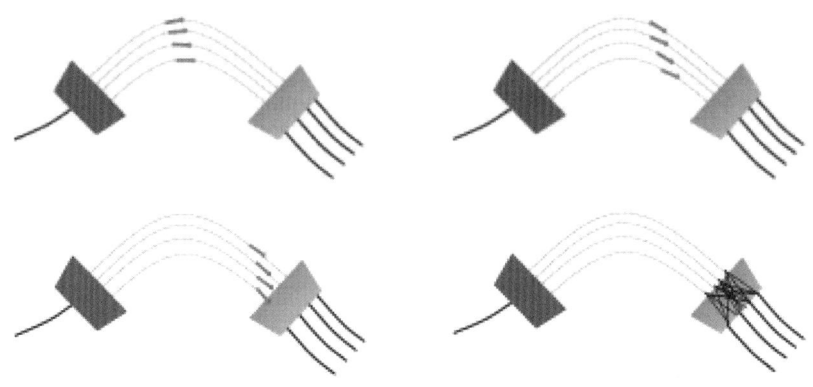

左边的光栅,只分光,各种频率的光混在一起。

每一束光的路程不同,到达右边光栅时,它们的光波的相位是不同的。

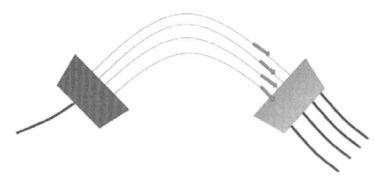

然后每束光之间有干涉。

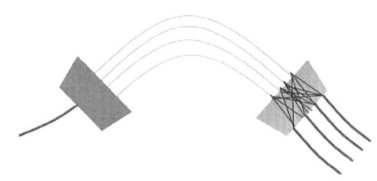

光的干涉前面讨论过,波峰遇到波谷就抵消了,波峰和波峰在一起就增强了。

最后，不同频率在干涉效应下输出到特定端口，光的颜色是频率，一个频率一换算就是波长。

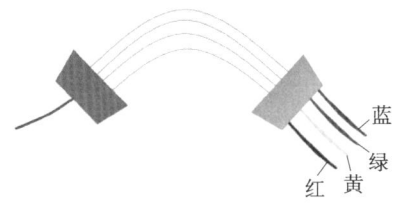

怎么让它们可以跑得快，快多少？别小看这几条弯弯曲曲的线，是科学家的看家本领。

什么是硅波导？与光纤耦合很难

近年来硅光子很热。说起后期的封装，都说耦合难，具体怎样难，非专业人士是没有直观感觉的。

直接连接可不行，科学家就想了一些办法，比如加个过渡的东西——模斑转换器。

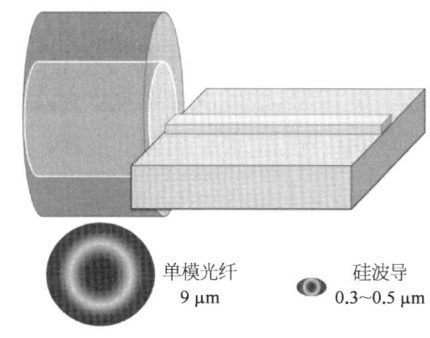

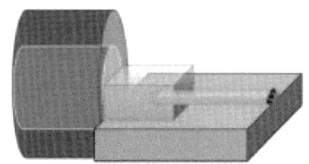 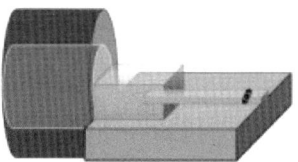 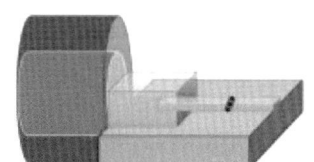

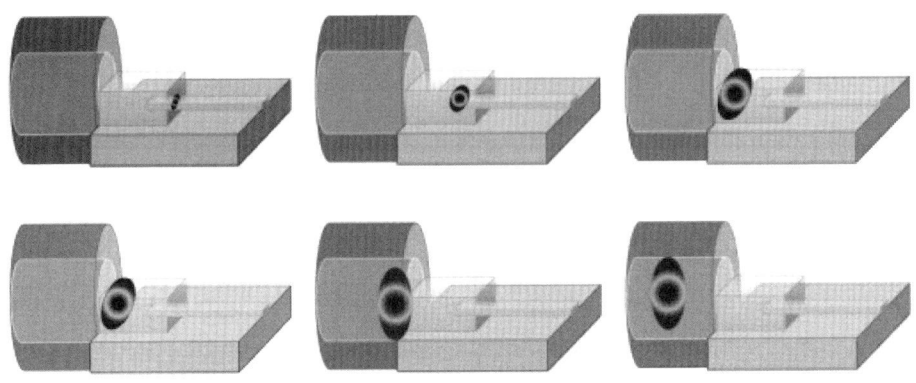

或者加光栅,光栅可以有折射。

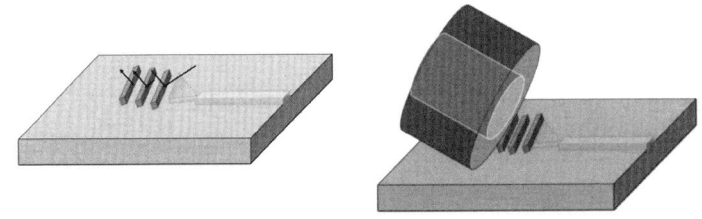

这样有水平耦合、有垂直耦合,不是很好嘛。不过头发丝 70 μm 粗,比光纤丝粗 10 倍,比硅波导粗 200 倍,这可不是那么简单。

再一想,这水平耦合有损耗,垂直耦合都知道光栅是波长敏感型。这不更难了吗!

光衰减器

光衰减器,是无源器件中很常用的一种。

光衰减器:是一种非常重要的纤维光学无源器件,它可按用户的要求将光信号能量进行预期的衰减,常用于吸收或反射掉光功率余量、评估系统的损耗及各种测试。

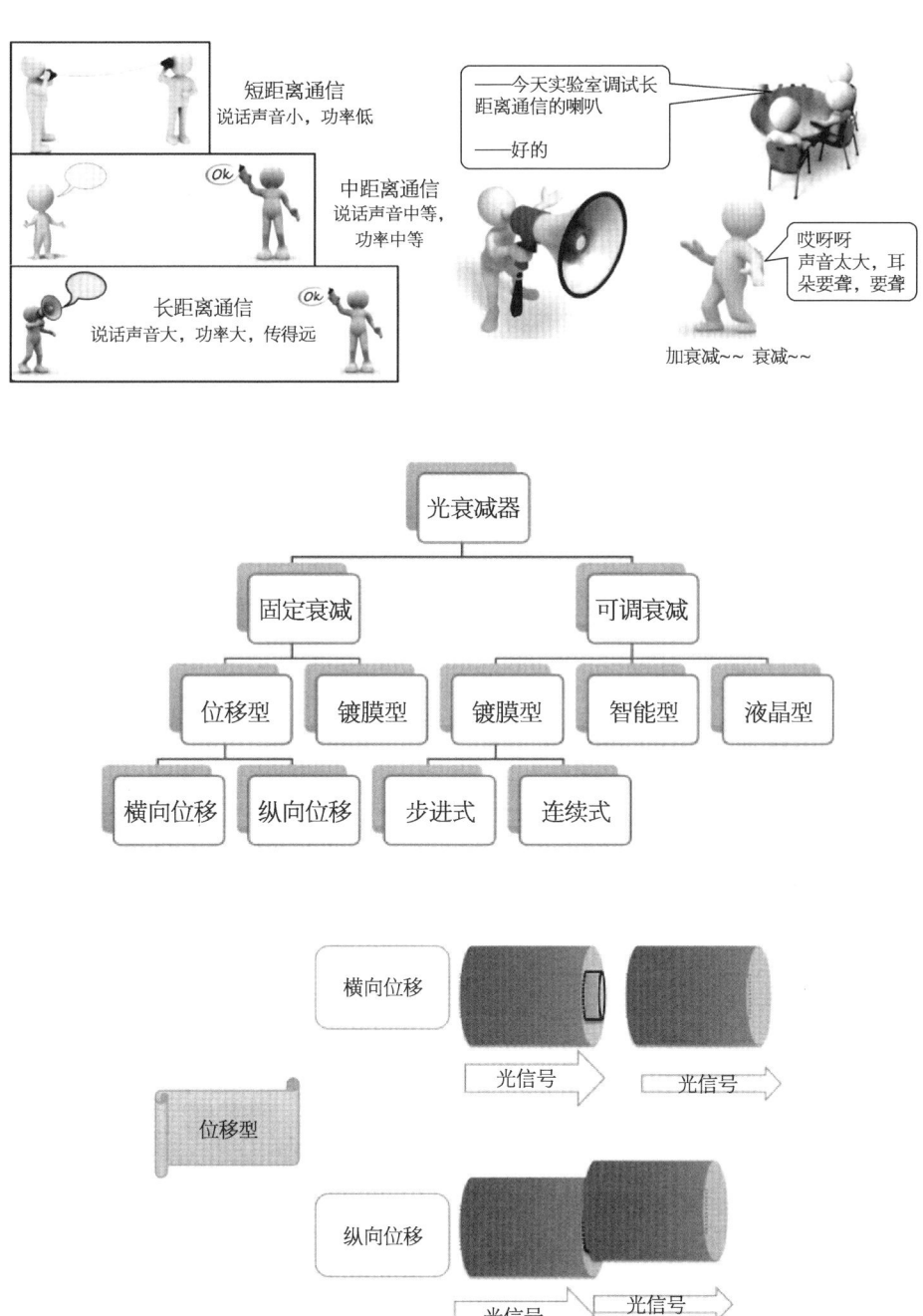

直接镀膜型衰减器：直接在光纤端面或玻璃基片上镀制金属吸收或反射

膜来衰减光能量。材料有 Al 膜、Ti 膜、Cr 膜、W 膜等。采用 Al 膜时，常在上面加镀一层 SiO_2 或 MgF_2 薄膜作为保护膜。

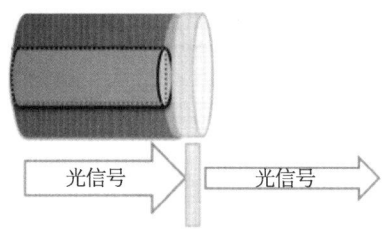

可调光衰步进型：通过两个轮盘上不同的衰减膜片组合，进行步进式衰减量选择。

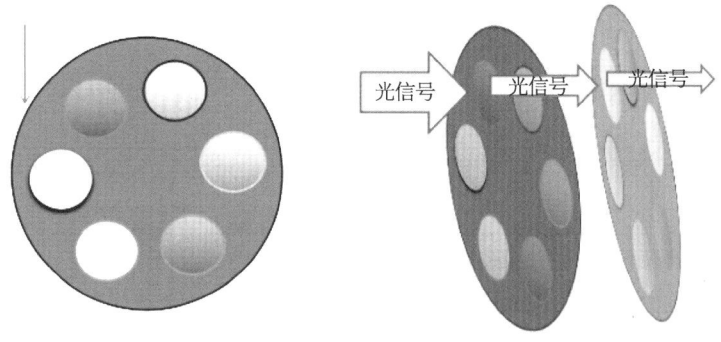

可调光衰组合型：镀膜层从厚到薄。通过两个轮盘上不同的衰减膜片组合，进行组合式衰减量选择。

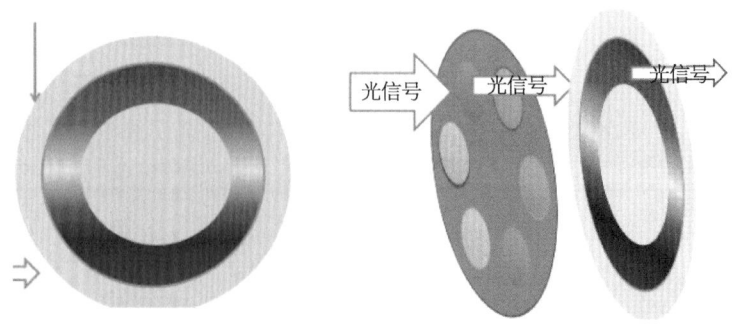

可调光衰连续型：通过调整衰减片角度，来调整衰减量。这里还应该有个自聚焦透镜。

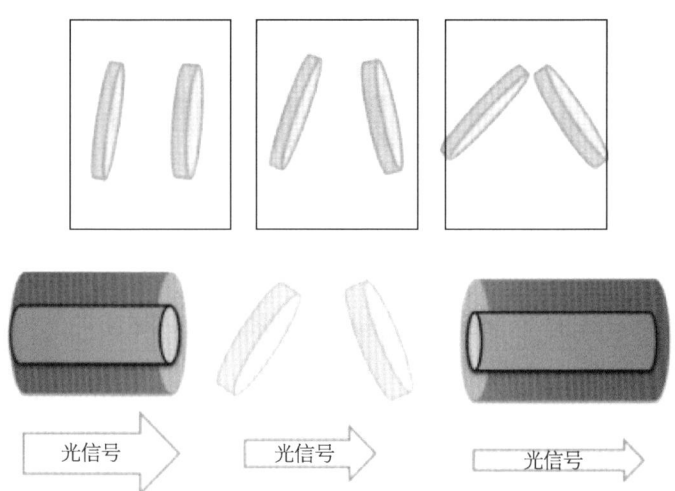

可调光衰磁光型：要警惕双折射现象，调整法拉第旋转器，实现不同透过光的量。

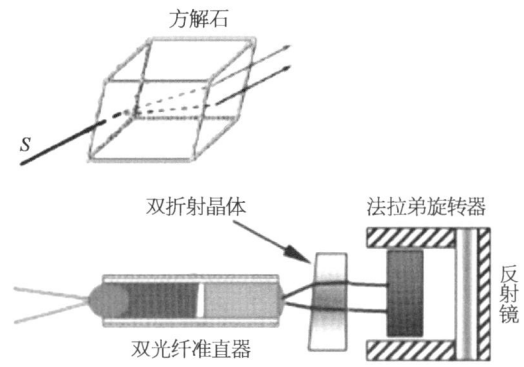

可调光衰液晶+晶体型：对液晶加电后，O光、E光可改变角度，达到调节衰减的目的。

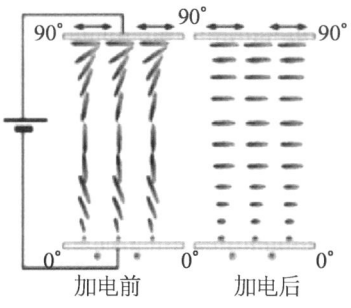

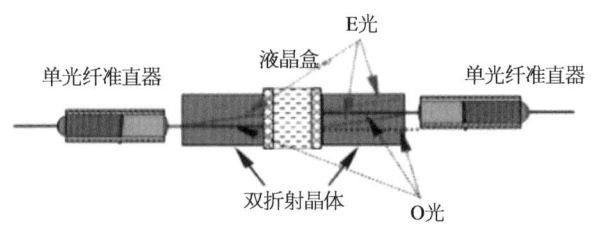

衰减的原理是相通的,只要把手动调整升级成电调整(MEMS等),再加一些反馈辅助CPU程序等各种电路就成了智能型。

光纤连接器中的陶瓷插芯

2014年陶瓷插芯市场规模3.2亿美元,中国占93%。

陶瓷插芯,又称陶瓷插针体。光纤连接器插头中精密对中的圆柱体,中心有一微孔,用作固定光纤。所制成的连接器是可拆卸、分类的光纤活动连接器,使光通道的连接、转换调度更加灵活,可供光通信系统的调试与维护。

SC型	外径2.5系列			
LC型	外径1.25系列			

多模插芯	SC多模陶瓷插芯	LC多模陶瓷插芯
插芯内孔偏心度	≤ 0.004 0 mm	≤ 0.004 0 mm
内径角偏差度	≤ 30′	≤ 30′
外　径	2.499 ± 0.002 0 mm	1.249 ± 0.001 mm

单模插芯	SC单模陶瓷插芯	LC单模陶瓷插芯
插芯内孔偏心度	≤ 0.001 4 mm	≤ 0.001 4 mm
内径角偏差度	≤ 17′	≤ 17′
外　径	2.499 ± 0.000 5 mm	1.249 ± 0.000 5 mm

陶瓷插芯用什么材料？

二氧化锆（ZrO_2）是锆的主要氧化物，通常状况下是白色无臭无味晶体，化学性质不活跃，且具有高熔点、高电阻率、高折射率和低热膨胀系数的性质，使它成为重要的耐高温材料、陶瓷绝缘材料和陶瓷遮光剂，也是人工钻的主要原料，能带间隙为 5～7 eV。

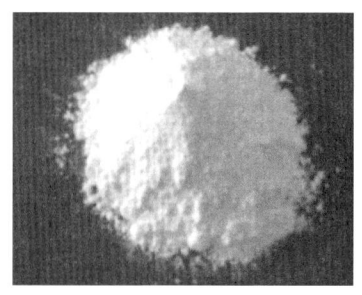

ZrO_2 低温时为单斜晶系，在 1 100℃以上形成四方晶型，在 1 900℃以上形成立方晶型。

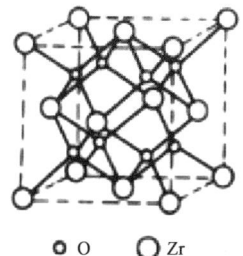
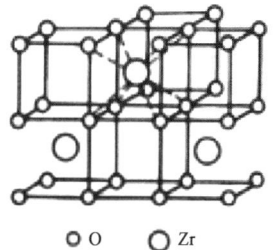

ZrO_2相对密度5.85
熔点2 680℃
沸点4 300℃
硬度次于金刚石

ZrO_2 和 SiC 经常被用来做假钻石。

ZrO_2 的莫氏硬度为 8.5，SiC 的莫氏硬度为 9.3，它们作为假钻石，总是被宣传硬度第二。

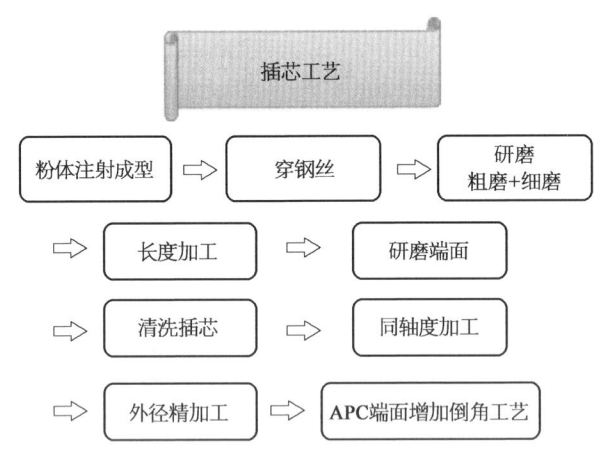

笔者花了很多功夫，把全球的数据整理出来。

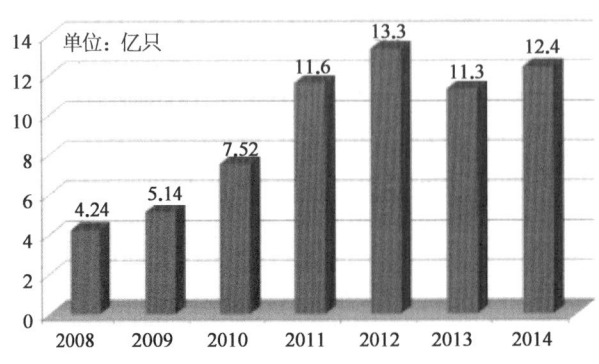

主要的光纤陶瓷插芯生产企业有中国的三环集团、深圳太辰、威谊光通和宁波韵升、台湾富士康集团等企业，日本的 Adamant、京瓷、大平洋、精工，韩国大源等。中国的陶瓷插芯产量（含在华外资企业的产量）接近全球总产量的93%

第六章 无源器件

美丽的单行线——光隔离器

做EPON，GPON光模块、光器件的架构师们、"攻城狮"们对光隔离器这个名词不陌生，业界长久不衰的讨论和纠结——加还是不加？加的话单级还是双极？半波片能不能算隔离器，为何成本那么高。

隔离器厂家通常一句话，为什么贵，因为法拉第旋光片贵。

先看下光隔离器结构，那个占了最大位置的就是法拉第旋光片，它怎么那么贵那么大呢？

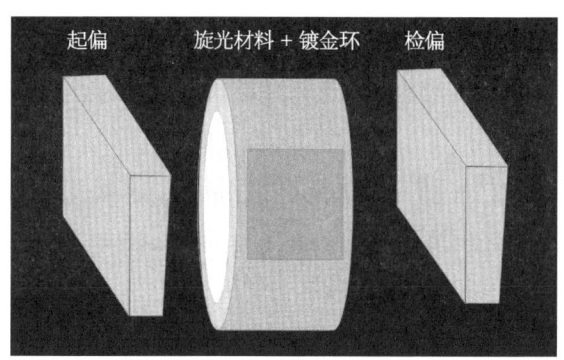

170年以前，法拉第发现了一种现象，称为"法拉第效应"，促进了光的本性的研究。所谓的法拉第效应是一种磁光效应，加磁之后，光可以旋转。

这个技术，就像超市的通道闸机，一个方向旋转，只能单行，不能逆行。

光隔离器就是希望光只单行，别逆行。

闸机单行线，前提是人们排队一个个过，不能赶大集似的挤着，闸机前放一个"请排队"的大牌子。这个偏振片叫起偏器，作用是把自然光整成偏振光。就是让乱哄哄的人群排好队，准备过单行闸机。

排好了队，也过了闸机，后面接个检票员，也是个偏振片，叫作检偏器，用来检验排队的人是否符合单行线旅程。

光隔离器用在EDFA中，隔离输入输出。或者用在DFB激光器上，要不要准直器看设计。

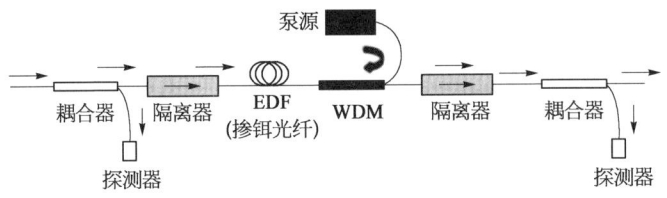

在EDFA中的应用

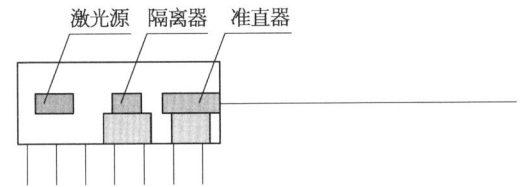

在DFB LD中的应用

原理讲完了，两个偏振片组合起来还有大用处，检测宝石等。

隔离器的关键指标：

(1) 插入损耗：$IL = 10\lg(P_{OUT正}/P_{IN正})$，dB。

(2) 隔离度：$IS = 10\lg(P_{OUT反}/P_{IN反})$，dB。

(3) 偏振相关损耗（灵敏度）：$PDL = IL_{MAX} - IL_{MIN}$，dB。

(4) 反射（回波）损耗：$RL = 10\lg(P_R/P_{IN})$，dB。

(5) 偏振模色散：$PMD = \Delta L/c$，ps。

常用的生产设备：光纤熔接机、五维调节架、烘箱、高低温循环机、显微镜、净化台、真空镀膜机、研磨机、精密切割机、单晶炉。

看这个仪表，多霸气。两个偏振片，偏光的方向调成正交（十字形）就可以检验珠宝了。

放上宝石，转动宝石一圈，光线没有明暗变化，这是多晶质宝石。翡翠、玉髓、软玉等。

转动宝石一圈，视野变黑变暗，这是均质体宝石（非晶质或等轴晶系晶体）

钻石、石榴石、尖晶石等。

转动宝石一圈,出现4次明亮、4次黑暗,这是红宝石、蓝宝石、祖母绿、水晶、碧玺、托帕石等。

转动宝石一圈,出现黑十字、格子状消光、斑块状消光、蛇状消光、波状消光等不规则消光,这是假货,如玻璃、塑料等。

法拉第的炫光片加上左右两个偏振片,一个起偏,一个检偏,我们就踏上了人生这条不归路,单行线莫回首。 人生这个美丽的单行线,也可以借法拉第的左右偏振片,剔除那些假冒伪劣的彩宝玉石。

活动连接器端面——PC,UPC,APC等

光纤端面什么是PC? 什么是APC? 为什么斜面偏偏是8°? 为什么APC回损指标那么优秀不干脆统领端面"后宫",还能容忍UPC存在?

光纤接头端面主要有PC SPC/UPC APC。

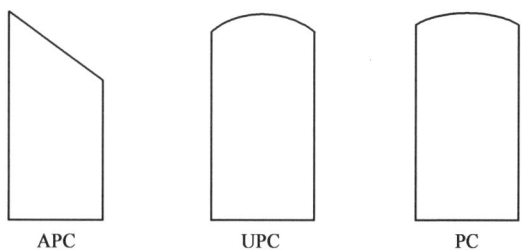

PC是physical contact(紧密接触)的缩写,同样是紧密接触,根据回波损耗的不同,分为PC、SPC、UPC和APC。

SPC是super physical contact的缩写。

UPC是ultra physical contact的缩写。

PC和UPC工业标准规定的回波损耗分别为-40 dB和-50 dB。

PC、SPC 和 UPC 的光纤端面都是平面的，差别在于磨的质量，所以，PC、SPC 和 UPC 的混连还不至于对连接器形成永久性的物理损伤。

APC 是 angled physical contact 的缩写，其端面被磨成一个 8° 角，就是使反射光反射出光纤，避免反射回光发射机，其工业标准的回波损耗为 −60 dB。

APC 连接器只能与 APC 相连接，APC 与 PC/UPC 端面不同，如果用法兰盘将这两种连接器连接，就会损坏连接器的光纤端面。

那怎么办呢，通过 PC 到 APC 转换的光纤跳线转接，简单方便。

怎么分辨这两种端面呢，简单，APC 连接器通常是绿色的。

一句话：绿色只和绿色一起。

把插芯端面进行斜面处理是为了改善光信号的反射损耗。UPC 端面的静态反射为 −14.7 dB 左右，APC 端面的静态反射则可达到 −60 dB，甚至更好。

但是为什么一定做成 8° 呢？

光波在光纤中是利用全反射原理进行传播的，当光纤端面光线入射角大于某一值时，该束光线就不能在光纤中传播。

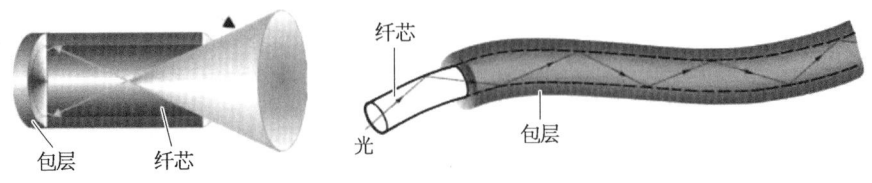

数值孔径是描述光纤传输光线的参数,用来表征光纤的聚光能力。对于常用的G.652单模光纤的数值孔径设计在约0.13,根据数值孔径的定义:$NA = \sin X$,可反算得出$X = 7.5°$,这就是为什么常见的APC角度为8°的来由了。

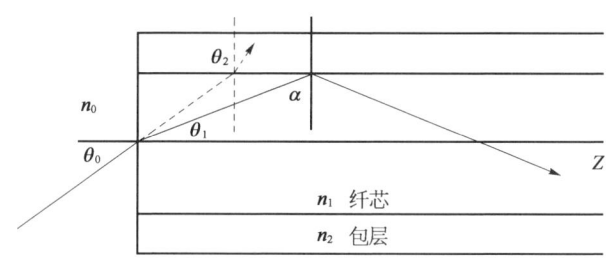

当斜面角度大于7.5°时,光纤斜面反射回去的光基本都进入包层,从而折射出光纤之外了。

其实就是如果端面大于7.5°,反射光就被撵出主光路啦,回不到光纤中。

那为什么不是9°或10°呢？这和另一个疑问"APC端面这么好,那为什么不让APC统领端面'后宫'呢",都是有原因的,这两个问题的根本原因也是一样的。

端面倾斜,把反射光撵跑了,也付出了代价,那就是插入损耗(IL)增加了。

所以,最优的选择是以最小的代价获得预期的胜利,毕竟9°或10°过于浪费插损,不值。

工业界加工设备要允许一点误差,8° ± 0.5°,是不是很合理。

8°斜面的插入损耗约0.2 dB(实测插损1 dB的读者,别伤心,回去擦擦光纤端面,能解决90%测不准的事)。

应用场景的分类:

对功率预算比较看中的场合,回损要求没那么严苛,UPC就能行。比如数字通信领域。

对回损要求极其严格的场合,像有线电视网(CATV),有反射,一堆雪花点看着不爽,忍痛加点损耗,选APC。

连接器接头命名采用结构代码/端面代码字母表示,按连接器组成散件的结构主要分为FC,ST,SC,LC等。

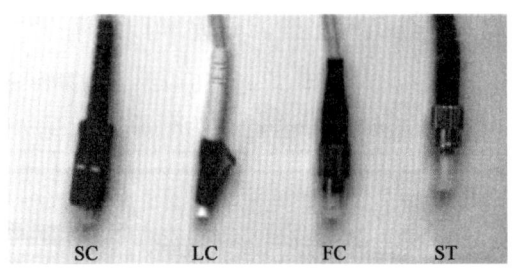

SC　LC　FC　ST

FC：金属双重配合螺旋终止型结构
ST：金属圆形卡口式结构
SC：矩形塑料插拔式结构
LC：小型矩形塑料插拔式结构

连接器型号	描述	外形图	连接器型号	描述	外形图
FC/PC	圆形光纤接头/微凸球面研磨抛光	FC/PC	FC/APC	圆形光纤接头/面呈8°并微凸球面研磨抛光	FC/APC
SC/PC	方形光纤接头/微凸球面研磨抛光	SC/PC	SC/APC	方形光纤接头/面呈8°并微凸球面研磨抛光	SC/APC
ST/PC	卡接式圆形光纤接头/微凸球面研磨抛光	ST/PC	ST/APC	卡接式圆形光纤接头/面呈8°并微凸球面研磨抛光	ST/APC
MT-RJ	卡接式转换-标准插座	MT-RJ	LC/PC	卡接式方形光纤接头/微凸球面研磨抛光	LC/PC

最后一句话，模拟传输APC的多，数字传输UPC的多，毕竟判断1010正确就好，损耗省一点是一点，地主家的余粮也有限。

第七章
工艺和测试

关于193 nm 光刻光源经久不衰的原因

有同学会问,为什么工业界一直用193 nm 光源做光刻?不是说光刻光源波长越短,分辨率越高吗?

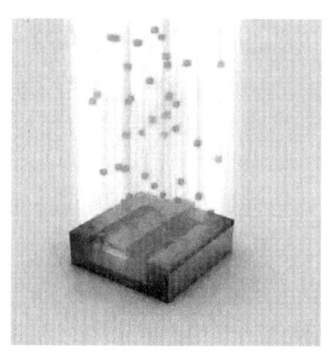

Intel 的22 nm依然花了5 000万美元,买193 nm 光刻机,为什么呢?而且光刻层增加到45层。45层光刻一个头发丝不能错,为什么不用更高分辨率的光源呢?

从理论上来讲,光刻分辨率 $R = K$(波长λ/光学数值孔径NA)。

这多简单啊,想提升分辨率,降低波长呗。

有低波长的光源吗?有,极紫外光(EUV)的波长理论上可以低到13 nm,这可比193 nm小多啦,为什么不用呢?

因为如果用193 nm光源,就像那个5 000万美元的尼康光刻机,大小还是可以放在车间的。

如果用EUV,光源功率小,得给它配个足球场那么大的电源才能干得动光刻这个活儿。做芯片的开厂子,不是核电站呀,去哪里找这么大的能源伺候它呀。

其他短波长,功率需求不大的有吗? 有,X射线,就是医院给拍骨头的X光机,它要在黑屋子里进行。这意味着几十层光刻不能实时监控,做完直接看效果。 这个难度就像让盲人绣花还一针不许错。太欺负人啦。

盲人摸象

那还是在193 nm上想想办法吧,怎么想呢? 一次光刻做不了22 nm,咱刻两次44 nm,刻一次44 nm黄色,刻一次44 nm绿色,二层重叠一看,黄绿相间22 nm,妥啦。

还有其他办法可想吗? 有啊,再回忆光刻分辨率的公式。加大NA也可以提升分辨率,NA这个值

与光折射率有关,提高折射率,NA增加,分辨率就更优啦。分辨率$R = K$(波长λ/光学数值孔径NA)。

怎么增加光折射率呢? 在空气里折射率 = 1,在水里折射率是1.44,科学家们就把光刻机放水里做,叫浸没式实现方法。

科学家为了省点电真不容易,继续想办法把193 nm光源放到磷酸溶液中,磷酸折射率比水的1.44大一点,为1.54。难怪193 nm的光源卖5 000万美

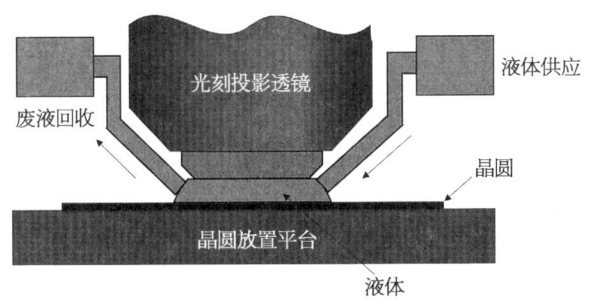

浸没式实现法

元,这就是不可替代性的价值所在。

光刻光源相关参数

	第三代	第四代	第五代
十年一代	1995—2005	2005—2015	2015—2025
光刻光源	准分子激光	浸没/二次	EUV/EBL
曝光波长	248 nm	193 nm	13.4 nm
特征尺寸	350～65 nm	65～22 nm	22～7 nm
存储器 bit	64 M～1 G	1 G～16 G	>16 G
主流 CPU	P4	多核	
CPU 晶体管	$10^8 \sim 10^9$	$10^{10} \sim 10^X$	
CPU 主频	200～3 800	非主频标准	
硅片尺寸	8″～12″	12″～18″	
主流设计工具	Synthesis-DFM	SoC 系统设计	

英特尔半导体 14 nm/16 nm 工艺中的 FinFET

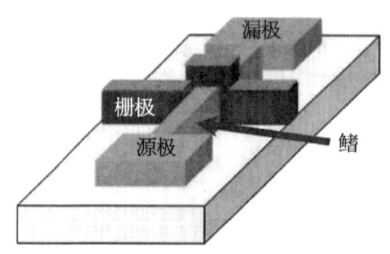

14 nm 并不难理解,鳍式场效晶体管(FinFET)封装为什么先进呢?其实,FinFET 封装并不是刚刚出现的,早在 20 世纪就已经在研发了,到 2000 年才真正成功,也是目前处理器封装方面 25 nm 以下最佳的形式。

FinFET 是一种新的互补式金氧半导体(CMOS)晶体管。闸长已可小于 25 nm,该项技术的发明人是加州大学伯克利分校的胡正明教授。Fin是鱼鳍的意思,FinFET命名源于晶体管的形状与鱼鳍很相似。

1)发明人

胡正明(Chenming Hu)教授1968年在台湾大学获电子工程学士学位,1970年和1973年分别在伯克利大学获得电子工程与计算机科学硕士和博士学位。现为美国工程院院士。2000年凭借FinFET获得美国国防部高级研究项目局最杰出技术成就奖(DARPA Most Outstanding Technical Accomplishment Award)。他研究的BSIM模型已成为晶体管模型的唯一国际标准,培养了100多名学生,许多学生已经成为了这个领域的专家,曾获伯克利的最高教学奖;于2001—2004年担任台湾积体电路制造股份有限公司(简称台积电,TSMC)的CTO。

2)FinFET的工作原理

FinFET闸长已可小于25 nm,未来预期可以进一步缩小至9 nm,约是人类头发宽度的一万分之一。由于在这种导体技术上的突破,未来芯片设计人员有望能够将超级计算机设计成指甲般大小。FinFET是源自传统标准的晶体管——场效晶体管(FET)的一项创新设计。在传统晶体管结构中,控制电流通过的闸门,只能在闸门的一侧控制电路的接通与断开,属于平面的架构。在FinFET的结构中,闸门设计成类似鱼鳍的叉状3D架构,可于电路的两侧控制电路的接通与断开。这种设计可以大幅改善电路控制并减少漏电流,也可以大幅缩短晶体管的闸长。

3）发展状态

2011年初，英特尔公司推出了商业化的FinFET，使用在其22 nm节点的工艺上。从Intel Core i7-3770之后22 nm的处理器均使用了FinFET技术。由于FinFET具有功耗低、面积小的优点，台积电等主要半导体代工已经开始计划推出自己的FinFET晶体管，为未来的移动处理器等提供更快、更省电的处理器。从2012年起，FinFET已经开始向20 nm节点和14 nm节点推进。

在所有的实际应用中，体硅和SOI晶圆具有类似的性能和成本，但是，由于体硅FinFET器件具有更大的工艺差异性而使得制造变得更具挑战性。体硅晶圆加工的高差异性使其最终产品的性能变得不可预测。

两种工艺方案具有类似的直流（DC）和交流（AC）特性。与SOIFinFET相比，PN结隔离FinFET器件性能将会受到寄生电容增大5%～6%的影响。

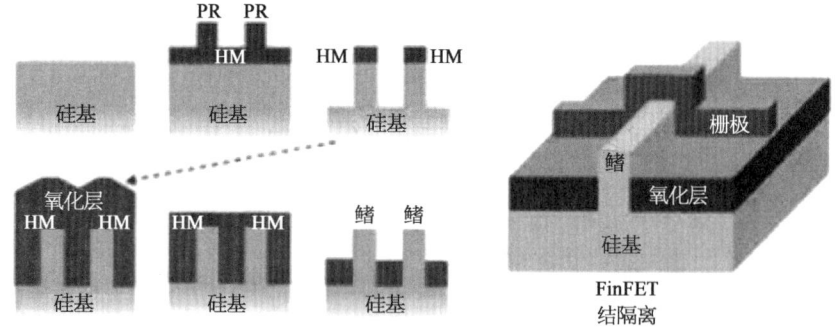

对工艺差异性的比较表明，SOIFinFET器件可能具有更好的匹配特性。在SOI工艺中，"鳍"的高度和宽度可能更加容易控制，而体硅工艺则在制造和工艺控制方面面临着更为严峻的挑战：

		SOIFinFET/nm	PN结隔离体硅FinFET/nm	体硅FinFET与SOIFinFET的差异性比率/（%）
"鳍"高差异性	目前	4.8	12.5	160
	将来	2.4	6.2	158
"鳍"宽差异性	目前	1.0	2.5	150
	将来	0.5	1.2	40

第七章 工艺和测试

在22 nm技术节点阶段,对提高器件密度的期望使得FinFET器件开始具有比平面技术更为实在的优势。

首先,接触栅极的节距必须按比例缩小到小于约束栅的长度,也就是要小于所有高性能晶体管的沟道长度。FinFET器件本身所具有的短沟道性能优势将可以进行上述的按比例缩小,而不会产生在平面晶体管中由于需要进行大面积沟道掺杂所引起的有害效应。

同时,对静态随机存储器(SRAM)位单元的期望已开始规定对每个独立晶体管在差异性上的要求。未掺杂的体硅FinFET器件,正如大多数重点研究所关注的,是需要消除注入掺杂浓度的随机波动(RDF)对器件差异性的影响,对于低工作电压的高性能SRAM位单元来说,去除这种RDF可能是必须的。

SOIFinFET和PN结隔离体硅FinFET器件的成本对比:

	SOIFinFET器件			PN结隔离体硅FinFET器件			
	光刻步骤数	工艺步骤数	成本/$	光刻步骤数	工艺步骤数	成本/$	成本差/$
基片			500			120	-380
前端工艺	7	56	561	9	91	805	224
净成本差							-136

SOI和体硅FinFET器件的总成本之差(相对于总的晶圆制作成本):

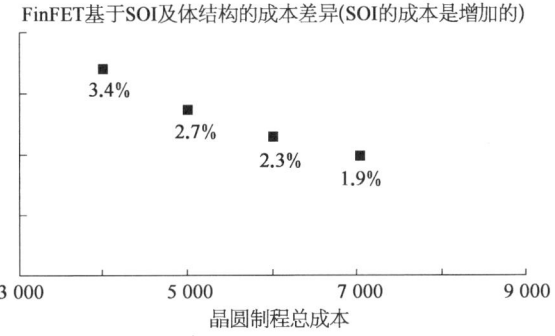

SOI FinFET由于增加了基片的成本,使其总的器件成本有所增加。但在大批量生产中,这种基片成本的增量将在很大程度上抵消由于体硅器件复杂工艺造成的成本增量。

台积电、三星、高通、苹果、英特尔、超微(AMD)等工艺竞争激烈,代工业的成长不可能一蹴而成,其中台积电的老大地位不可动摇。尤其是2009年张忠谋第二次执掌公司以来,采用令人胆寒的积极投资扩张策略,在2010—2013年期间总投资达300多亿美元,使得先进制程技术不断推进,再次稳固了代工龙头地位。

2013年台积电总产能约月产130万片(8 in计),其中28 nm产能为月产13万片(12 in计),全球市占率按销售额计达80%。而且它的28 nm爬坡速度非常快,2011年第四季度它的28 nm刚刚起步,季销售额才1.5亿美元,至2012年年底已经占年销售额170亿美元的24%,达40.8亿美元,2013年年底占近200亿美元销售额的37%,达到65亿美元。

由此可以看出台积电代工老大地位不可动摇的原因有:一是成品率高达90%,对手们可能约70%;二是拥有向客户提供支持的约6300项IP专利,业界戏称如有个"图书馆"一样;三是产能迅速到位,如28 nm的产能达月产13万片,是格罗方德的3倍。

与28 nm代工产业不同,未来全球16 nm/14 nm及以下的代工格局前景难料。因为全球半导体业的现状是这样的:从技术上每两年前进一个工艺节点,理论值是2013年14 nm及2015年10 nm,可实际上英特尔的14 nm量产推迟,相比正常情况延长了两个季度。三星电子推出先进代工制程14 nm FinFET的应用处理器(AP)试制品,将先提供给高通、苹果、超微等主要客户,但是它们的产能不足,三星才月产1万~1.5万片,格罗方德才3.5万片。两者加起来总量才月产5万片。

10 nm工艺制程基本还是处于研发阶段,虽然台积电、三星宣称可以量产,其中的变数还很多。

10 nm制程之后,究竟如何往下走,尚不十分清楚,其中包括EUV何时准备好难以预言,10 nm时193 nm光刻工艺的成本与栅极材料的替代品的工艺等尚未完全就位。

按太平洋皇冠证券(Pacific Crest Securities)分析师的观点,16 nm/14 nm

FinFET技术投资1万片产能要12.7亿美元的投资,再增加2万片需25亿美元的投资。

半导体芯片制造流程与设备

中国每年进口芯片超过2 000亿美元,硬件工程师对芯片各种封装都了解不少,TO工程师也知道TIA使用裸Die,不少应用级的设计人员对芯片制造过程却不太了解。

建设一条半导体产线要几十亿上百亿美元,这是一个专家云集的高精尖领域,CMOS是半导体芯片最基础的一个器件,一个针尖就有3 000万个CMOS,而一个CMOS器件需要上百道制造流程,想想就不简单。

笔者花了两三年才逐渐弄明白……所以也不解释PMOS阱+NMOS阱如何成为CMOS的,头发丝粗70 μm,一个横截面能放3 000个器件,如此咱们边聊边看图。

半导体公司设计生产一体,有单独的设计公司,也有制造代工企业,如台积电、中芯国际等,MAXIM考虑卖掉半导体生产线,Fabless成为不可避免的潮流。

复杂繁琐的芯片设计流程略去不表。

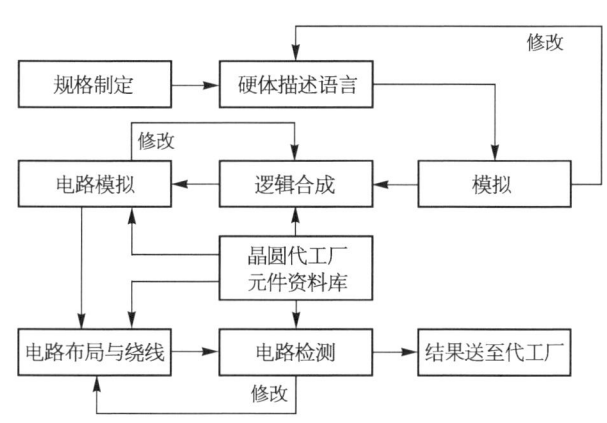

简单地说,芯片的制造过程可以分为沙子原料(石英)、硅锭、晶圆、光刻、蚀刻、离子注入、金属沉积、金属层、互连、晶圆测试与切割、核心封装、等级测试、包装等诸多步骤,而且每一步里边又包含更多细致的过程。

沙子:硅是地壳内第二丰富的元素,而脱氧后的沙子(尤其是石英)最多包含25%的硅元素,以二氧化硅(SiO_2)的形式存在,这也是半导体制造产业的基础。

硅熔炼:12 in/300 mm晶圆级(下同)。通过多步净化得到可用于半导体制造质量的硅,学名电子级硅(EGS),平均每100万个硅原子中最多只有一个杂质原子。下图展示了如何通过硅净化熔炼得到大晶体,最后得到的就是硅锭(Ingot)。

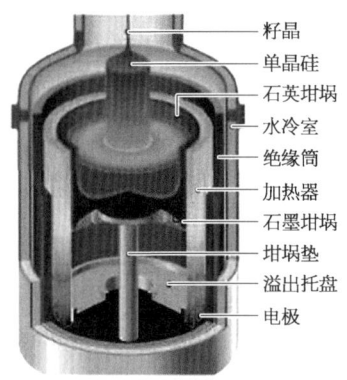

单晶硅锭:整体基本呈圆柱形,重约100 kg,硅纯度99.999 9%。

硅锭切割:横向切割成圆形的单个硅片,也就是常说的晶圆(Wafer)。这下知道为什么晶圆都是圆形的了吧!

晶圆：切割出的晶圆经过抛光后变得几乎完美无瑕，表面甚至可以当镜子。真圆啊……

光刻胶（Photo Resist）：在晶圆旋转过程中浇上光刻胶液体，类似制作传统胶片的那种。晶圆旋转可以让光刻胶铺得非常薄、非常平。

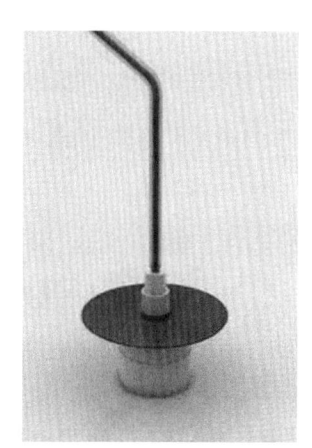

光刻：光刻胶层随后透过掩模（Mask）被曝光在紫外线（UV）之下，变得可溶，期间发生的化学反应类似按下机械相机快门那一刻胶片的变化。掩模上印着预先设计好的电路图案，紫外线透过它照在光刻胶层上，就会形成微处理器的每一层电路图案。

光刻：由此进入50～200 nm尺寸级别的晶体管。晶体管相当于开关，控制着电流的方向。现在的晶体管已经如此之小，一个针头上就能放下大约3 000万个。

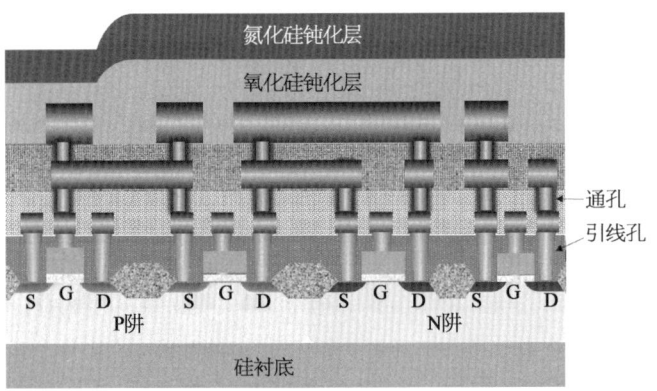

溶解光刻胶：光刻过程中曝光在紫外线下的光刻胶被溶解掉，清除后留下的图案和掩模上的一致。

蚀刻：使用化学物质溶解掉暴露出来的晶圆部分，而剩下的光刻胶保护着不应该蚀刻的部分。

清除光刻胶：蚀刻完成后，光刻胶的使命宣告完成，全部清除后就可以看到设计好的电路图案。

再次光刻胶：再次浇上光刻胶，然后光刻，并洗掉曝光的部分，剩下的光刻胶还是用来保护不会离子注入的那部分材料。

离子注入：在真空系统中，用经过加速的、要掺杂的原子的离子照射（注入）固体材料，从而在被注入的区域形成特殊的注入层，并改变这些区域的硅的导电性。经过电场加速后，注入的离子流的速度可以超过30万km/h。

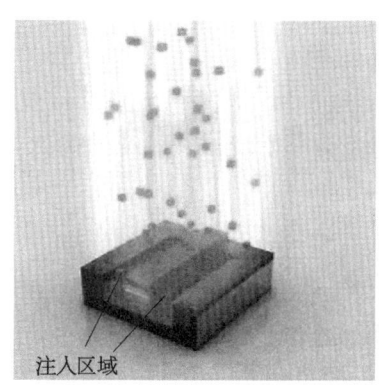

清除光刻胶：离子注入完成后，光刻胶也被清除，而注入区域也已掺杂，注入了不同的原子。这时候的颜色和之前已经有所不同。

晶体管就绪：至此，晶体管已经基本完成。在绝缘材上蚀刻出三个孔洞，并填充铜，以便和其他晶体管互连。

电镀：在晶圆上电镀一层硫酸铜，将铜离子沉淀到晶体管上。铜离子会从正极（阳极）走向负极（阴极）。

铜层：电镀完成后，铜离子沉积在晶圆表面，形成一个薄薄的铜层。

抛光：将多余的铜抛光掉，也就是磨光晶圆表面。

金属层：晶体管级别，6个晶体管的组合，大约500 nm。在不同晶体管之间形成复合互连金属层，具体布局取决于相应处理器所需要的不同功能性。芯片表面看起来异常平滑，但事实上可能包含20多层复杂的电路，放大之后可以看到极其复杂的电路网络，形如未来派的多层高速公路系统。

晶圆切片：晶圆级别，300 mm/12 in。将晶圆切割成块，每一块就是芯片的内核（Die）。TO can封装的跨阻放大器就是Die的形式。

丢弃瑕疵内核：晶圆级别。测试过程中发现的有瑕疵的内核被抛弃，留下完好的准备进入下一步。

封装：

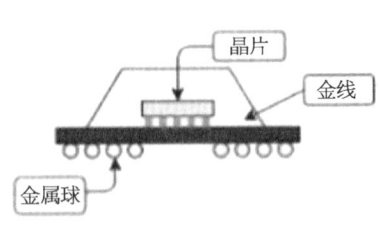

芯片：这种在世界上最干净的房间里制造出来的最复杂的产品实际上是经过数百个步骤得来的。

前一段某单位大侠朋友圈晒图，说最洁净的工作环境，是抵抗雾霾的利器。羡煞旁人。

等级测试：最后一次测试，可以鉴别出每一颗处理器的关键特性，比如最高频率、功耗、发热量等，并决定芯片的等级。

芯片设计设备：① 单晶炉，德国PVA TePla AG公司、日本Ferrotec公司、美国QUANTUM DESIGN公司 ……② 气相外延炉，美国CVD Equipment公司、美国GT公司、法国Soitec公司……③ 分子束外延系统，法国Riber公司、美

第七章 工艺和测试

国Veeco公司、芬兰DCA Instruments公司……④ 氧化炉，英国Thermco公司、德国Centrotherm thermalsolutions GmbH Co.KG公司……⑤ 低压化学气相沉积系统，日本日立国际电气公司……⑥ 等离子体增强化学气相淀积系统，美国Proto Flex公司、日本Tokki公司、日本岛津公司……⑦ 磁控溅射台，美国PVD公司、美国Vaportech公司、美国AMAT公司……⑧ 化学机械抛光机，美国Applied Materials公司、美国诺发系统公司、美国Rtec公司……⑨ 光刻机，荷兰阿斯麦（ASML）公司、美国泛林半导体公司、日本尼康公司……⑩ 反应离子刻蚀系统，日本Evatech公司、美国NANOMASTER公司、新加坡REC公司……⑪ CP等离子体刻蚀系统，英国牛津仪器公司、美国Torr公司、美国Gatan公司……⑫ 离子注入机，美国维利安半导体设备公司、美国CHA公司、美国AMAT公司……⑬ 探针测试台，德国Ingun公司、美国QA公司、美国MicroXact公司……⑭ 晶片减薄机，日本DISCO公司、德国G&N公司、日本OKAMOTO公司……⑮ 晶圆划片机，德国OEG公司、日本DISCO公司……

光模块测试之——眼图模板

接收机的理想：发射机给的比特（bit）非常整齐。

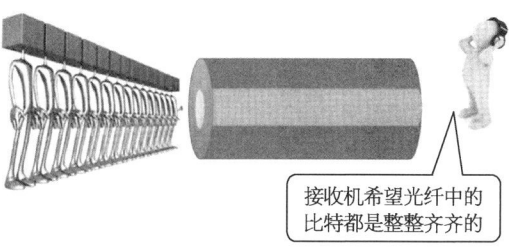

接收机希望光纤中的比特都是整整齐齐的

人与人的相互交往，理想中的严于律人、宽于律己，自己最舒服，但是会导致没有朋友。过于宽以待人、严于律己，那是圣人的标准，普通人也招架不住。相互之间都律几分也都宽几分，即可。

回到主题,发射机实际上做成非常非常整齐的bit要付出很大的代价。普通发射机能选到的bit是普通bit,尽量地排整齐送去接收机。

普通bit信号,有高有低,有胖有瘦。

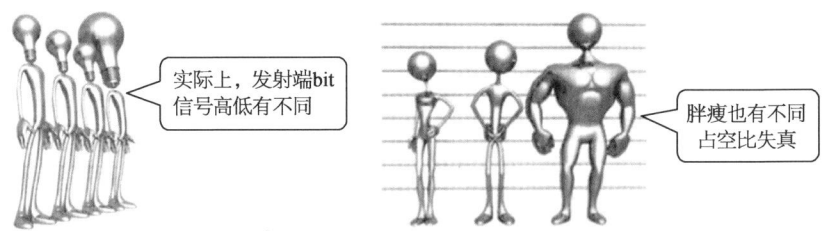

排队也没有想象中整齐,尤其是经过光纤长途传输后,累得很,比出发前更不整齐。

接收机有一种理想与现实之间的惆怅。

怎么处理这件事比较好呢?这么多bit,一个一个检查太费劲。咦,把它们叠加在一起,有不合标准的一眼就瞅出来了。这样真好!

理想中的bit叠加在一起,称为眼图,像眼睛一样的图,很漂亮。

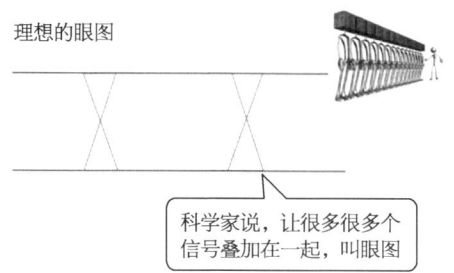

现实中高低不同、胖瘦不同、快慢不同的bit,垒起来的眼图是这样的。

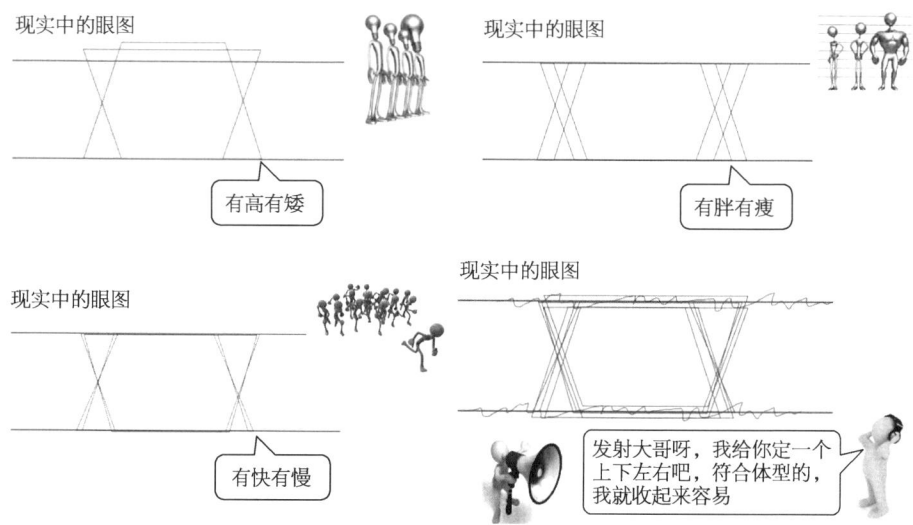

接收机说:"发射大哥呀,你挑bit的时候,别差的忒大,快受不了。咱们商量个标准吧。"

高矮、胖瘦、快慢,各给画一条线,别超过啊。把它当成模板,一卡,就知道这bit能不能用。

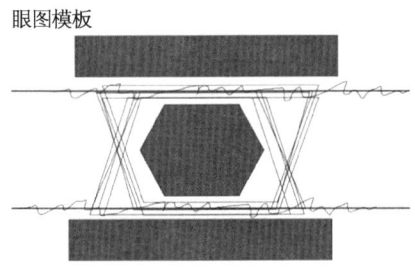
眼图模板

或者这样:

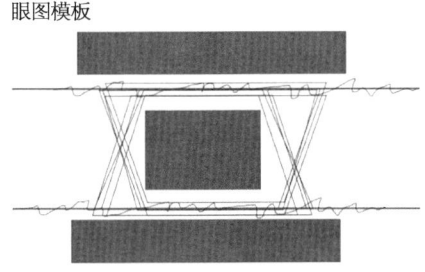
眼图模板

这就是眼图模板的来源,简单易行地判断发射机信号的优劣。

光模块测试之——光功率、灵敏度、饱和来源

现在有一个光通信的场景需求。

要定波长、速率,选光纤,选发射机,选接收机。

铺设光纤是施工难,光纤要有熔接、连接器等都有损耗,要优先考虑。这个场景,至少给光纤留28 dB才行。

接下来,探测器、接收机心里一想,我给老板省料,用便宜的。

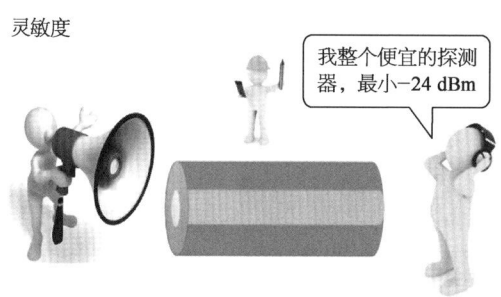

那发射功率就比较纠结,做不了那么大呀。你俩都想省钱,不能无限制要求我嘞……

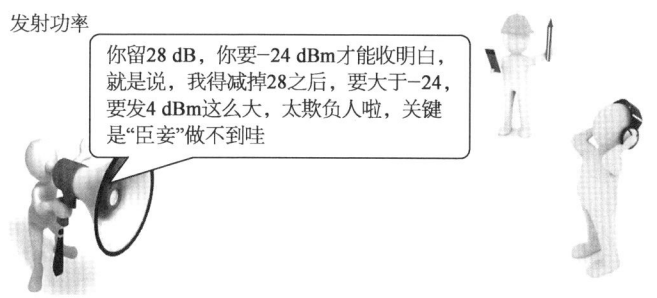

开个会讨论讨论,协调协调。

综合一考虑,用好点的探测器吧,费点钱就费点钱,关键要把任务完成。

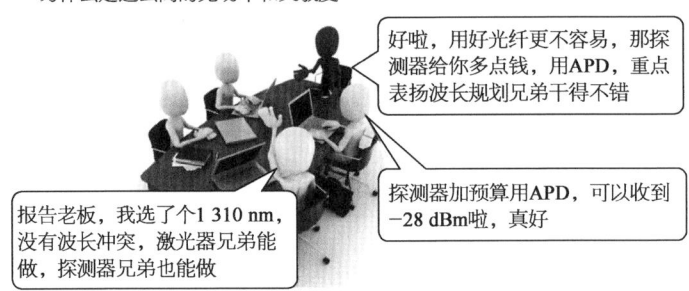

这不很好了,发射功率大于 0 dBm(就是 1 mW)可以了,能实现。

铺光纤的师傅也接受,还是 28 dB,老板支持了。

可探测器有疑问,万一你俩一个太大功率,一个损耗太小。我不是被整聋了,收到的功率太大也不好。

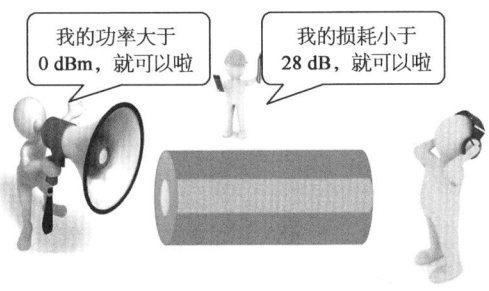

再开一个会,再讨论讨论,人生就是这样子,发现问题,解决问题;再发现问题,再解决问题。

第二次一商量,给探测器定最大、最小,也给光纤定最大、最小。

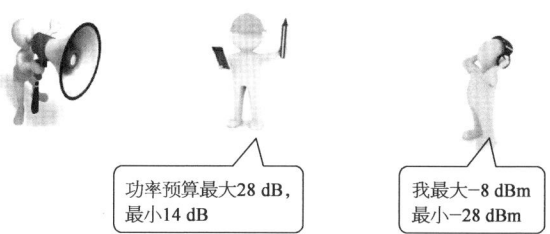

发射机,就开始掐指算:

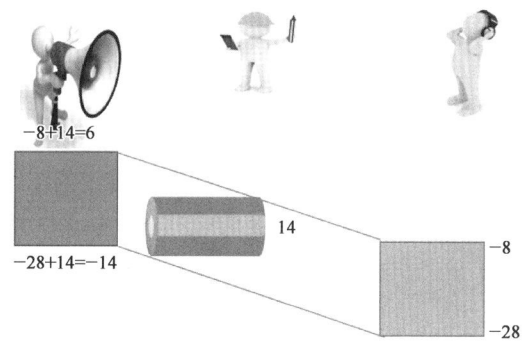

再一算:

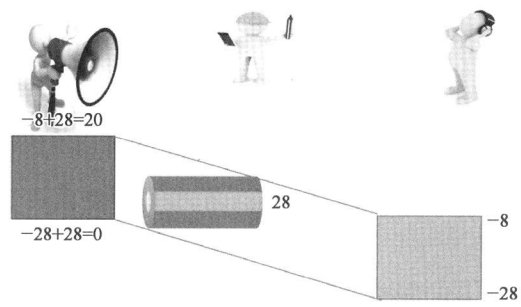

一合计:

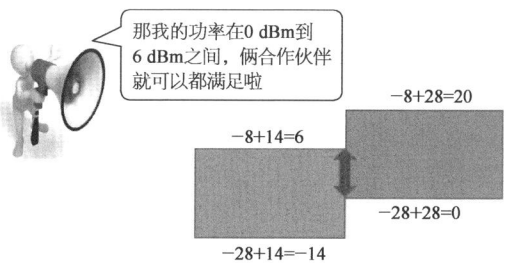

兄弟们互相帮衬，这任务能完成。

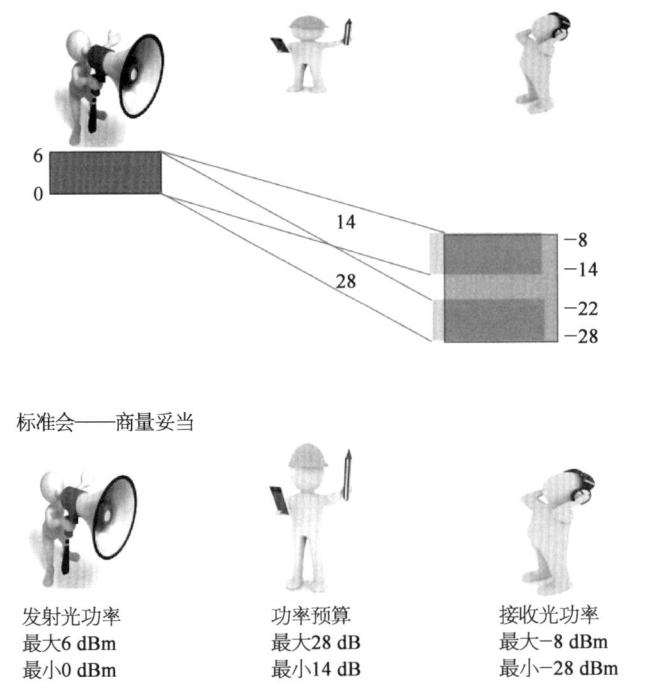

标准会——商量妥当

发射光功率
最大6 dBm
最小0 dBm

功率预算
最大28 dB
最小14 dB

接收光功率
最大–8 dBm
最小–28 dBm

咦，你不是刚说4 dBm"臣妾"做不到吗，怎么现在定一个6 dBm呢？

这是说，小于这个值就不会让探测器给聋了，3 dBm可以，2 dBm也可以。

光模块测试之——消光比的意义

消光比（ER）的定义是光功率"1"与光功率"0"的比例，或者也可以表示成dB，做个对数转换。意义是一样的。

$$消光比 = 10 \lg \frac{"1"光功率}{"0"光功率}$$

第七章 工艺和测试

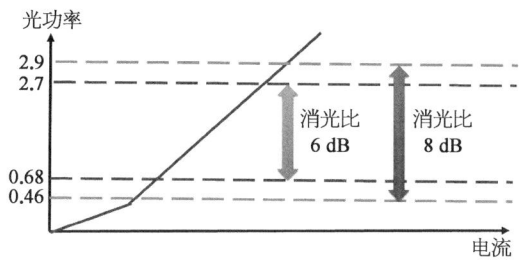

很多人看过这个图,激光器 PIV 的图,发射机在同样光功率,消光比的差异。

怎么通俗理解?平均光功率一样,消光比不同。

发射机眼图是这样。

对发射机来说,要增加消光比,bit 的个子得增加,"1"、"0"之间切换的胳膊也累得很。

发射机说:"消光比越小越容易实现,越大越难。"

那消光比对于接收机是什么意义?技术上能看到这个曲线,消光比越大,灵敏度越好。

通俗地说,就是发射机上下越明显,接收机看得才清楚。

所以发射机与接收机对消光比的需求不一样,标准会互相协调,选个发射机能实现、接收机灵敏度也比较好的一个值。

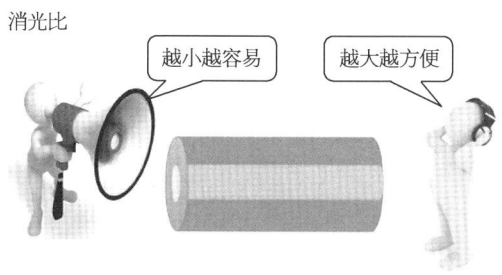

哈哈,光纤对"1"衰减,也对"0"衰减。

消光比的比例,就是一个气球与图案的比例。

经过光纤后,"1"、"0"都衰减,像气球

215

变小啦。

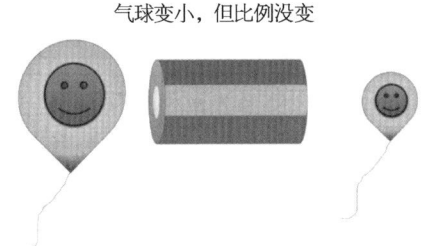

气球变小，但比例没变

比例没有变化，那不就是说光纤传输对光信号消光比也没有变化。

发射机的消光比与接收机的消光比是一回事儿。虽然发射与接收的光功率不同。

光通信测试之——眼图滤波器的意义，接收机的带宽选择

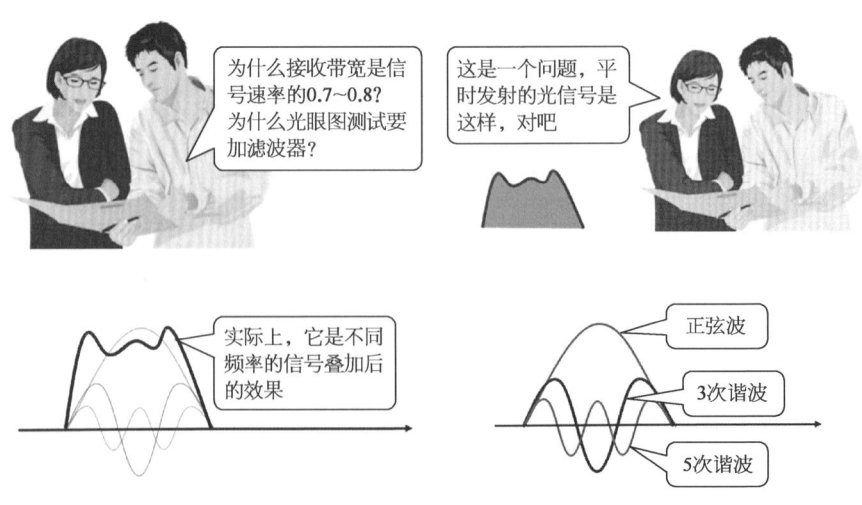

时域上，也就是示波器上看到的信号，这些信号叠加起来就是眼图。

第七章 工艺和测试

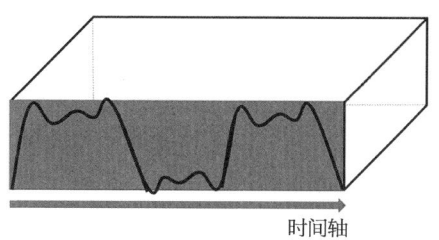

时间轴

实际上在频域上（频谱仪测试的频点）看是这么叠加的：

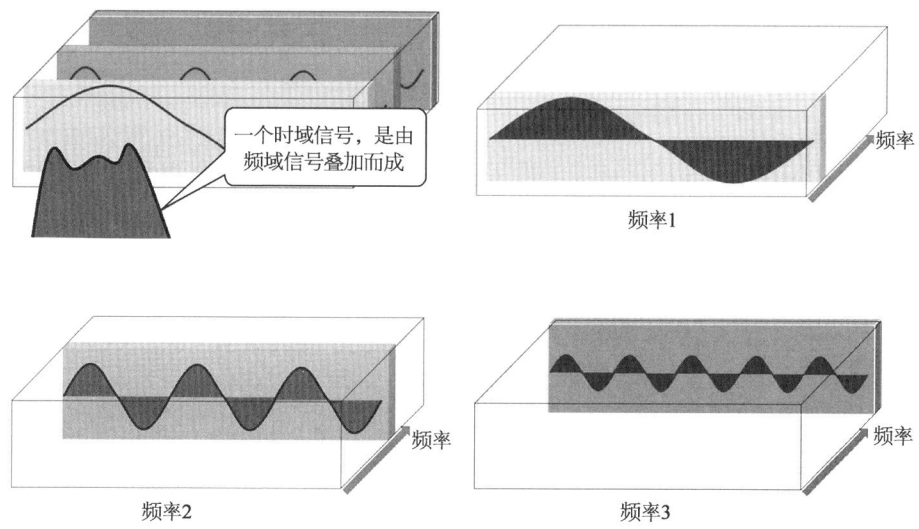

一个时域信号，是由频域信号叠加而成

频率1

频率2　　　　　　　　　频率3

咱们从示波器上看见的信号：

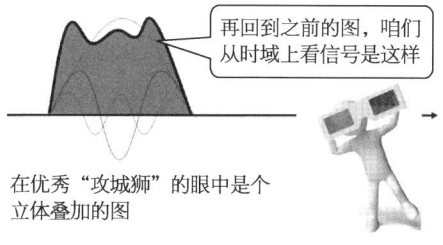

再回到之前的图，咱们从时域上看信号是这样

在优秀"攻城狮"的眼中是个立体叠加的图

优秀的"攻城狮"眼里，看见不同的信号小波动的频点是立体的。

217

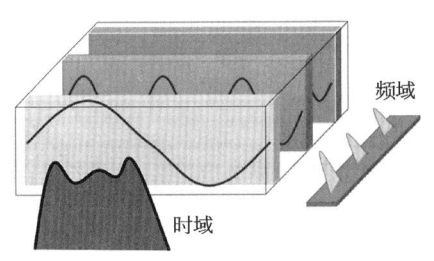

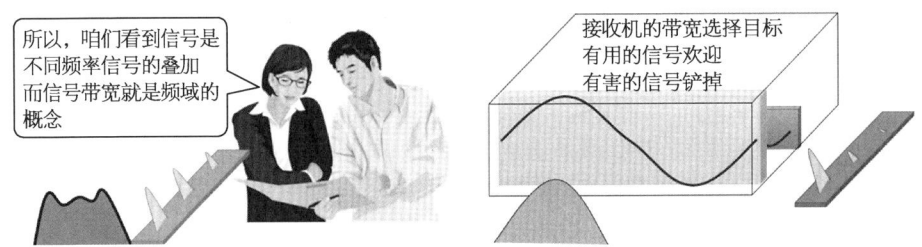

在光通信里,信号速率和频率之间的关系。

频率:每秒传送的周期性变化的次数,单位为Hz。

比特率:每秒传送的比特数,单位为b/s(bit per second)。

以2.5 Mb/s的信号为例。

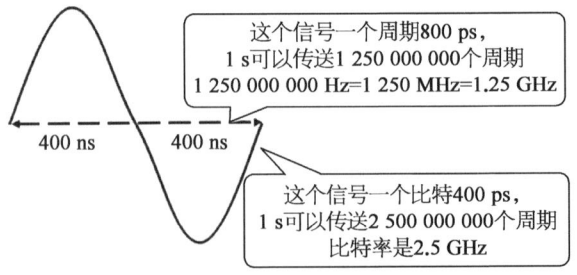

频率按周期计算,信号速率按比特率计算。

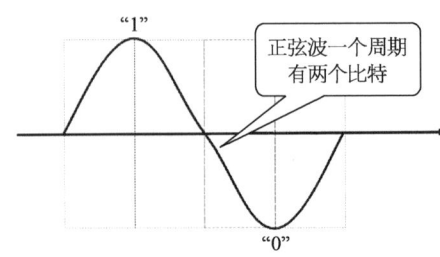

第七章 工艺和测试

他俩就是 1 Hz =2 b/s,一个 2.5 Gb/s 的信号速率的频率最大是 1.25 GHz (也就是 1010),如果 1100 的 2.5 Gb/s 的信号速率的频率是 0.625 GHz。

平常说的 3 dB 带宽,也就是信号幅度降低一半时的频率点。

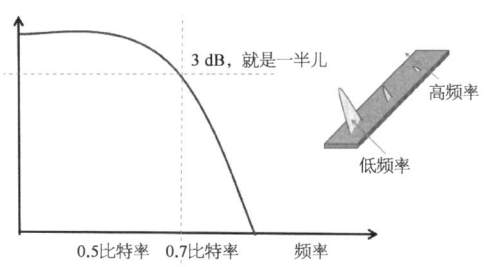

信号速率 × 0.7,基本上可以让理论值(信号速率 × 0.5)完整通过。

2.5 Gb/s 的最大信号频率点 1.25 GHz,一般选 3 dB 带宽是 1.7 GHz,对 1.25 GHz 的信号基本没有衰减。

所以加滤波器,是为了模拟发射机信号,被接收后的信号是啥样子。

滤波器的带宽,是 3 dB 衰减时的频率点,为了保证信号不要损伤,选择滤波器比信号频率大一些。

信号频率,与信号速率(比特率)之间有个关联。

对非归零(NRZ)码型,b/s 信号速率最大的频点是个 0.5 的关系,3 dB 带宽略大于 0.5,则接收机选择的信号带宽,一般是 b/s × 0.75 = Hz。

光模块测试之——消光比、平均光功率、光调制幅度光功率

消光比,表征 P_1 与 P_0 的比例关系。

$$消光比 = 10 \lg \frac{"1"光功率(P_1)}{"0"光功率(P_0)}$$

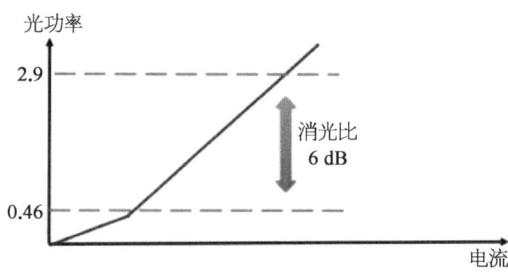

通信信号用二进制的比较多(当然,也有其他多种调整格式),二进制简单,有一些1,有一些0,当业务量足够大时,按概率是一半1,一半0。

平均光功率,表征的是一段时间内 P_1 和 P_0 的平均值。

光调制幅度(OMA)光功率,表示功率的峰峰值,但是传输之后。

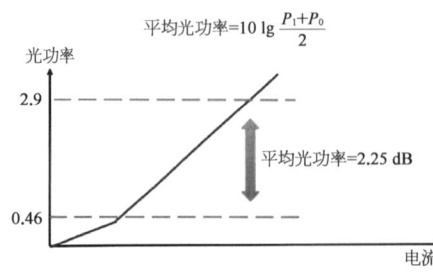
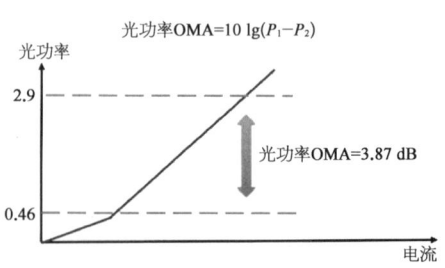

OMA的峰峰值会变化,所以在发射端和接收端都要标注。但是消光比在传输前和传输后没有变化。

怎么通俗理解这三个指标,尤其是两种光功率要表达的意义呢?

每次迎接新同事的时候,大家都希望是个大长腿"美眉"或者大长腿"欧

巴",看着都有工作激情,提升工作效率。

能力要强、颜值要高、身材要好……

大长腿,暗含的意思是身材好,国际上公认的好身材黄金分割比例,就像国际公认的消光比。

国际上公认的身材黄金比例L_1/L_2是0.618
L_2身高→OMA光功率
L_1→平均光功率
L_1/L_2身材比例→消光比

为什么对比例这么关注呢?无论是颜值界,还是眼图界?

现在的长腿美女,小时候是长腿小女孩

身材好,黄金分割比例好,小时候、长大后,都是好身材。比例不变。
消光比,信号比例好,传输前、传输后,用着效果都好。比例不变。

第八章
调制和传输格式

光的调制格式与复用模式

光的调制格式以及复用格式,在当今大容量通信中,种类越来越繁杂。

ASK:移幅键控(ASK)是调制技术的一种常用方式。用二进制信息符号进行键控,称为二进制振幅键控,用2ASK表示。

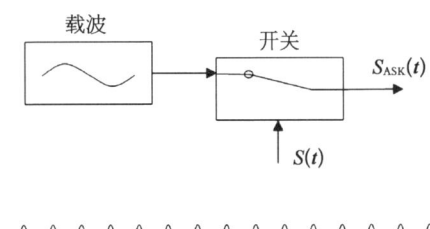

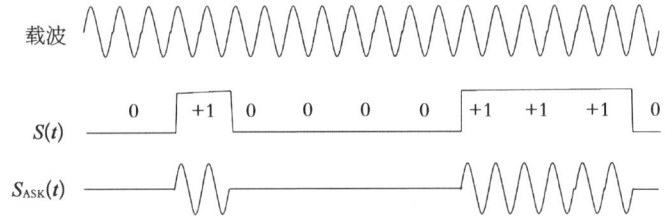

载波存在代表"1",载波不存在代表"0"

OOK:二进制开关键控(OOK)是ASK调制的一个特例,以单极性不归零码序列来控制正弦载波的开启与关闭,是基本的调制格式,因而可从OOK调制方式入门来研究数字调制的基本理论。

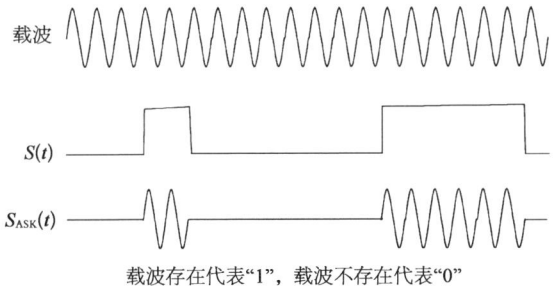

载波存在代表"1",载波不存在代表"0"

FSK：频移键控（FSK），利用两个不同频率 f_1 和 f_0 的震荡源来代表信号1和0，对二进制的频移键控调制方式。

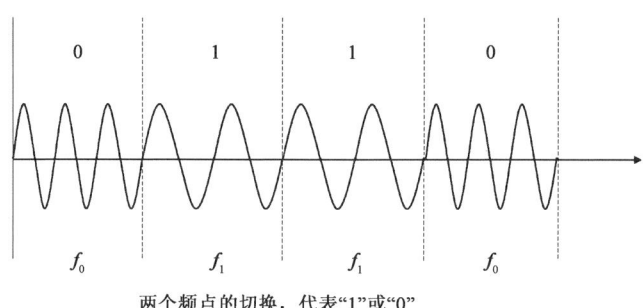

两个频点的切换，代表"1"或"0"

GFSK：高斯频移键控（GFSK）调制之前通过一个高斯低通滤波器来限制信号的频谱宽度，保持恒定幅度的同时，能够通过改变高斯低通滤波器的 3 dB 带宽对已调信号的频谱进行控制。

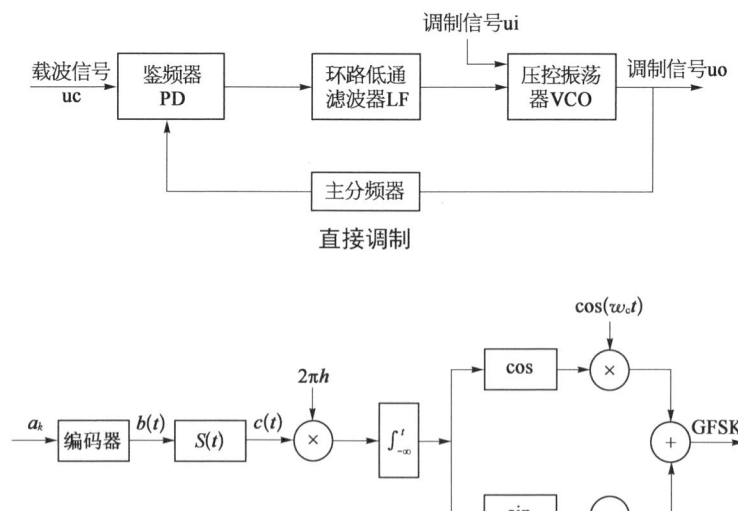

DPSK：差分相移键控（DPSK）是一个 1 bit 延迟器，输入一个信号，可以得到两路相差一个比特的信号，形成信号对 DPSK 信号进行相位解调，实现相位到强度的转化。

第八章 调制和传输格式

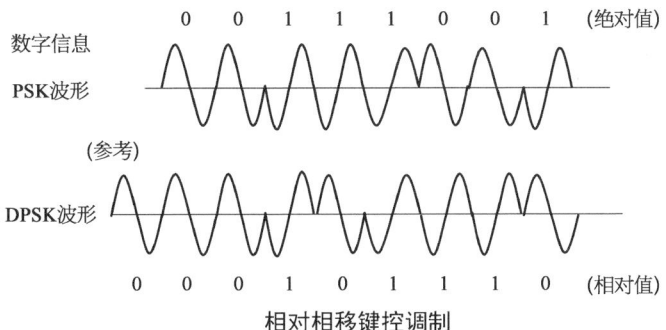

相对相移键控调制

2DPSK：二进制差分相移键控（2DPSK）利用前后相邻的相对相位值去表示数字信息的一种方式。现假设用 Φ 表示本码元初相与前一码元初相之差，并规定 $\Phi=0$ 表示0码，$\Phi=\pi$ 表示1码。

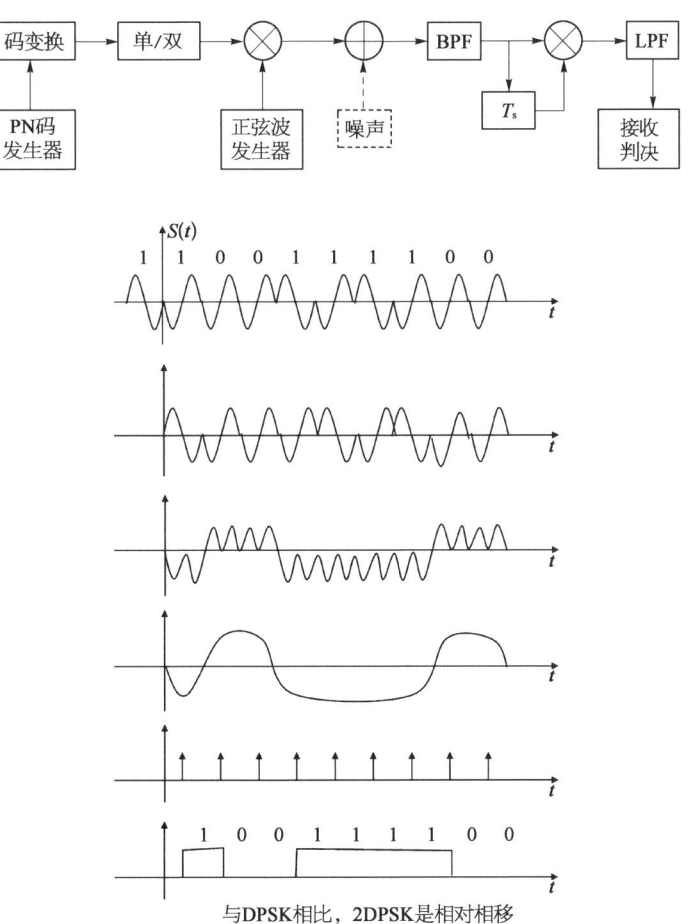

与DPSK相比，2DPSK是相对相移

DQPSK：差分四相相移键控（DQPSK），它分为绝对相移和相对相移两种，DQPSK是差分编码的QPSK调制。

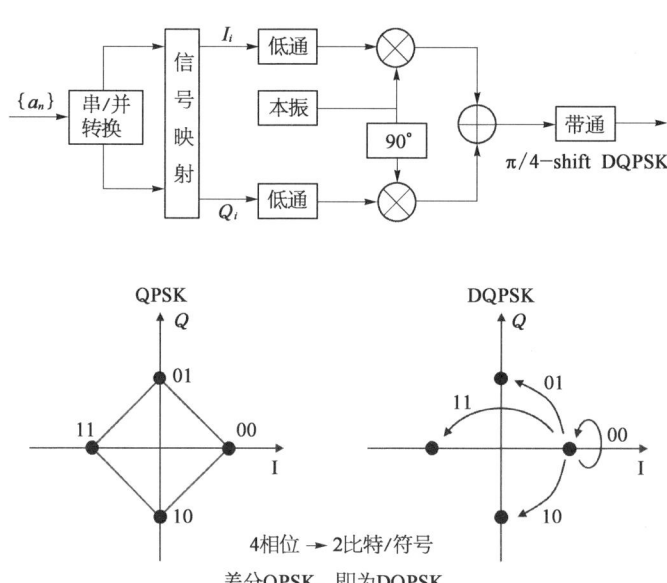

DP-QPSK：双偏振正交相移键控（DP-QPSK），属于相干通信的一种，采用外调制方式将信号调制到光载波上进行传输。当信号光传输到接收端时，先与本振光信号进行相干耦合，然后由平衡接收机进行探测。相干光通信根据本振光频率与信号光频率不等或相等，可分为外差检测和零差检测。

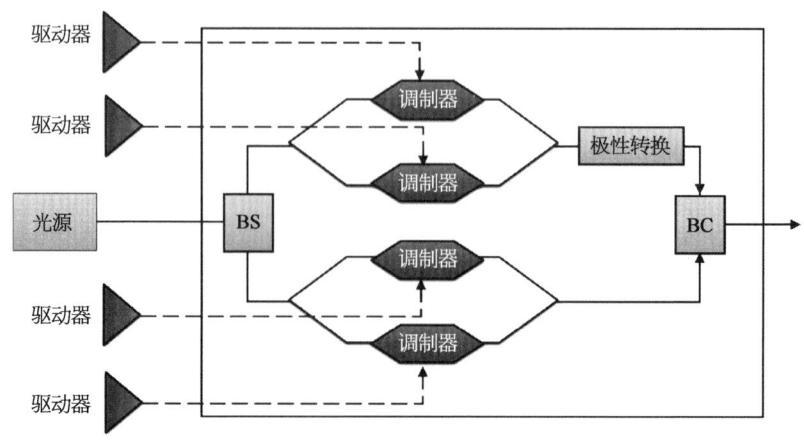

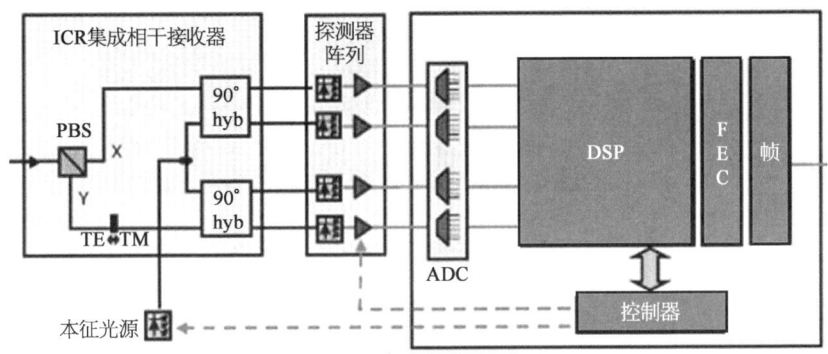

光的每个偏振态都做正交相移键控，是相干通信

TDM：时分复用（TDM），两个以上的信号或数据流可以同时在一条通信线路上传输，但在物理上来看，信号还是轮流占用物理通道的。时间域被分成周期循环的一些小段，每个时段用来传输一个子信道。

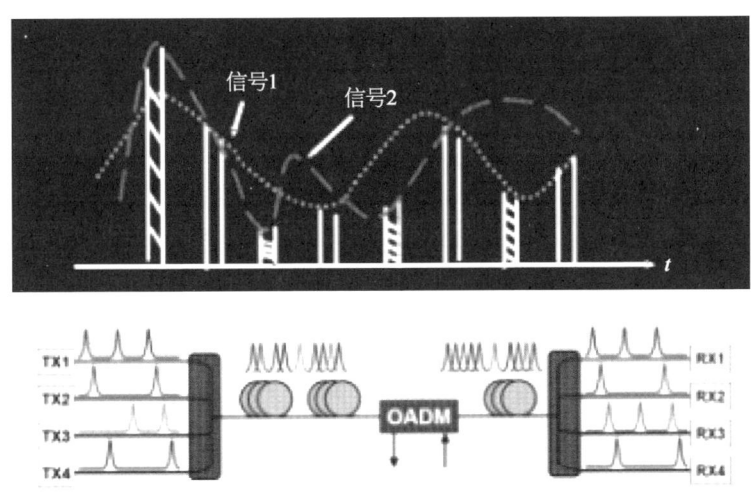

通过不同信道或时隙中的交叉位脉冲，像早期电话PSTN就是基于TDM调制格式

WDM：波分复用（WDM）是一种光纤传输技术，这种技术在一根光纤上使用不同的波长传输多种光信号，通信系统的设计不同，每个波长之间的间隔宽度也有差别，按照通道间隔差异，WDM可细分为WWDM，MWDM，DWDM。

FDM：频分复用（FDM），用不同频率传送各路消息，以实现多路通信。这种方法也叫频率复用。无线电广播和电视广播是大家熟悉的也是最明显的频分复用的例子。

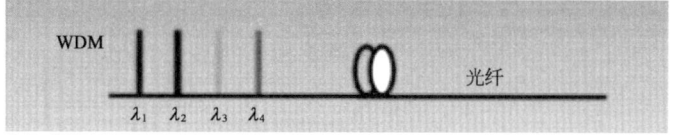

一根光纤每个波长独立传输

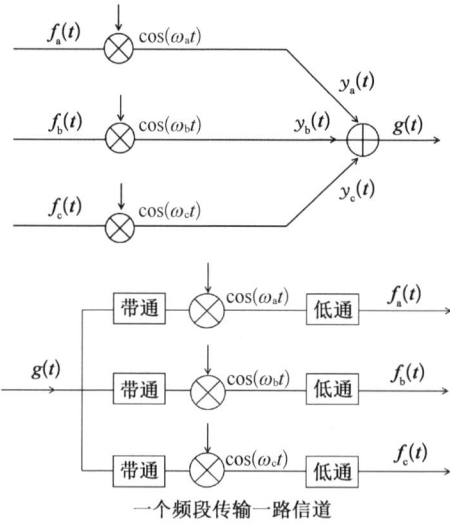

一个频段传输一路信道

OFDM：正交频分复用（OFDM），多载波调制的一种，将信道分成若干正交子信道，将高速数据信号转换成并行的低速子数据流，调制到每个子信道上进行传输。

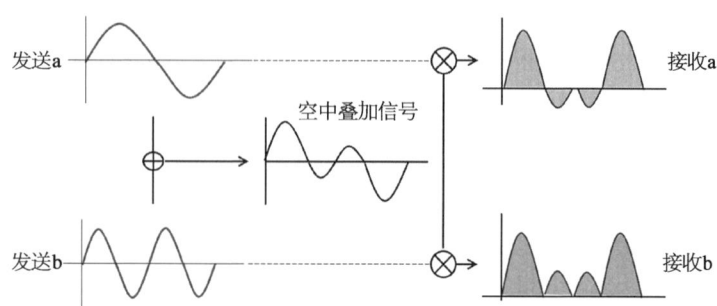

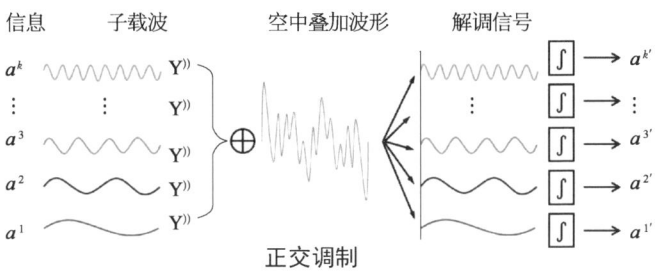

SDM：空分复用(SDM)，是指让同一个频段在不同空间内得到重复利用，如果把空间的分割来区别不同的用户，就叫作空分多址技术(SDMA)，本质上讲是异步时分复用，它能动态地将时隙按需分配。

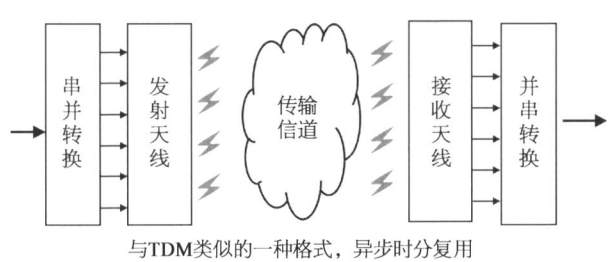

与TDM类似的一种格式，异步时分复用

OAM：轨道角动量复用(OAM)，一个光子，可以拥有两种动量，线动量和角动量。而角动量分为两种，自旋角动量和轨道角动量。

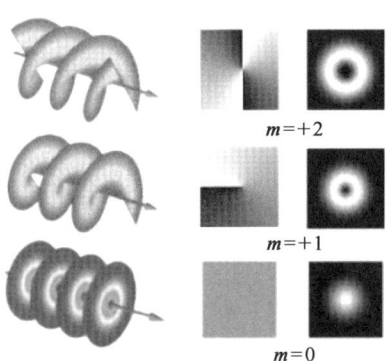

光子是螺旋旋转前进，同时自己还在自转

QAM：正交振幅调制(QAM)，数据信号由相互正交的两个载波的幅度变化表示，通常有二进制QAM(4QAM)、四进制QAM(16QAM)、八进制QAM

（64QAM）……

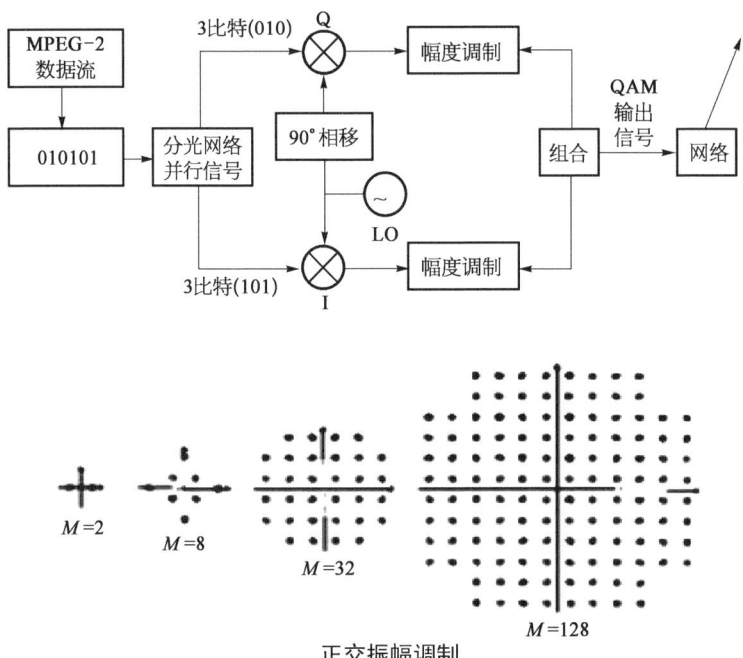

正交振幅调制

MDM：模分复用(MDM)，这些年研究的新技术，少模光纤中的模分复用技术是一种崭新的被人们期待为实现进一步提升光网络容量的重要潜在方案。目前该技术还处在研究阶段。

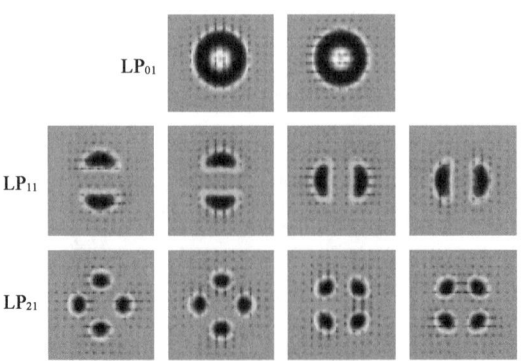

光的每个模式可作为一个独立信道

直接调制与电吸收调制

DML：Directly Modulated Laser，直接调制激光器。

EML：Electro-absorption Modulated Laser，电吸收调制激光器。

电吸收调制激光器（EML）为电吸收调制器（EAM）与DFB激光器的集成器件，比直接调制激光器的效果要好，功耗也大，不过比较贵。

笔者这么理解直接调制，DFB激光器是典型的DML。

左边发射端（美女）抬胳膊，是"1"，放下胳膊是"0"，右边美女看清楚了，那就是正常业务，看不清楚容易猜错就是误码。

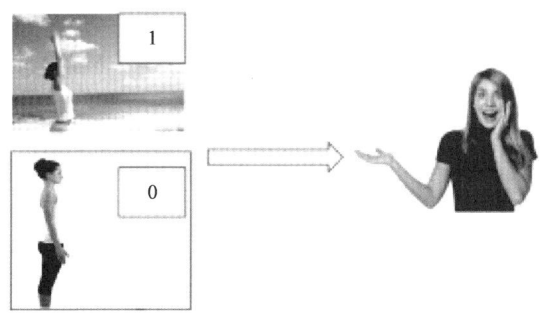

EML呢，就是左边美女DFB激光器一直抬着胳膊，中间加个EA，让光过去是"1"，不让光过去是"0"。

DML在"0"时省能量，就是胳膊上下抢得快的话，右边美女看眼晕了（色散代价大），左边美女的胳膊从上到下需要时间，胳膊酸，抬起放下的幅度有

限,这是消光比小。

EML = DFB+EA,胳膊得一直举上去,消耗能量。胳膊一直举着,右边美女只要小机器人的板子没挡住视线是"1",挡住就是"0"。所以EML传输远、啁啾小、色散代价小。

量子限制Stack效应(QCSE):当有外加电场垂直作用于量子阶上时,方形的能量结构发生倾斜。电子和空穴限制也发生改变,电子的能级和空穴的能级下降。这使得吸收峰开始向着长波长方向移动(俗称"红移"),因此,长波长一侧的带边光吸收发生巨大的增加。

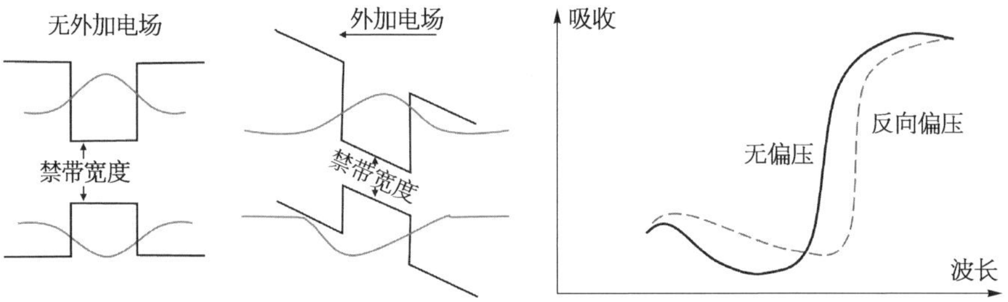

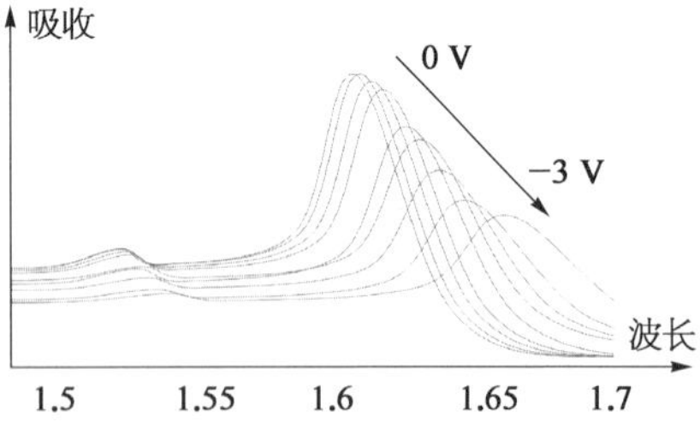

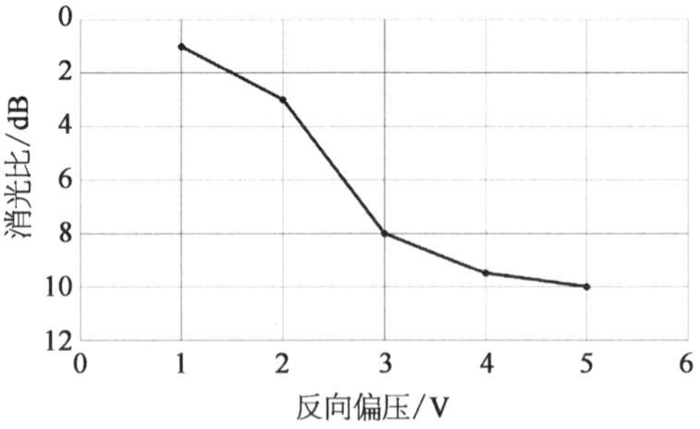

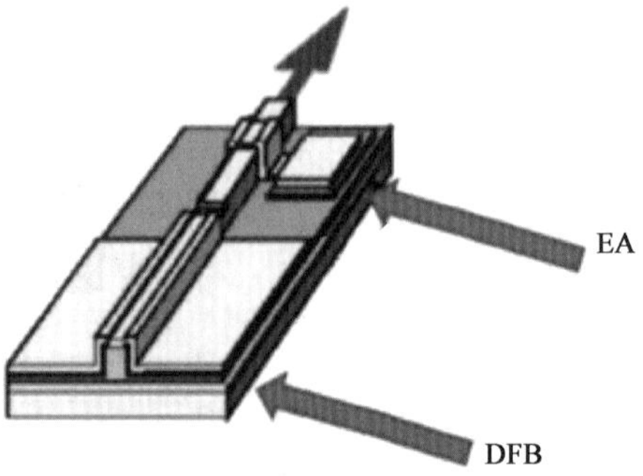

第八章 调制和传输格式

DP-QPSK

线路侧期望光模块用DP-QPSK。

什么是DP-QPSK？为什么传得多？

光有两个偏振态，一个垂直一个水平。

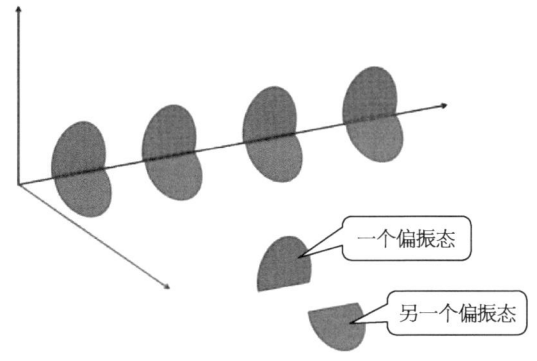

关键时候,科学家就想分开用,可是很难啊。

所以,得有个偏振分束,整整齐齐地把两个偏振态分开(这两个偏振态在光纤中传的速度不一样)。

233

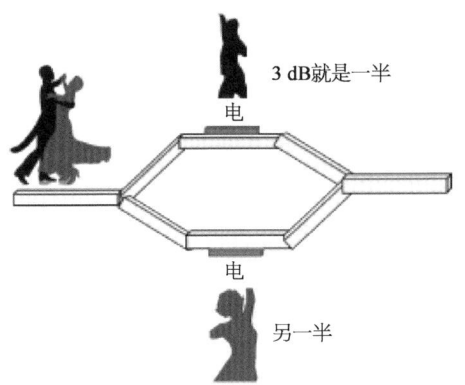

也是分开,然后控制下速度,然后合上。

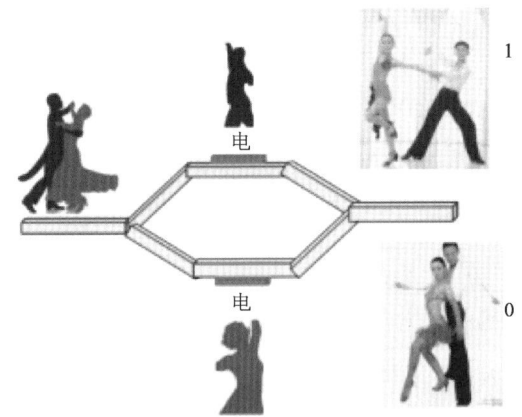

合上就是0,分开就是1。

在信号界,通过控制两个臂的折射率,这俩光走多快,就咱说了算,能0也能1。

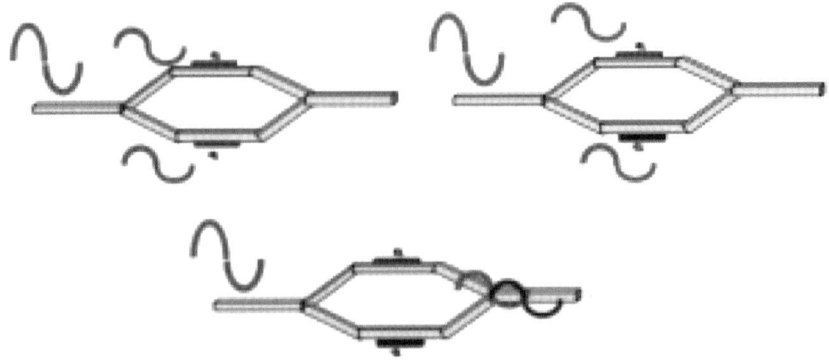

偏振不是说垂直么,看成俩墙,来4对儿,两对儿去竖着跑,两队儿横着跑,竖着的两队儿担心混在一起,那就一对儿先跑,另一对儿后跑。

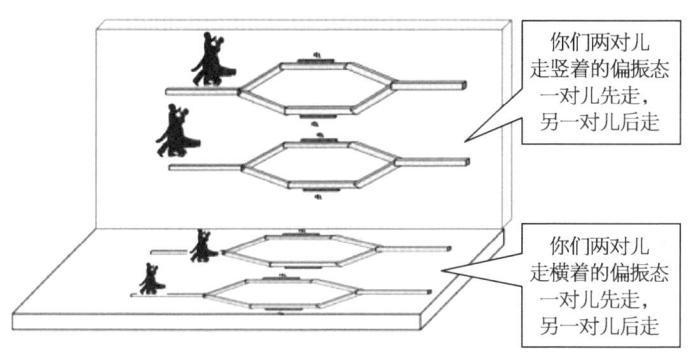

哇,看吧,同时可以控制4组,这4组里边,让谁1就1,让谁0就0。

这就是个DP-QPSK,一个波长的光信号,顶4个来用。再算算96个波长,一个波长顶4个,那得多霸气啊,一根光纤搞定。来看100 G光模块常见的功能框图:

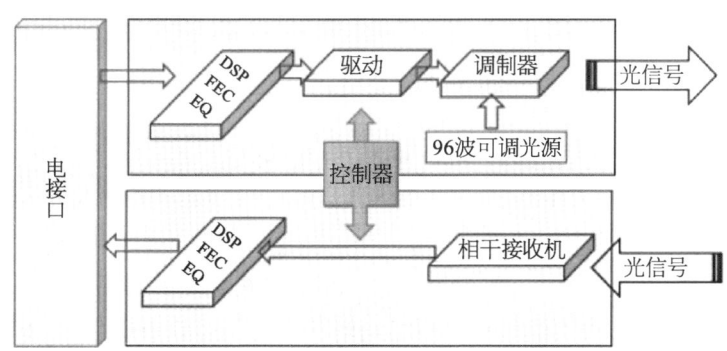

伪随机二进制序列（PRBS）码型发生器

非的逻辑门，输出状态和输入相反。

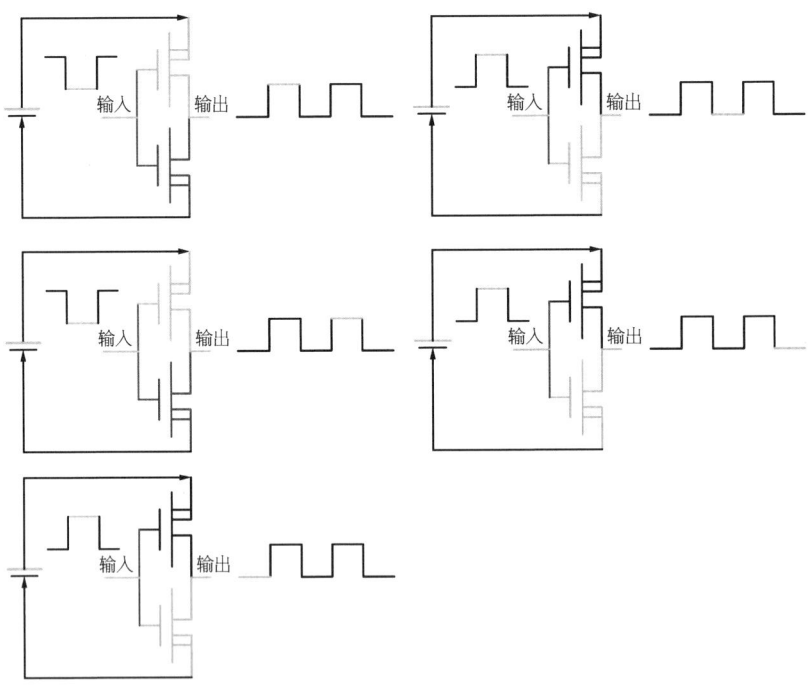

与非门，两个输入信号相与后反向输出。与的逻辑就是乘法，1乘1是1，乘0为0。

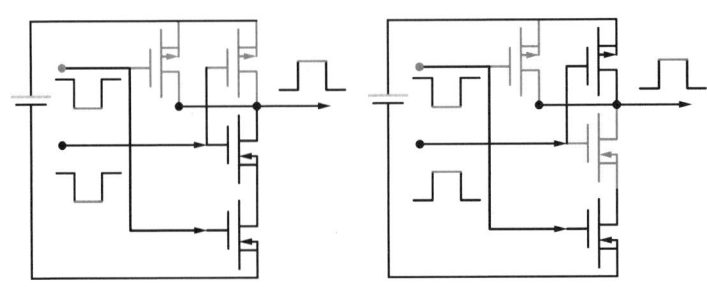

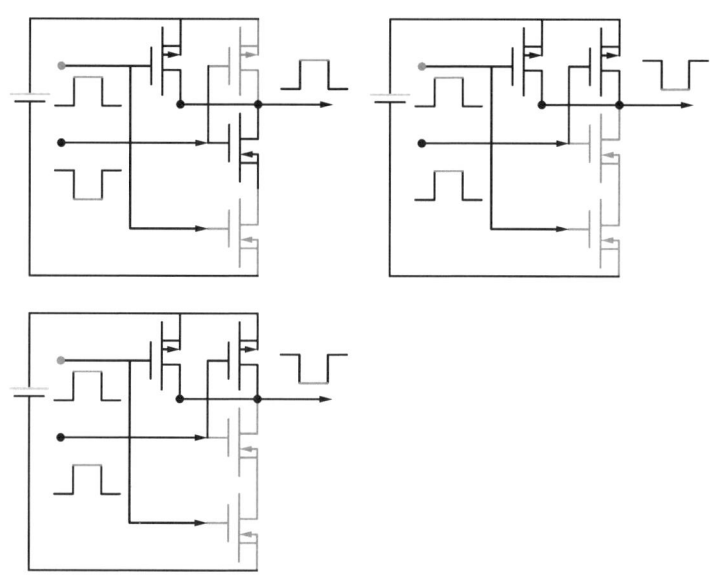

4个与非门可以组成一个D触发器，C就是时钟，D是输入，Q是输出。其实还有个"Q非"，就是Q的反相，PRBS没有用到这个状态，忽略。

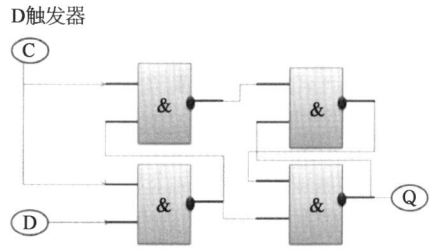

看图：

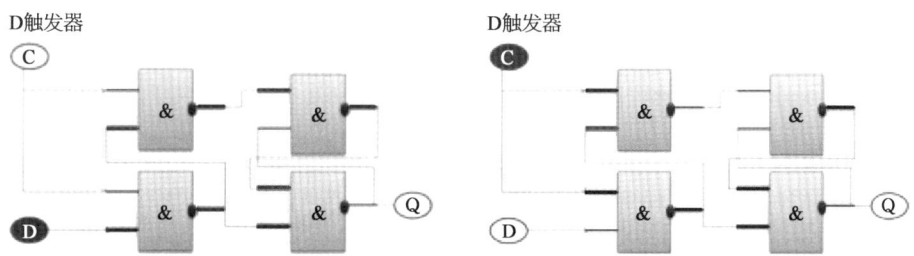

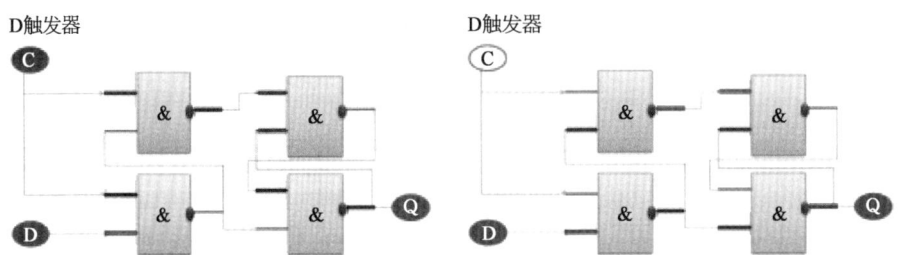

D触发器有个很有意思的状态,就是C时钟为高电平时,Q就等于D的输入态。

但C是低电平时,Q保留原来的状态不动,管你D是个啥。

这就有意思了,可以用时钟作为位移触发,来一个时钟,比特状态传递到下一位。

那PRBS的设计就简单啦,PRBS7用7个移位,用一个异或门来对前两个比特作处理。

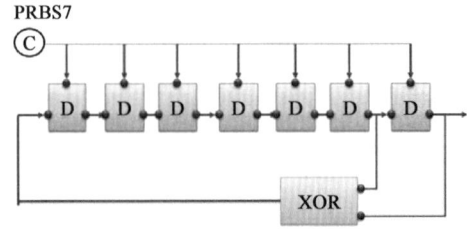

时钟动一下,前后状态变一下,你看多好,要发2 Gb/s就把时钟变一下;要发10 Gb/s也变一下,好控制。

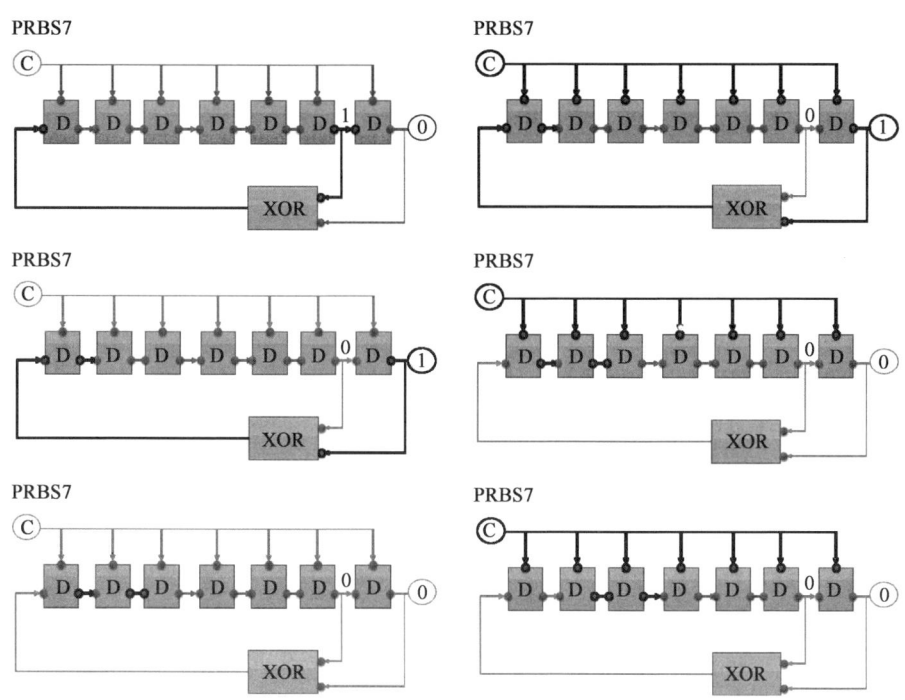

最后的输出,看起来是随机的,但实际上在某一个长度内循环。

D 触发器数量	序列长度/bit	最大连1数	最大连0数
7	127	7	6
11	2 047	11	10
15	32 767	15	14
23	8 388 607	23	22
31	2 147 483 647	31	30

比特长度是2的n次方减1,所以7个D触发器也叫(2^n)−1,或者PRBS7。它的总体思路是一样的。

对于D触发器越多的伪随机序列(PRBS),越接近于随机状态,但设计难度与存储难度也相应加大。

PRBS31的比特数是PRBS7的1 600万倍。

在标准中对光模块的选择测试条件,是基于编码方式的误码率(BER)曲线,与某PRBS编码格式最为接近。

对测试者和应用者来说,看标准就好,写标准的专家会考虑对应程度。

例如10 G EPON的64 bit/66 bit的插码方式,误码率曲线与PRBS31类似。

再引申一个话题,灵敏度与误码率的指数有什么关联,和前向纠错(FEC)的方式有关。

开启FEC后,选-3次方,还是-4次方,是另外一个议题,FEC也是有不同的设计模式。

PRBS之——触发器、非门、与非门

在上系统测试前,评价一个光模块做得好不好,最简单的办法,是随机给信号让光模块转换成光,经过光纤传输,再把光信号接收后判断传得准确不。

把模块放到系统上,传业务数据那肯定行,可费劲啊。做个模块辛辛苦苦才赚几个钱,测个模块,搬一套系统来,有钱也不能这么花啊。

那有简单评价光模块发光信号、收光信号,保证不出错或者少出错的小工具吗?

有,自己编一点信号,有1有0的,让模块假装发出去,再收回来,看看这些个0和1对不对。

信号编得越出乎模块的预料,才越检验模块的设计功底,那就随机来吧。

可咋判断呢,左边负责编信号的兄弟是码型发生器(PG),右边负责看对错的兄弟是错误检测器(ED),这俩兄弟联合起来就能判断出左边的妹子发信号与右边妹子看信号联合得好不好,左边的妹子就是模块的发射器(transmitter),右边的妹子是接收器(receiver),光收发模块的英语为transceiver,这个英语单词的诞生就是transmitter+receiver,各取一半。

各种发射都无所谓,咱们的兄弟只管判断对不对。

直接调制(前头介绍过的):

第八章 调制和传输格式

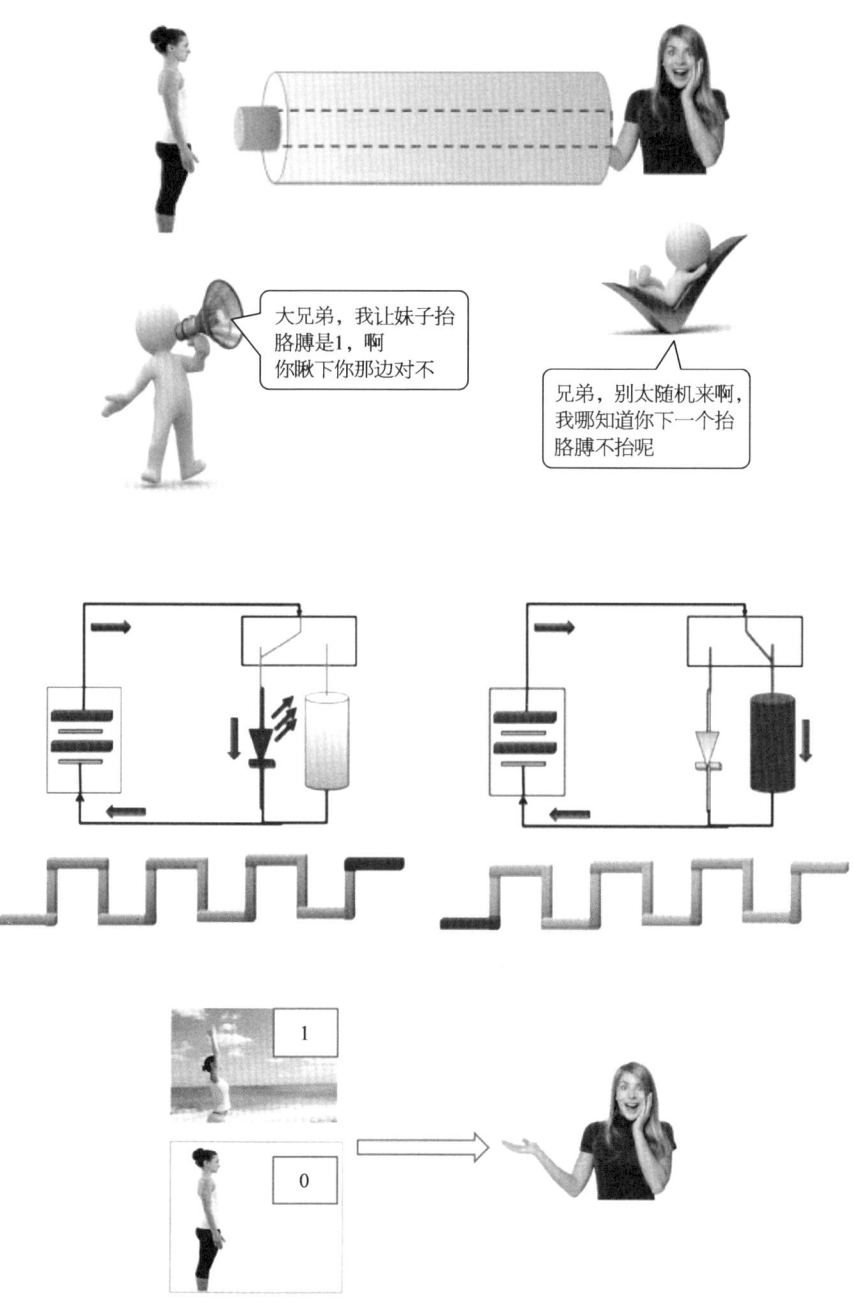

电吸收调制：

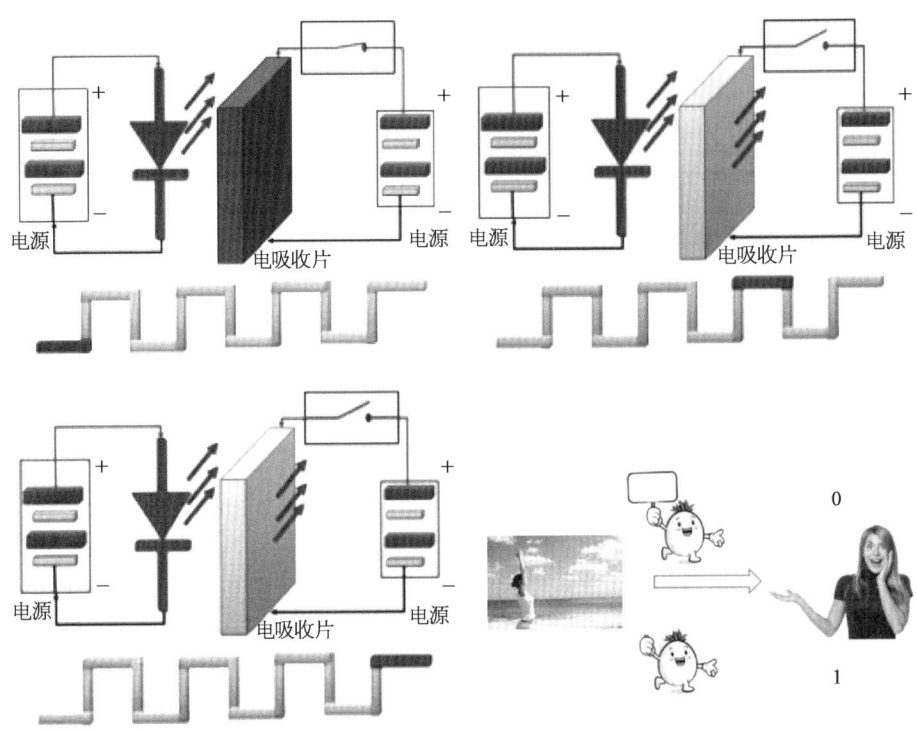

还有马赫-曾德尔调制:

编信号的兄弟希望越随机越好,负责判断的同学呢,希望越有规律越好,他俩一商量,定了个伪随机(他们能知道信号规则),不能让妹子知道。这哥俩呀!

只要有想法,科学家有的是办法实现。兄弟俩给这个伪随机序列定个名字叫伪随机二进制序列(PRBS)。

科学家用 N 个 D 触发器 + 一个异或门, 组成这个序列啦。7 个 D 触发器, 是 PRBS7, 31 个 D 触发器就是 PRBS31。

D 触发器由 3 个 RS 触发器组成, RS 触发器由两个与非门组成。那与非门是怎样组成的?

前面讨论过 NMOS, PMOS, CMOS 能做开关。

其实啊, 它们更大的作用可以做逻辑门。看 CMOS 非门, 你输入 1, 它就输出 0。

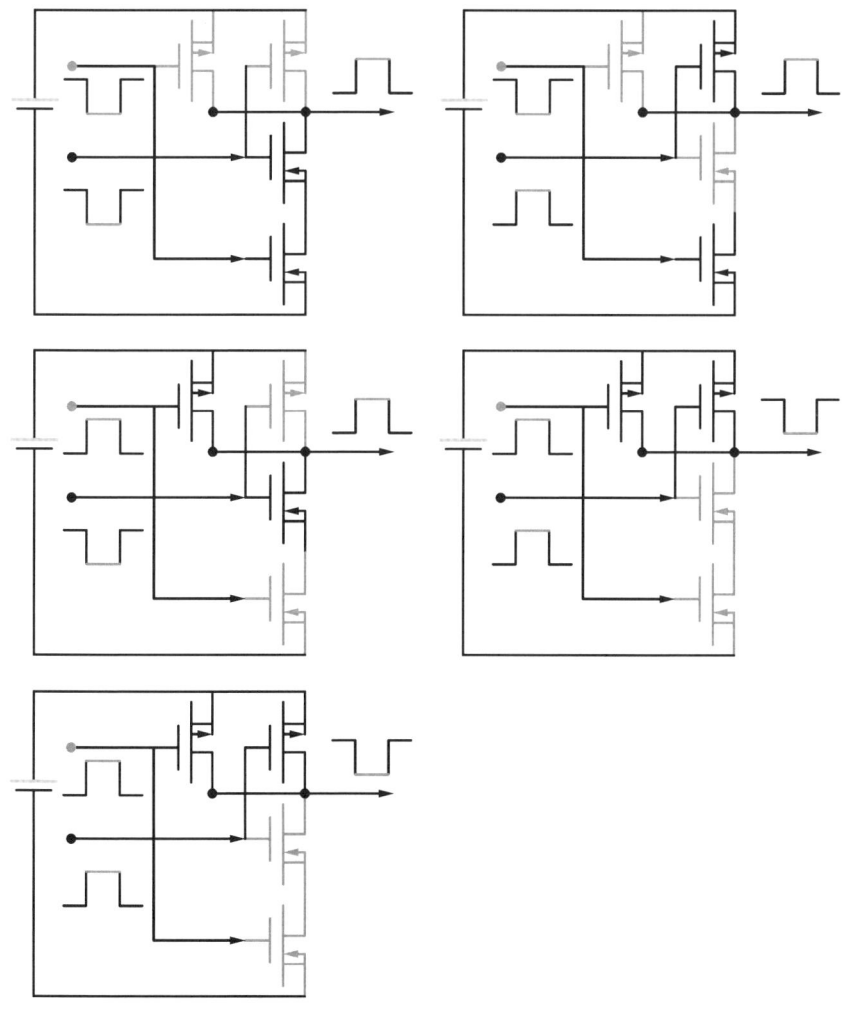

那就设计与非门呗, 还是前头聊的 CMOS。

243

什么是PAM-4

IEEE P802.3bs 工作组成员投票采用基于四电平脉冲幅度调制(PAM-4)调制技术的 4×100 Gb/s PMD 格式，500 m 传输。还通过了 8×50 Gb/s 10 km 的标准，也采用了 PAM-4 调制。

工作组对于调制采用 NRZ 还是 PAM-4 一直在激烈辩论。

那什么是 PAM-4 呢？

PAM-4 是一个单位时间内不止高低两个状态，而是 4 个电平。

非归零码(NRZ)是典型的开关键控(OOK)码型。开关好理解，一个开一个关，或者一个有光一个无光，总之代表"0"和"1"。

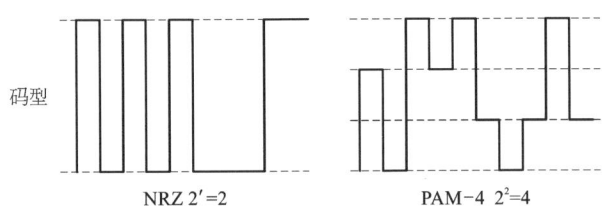

码型　　　NRZ $2^1=2$　　　PAM-4 $2^2=4$

NRZ 码包含 2 个电平，PAM-4 码包含 4 个电平。

PAM-4 码可以看作为 2 个 NRZ 码的叠加，NRZ 码一个时间单位包含 1 个比特，PAM-4 一个时间单位包含 2 个比特，传输效率提高一倍。

PAM-4 的 (0,1,2,3) 4 个电平可以对应成 NRZ 中的 bit1bit0(0,0),(0,1)(1,0)(1,1)，一个 PAM-4 相对 NRZ 两个时间位表达的信息量。

这么好用，为什么 IEEE 还争论，还投票呢？因为难，调制多幅度，那一个单位时间内叠加 3 个眼图：

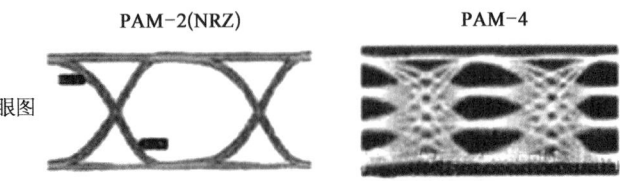

眼图　　　PAM-2(NRZ)　　　PAM-4

右边的图,是不是明显抖动增加? 消光比降低?这导致激光器调制变得困难,接收的探测器3个判决阈值变得更困难。

高线性度的电芯片或许还容易(只是相对光来讲),高线性度的激光器和探测器已经很难,还要考虑激光器惯有的温度导致的量子效率变化、探测器的高灵敏度(APD)与高线性度(PIN)的两难、信噪比的处理等。

一不小心变成这个眼图,难不难?

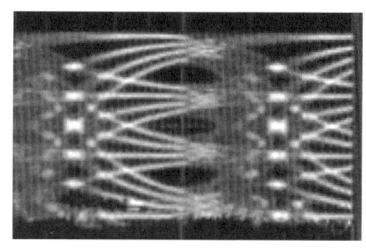

这是个还不成熟的产业链。

第九章
光器件封装

光器件封装工艺之——Lot、Wafer、Bar条、Die、Chip的区别

这是个挺有意思的话题,器件封装厂家介绍,"我们有Bar条解理和测试"时,内心常常充满了自豪,也经常会迎来参观访问者们一句"哦"。

本节介绍几个名词,比如激光器Lot,Wafer,Bar,Die,Chip都是指哪一种形态? 顺便聊一下为什么激光器有Bar条这个词。

半导体光芯片或者电芯片,最早都是一盘子做出来的,在一个Wafer(晶元或晶圆)里。

晶元、晶圆、Wafer
按其直径分为2,3,4,5,6,8,12,…,20 in以上等

无论是光模块里的激光器芯片、探测器芯片,还是驱动器电芯片,都是一盘一盘地做出来的。中间工艺有不同、设备不同、材料不同……

一盘子制作完成之后,整体用探针卡测试,把不良品标注(黑色的)。

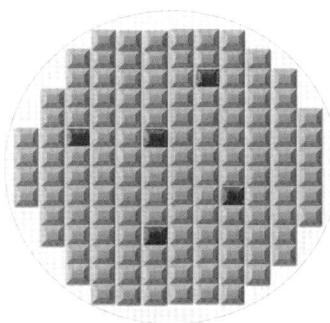

Wafer完成工艺之后,整片测试,再切成Die
可是光通信在Wafer与Die之间还有个Bar条

光通信行业有个特殊的中间品,叫Bar条,这是什么神奇的东西呢?

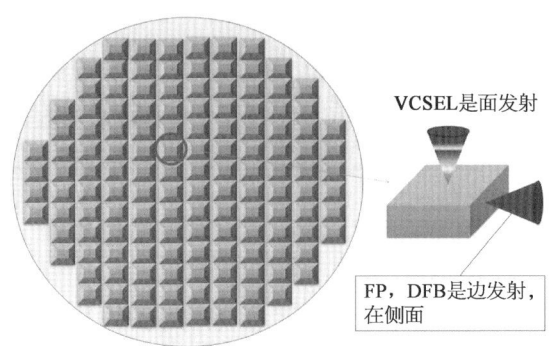

比如,探测器芯片,可以直接检测光有没有转成电,或者VCSEL是面发射,给一盘子各个激光器加电,一测就知上面有没有光、什么波长的光……

FP,DFB是侧面发光,一盘子码得很整齐,侧面有没有光肉眼也看不到,怎么办?

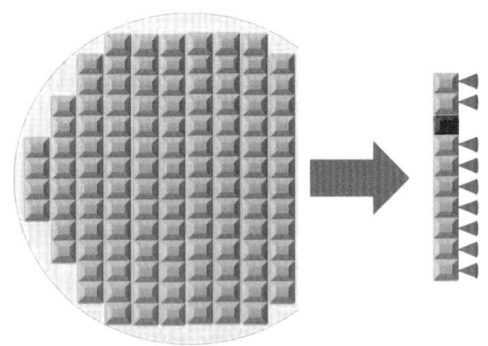

给它一条一条分开,侧面镀上膜做下端面处理,然后测试,好的坏的就可以区分了。这个过程叫解理。

解理这个词本是用在矿物质晶体上的。光学的基本材料也是晶体啊,像掰巧克力一样,顺着纹理稍稍用力,就解开成一条条的。

能直接掰成一块块的测试吗?

也不是不可以,羊毛出在羊身上,你让供应商一把把薅羊毛可以,一根一根薅羊毛也可以,只是用多少人、费多少时间的问题。

能一盘盘测试,就不愿多费人力设备一条条测,能一条一条地测就不愿意一颗一颗地测。谁家的钱也不是大风刮来的。

Bar条测好,再整成小芯片,这个小芯片,一颗颗的,有叫"晶粒",有叫"Chip",也有叫"芯片"或"光芯片",还有叫"管芯"……

为什么有个管字,其实笔者也没有找到确切出处,或者可能是激光器也好,探测器也好,本质是个PN结,也就是二极管的"管"。

做成一颗颗芯片就可以去封装成光器件了。

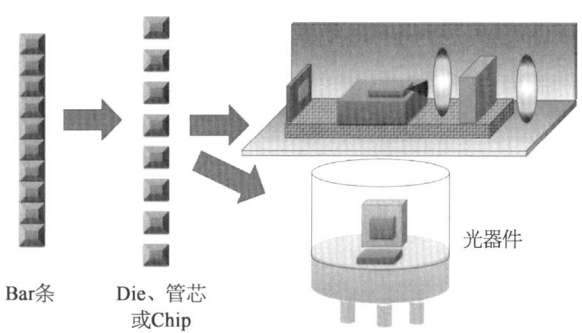

Bar条　　Die、管芯或Chip　　光器件

其实一炉子(MOCVD)不只出一盘Wafer,一般几盘放一起做,叫一个批次,材料的配比相同,工艺流程相同。

这同一批次叫一个Lot,有些属性是通的。

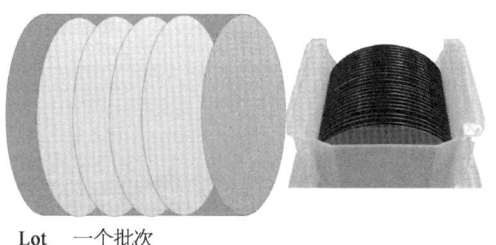

Lot　一个批次

作为一个自豪的"底层劳动人民","劳动人民"的自豪也是分层次的,自豪程度也是略有不同。

比如,越精细的越自豪:

有材料生长能力>晶圆能力>Bar条测试能力>TO封装能力>OSA组装能力>光模块设计能力

越上游越自豪(甲方掏腰包的角色)：

运营商>设备制造商>模块制造商>光器件制造商>芯片提供商>辅材配料商

资源越稀缺越自豪：

光芯片制造能力>电芯片制造能力>封装能力>芯片使用者

在笔者看来，一个产业良性共同发展才是大道之理，共同把一个蛋糕做精美，无论做蛋糕的师傅、卖蛋糕的店员、买蛋糕的美女都会开心、掏腰包的大哥略忧伤。

一个良性产业各自做各自专业的事，多赢，成就的是一个大环境、大氛围。

君不见相机产业链的翘楚"柯达"不是败给竞争对手，而是败给另一个产业，手机业的崛起，使得每一个手机都成为了相机。

在同一个产业内，竞争是避免不了的，如果站在对手的角度审视自己、发现问题解决问题也是提升自身的一种途径，有序的竞争与协作是个好事情。

光器件封装工艺之——金丝键合

有个金丝焊接，就是用金丝把两边连接建立一个电的连接。硬件"攻城狮"用烙铁焊锡丝连接PCB就是一个道理。

第九章 光器件封装

为什么光器件用金丝呢,用铜或铁也可以有金属电连接啊,你看焊锡丝有500 μm的,也有380 μm的。但光器件里边的东西小啊,一个激光器芯片才100 μm,还要放PN至少俩焊盘,焊盘就更小了。金丝比焊锡丝小多了,比头发丝还细。

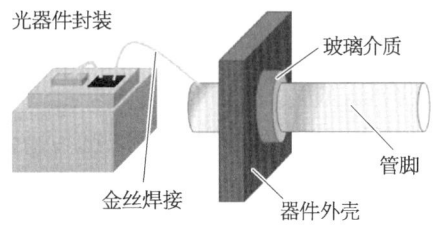

光器件封装

这么细,有什么要求,首先这些金属丝拉成细丝不能断,还得软、结实,不能一动就咔嚓断了。

想当年皇宫后苑能做细做软的是金子啊,可以做金箔,可薄了,可以做金缕衣那是细金丝。

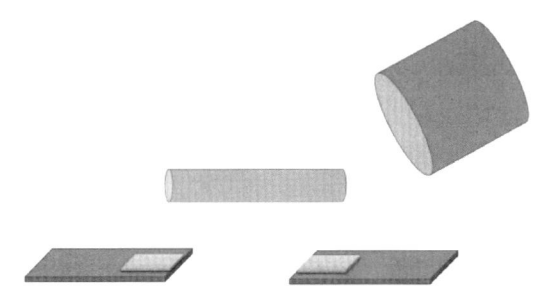

光器件也很想省点钱,可便宜的金属不争气,只有金丝软韧延展性好。狠狠心跺跺脚,用点99.999%的纯纯的金子来做吧。

怎么做呢?当然希望是用得越少越好,80 μm的头发,咱的金丝可以做成几分之一18 μm啊,25 μm啊。

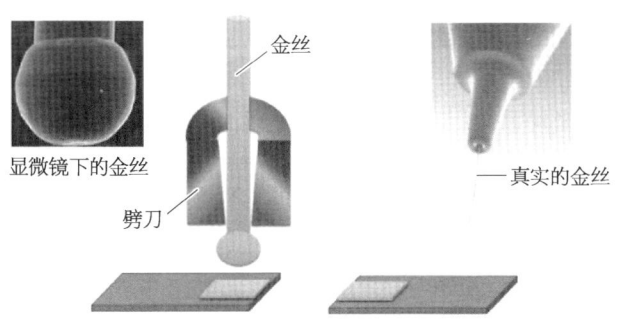

251

用来送金丝的带孔的叫劈刀,其中一种方式是把金属前端烧成个球,这很简单,加热熔化,往焊盘的方向下压。

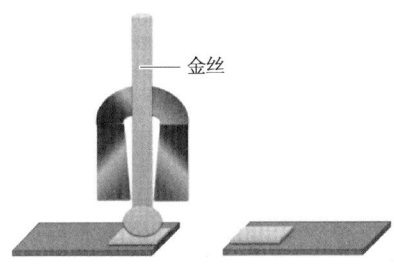

啪嚓一下,压扁。

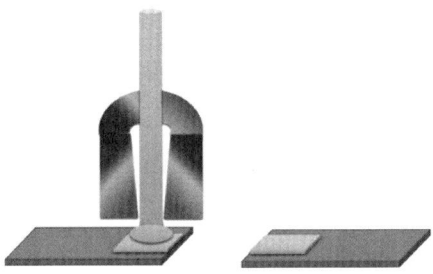

加热,焊盘和金丝就连上了。这和硬件"攻城狮"焊PCB板差不多。

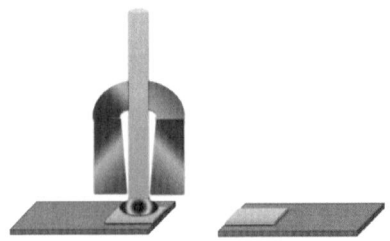

劈刀离开,金丝留着,放风筝出线一样,后面有个金丝线盘子。

拉弯。

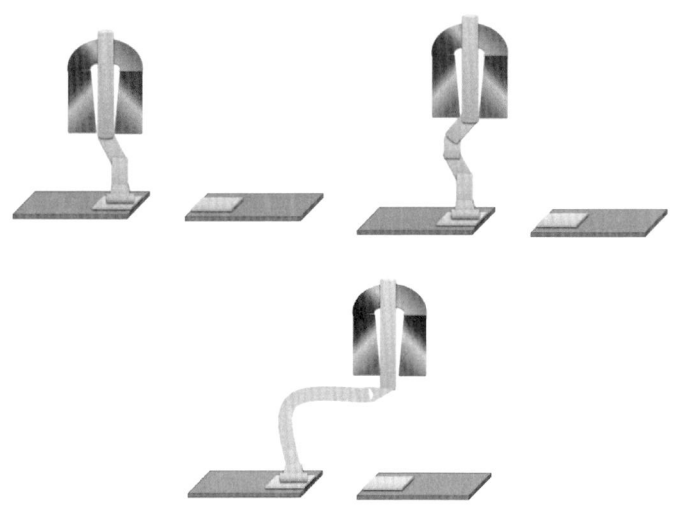

最后,拉到另一个焊盘,把金丝压断,然后加热。

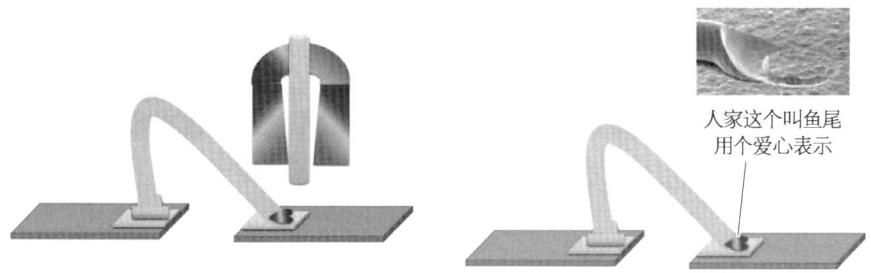

人家这个叫鱼尾
用个爱心表示

其实行业里,还有另外一种形式,叫楔焊,上面那个有个金球就叫球焊。换个长方形劈刀,像木匠一下一下敲楔子一样连上,叫楔焊。

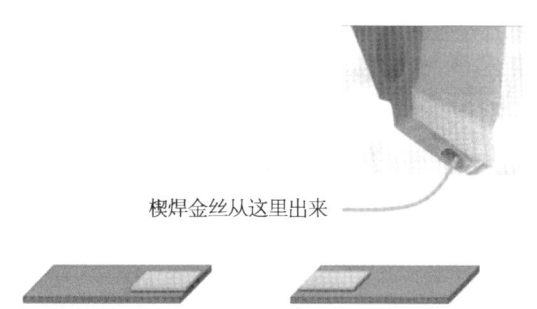

楔焊金丝从这里出来

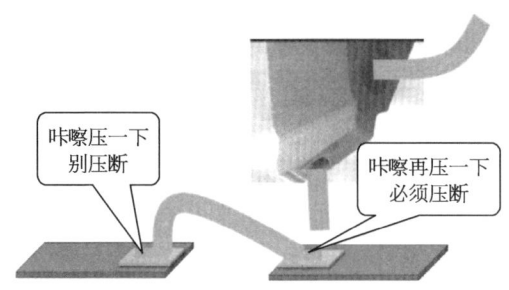

球焊压下去,占的面积太大,有个疙瘩,对于高频啊射频(RF)啊这些特殊应用,是有电上的信号损伤。就用楔焊,这个占的面积小。

球焊与楔焊的工艺,在通信行业里95∶5的比例。因为球焊有加热,焊盘大,结实。

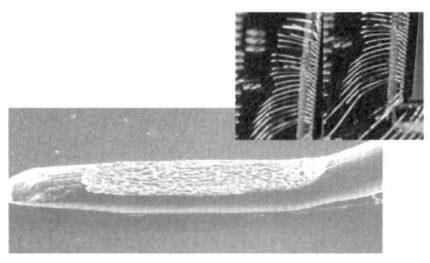

光器件气密封装之——玻璃封装、COB树脂密封

第九章 光器件封装

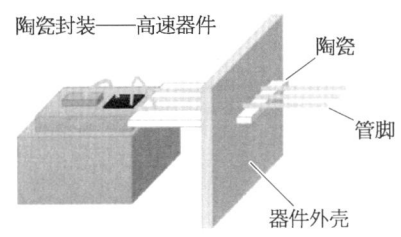

低速光器件常用的气密封装是玻璃封装。
TO can 中的黑乎乎的就是玻璃介质。

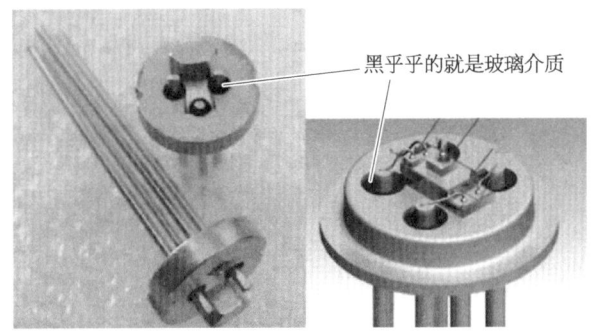

玻璃封装有两个比较大的难点,一个是润湿的问题,玻璃与金属是否有好的气密性,加工时玻璃液体状态下与金属的润湿(也就是两者的结合力的问题)是要解决和选择材料的关键。

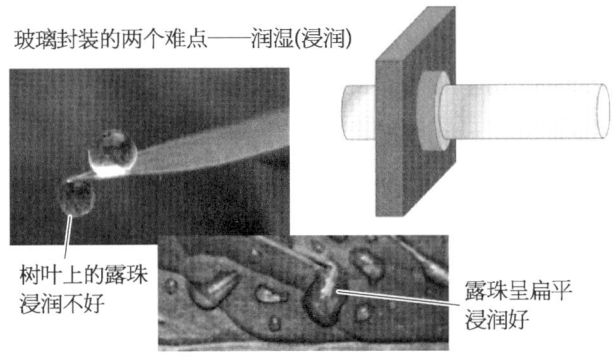

再一个是热的膨胀系数,外壳是金属,中间是玻璃,金属引线也是金属,这三者之间的膨胀系数变化比率原则上要小于10%,而且,外壳膨胀系数大于玻璃,玻璃的膨胀系数大于金属引线,才是比较合适的选择。

255

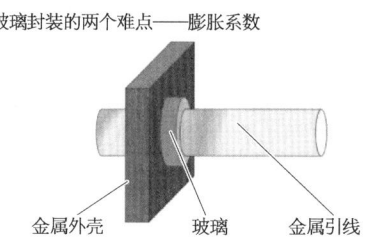

玻璃封装的两个难点——膨胀系数

金属外壳　玻璃　金属引线

玻璃封装优缺点

劣势：
1. 机械强度较差，易产生漏气或慢漏气
2. 常用金属材料电阻系数偏大，因而导致引线压降偏大，影响输出功率
3. 常用金属材料热传导系数偏小，导热性差
4. 钼组玻璃的应变点温度偏低，导致后续工序中的加工温度受到限制

优点：便宜

说玻璃这么多劣势，为啥还要用呢。在笔者看来，光通信行业已经到了省半分钱都值得欢呼雀跃的程度，成本才是核心竞争力。

还有一个板上芯片的封装，也就是COB。COB基本上就是糊一堆树脂材料，把需要气密的部分盖严实。

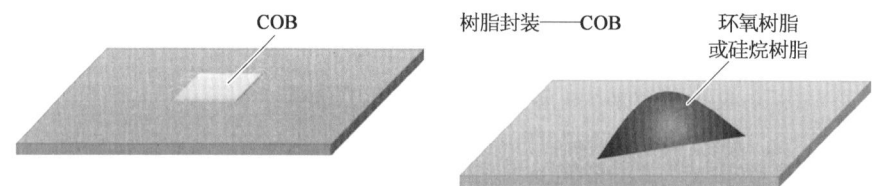

COB　　树脂封装——COB　　环氧树脂或硅烷树脂

10 G, 25 G, 100 G光器件用的封装——金属陶瓷

金属陶瓷，国内就有十多亿规模的霸气材料。

蝶型封装：

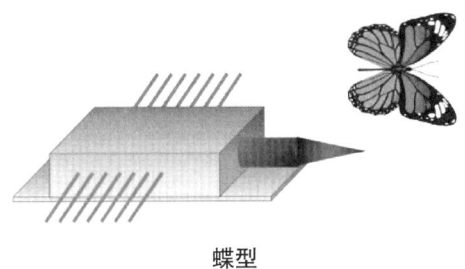

蝶型

金属管脚放哪里，主要看"攻城狮"的气质。

变个形状也是可以的

开盖之后的光电元件：

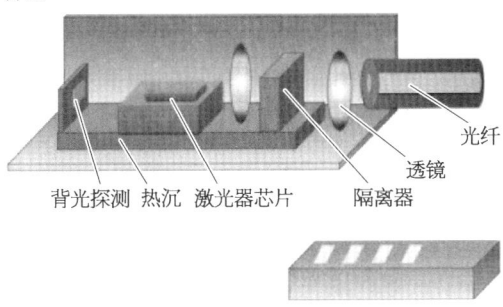

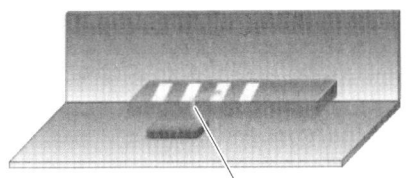

引线是金丝，请忽略手绘
图的不标准，主要看气质

外面是金属引脚，里边黑乎乎的就是金属陶瓷。

257

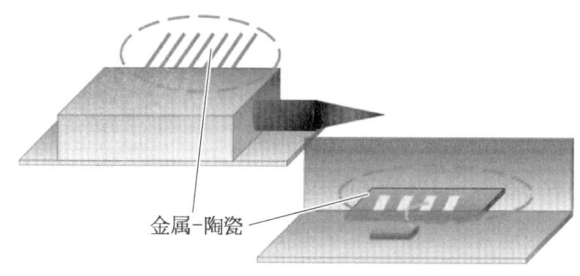

金属-陶瓷

金属陶瓷这么神奇,是个啥?普通电路板的FR4基材给它换成高级品。

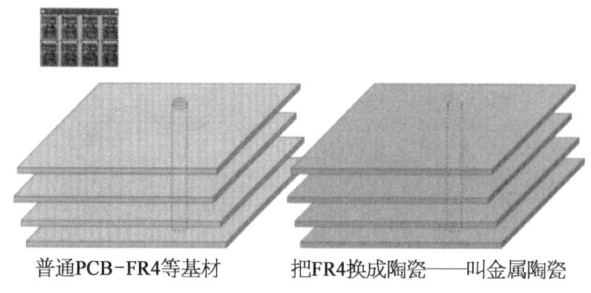

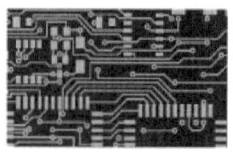
普通PCB-FR4等基材

把FR4换成陶瓷——叫金属陶瓷

普通PCB可以布线;金属陶瓷也可以。不耽误电路
普通PCB可以多层走线;金属陶瓷也可以。不耽误空间
普通PCB层和层之间过孔互联;金属陶瓷也可以。不耽误互联

金属陶瓷不耽误PCB的事儿,普通PCB搞不定的金属陶瓷可以做。

金属陶瓷密度小、硬度高、耐磨、导热性好。

陶瓷——硬得很,金属——有韧性。

普通瓷碗硬容易碎,铁饭碗有韧性能坚持有点软。

金属陶瓷——有陶瓷的硬、也有金属的韧,优点结合雄霸天下。

实物长这样:

第九章 光器件封装

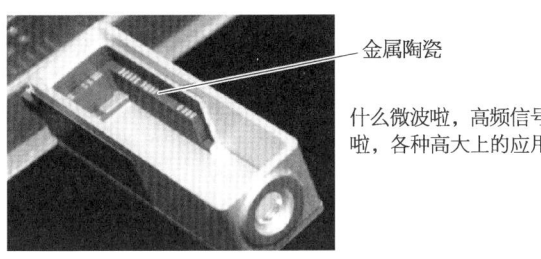

或者这么说,主要视"攻城狮"心情和气质决定。

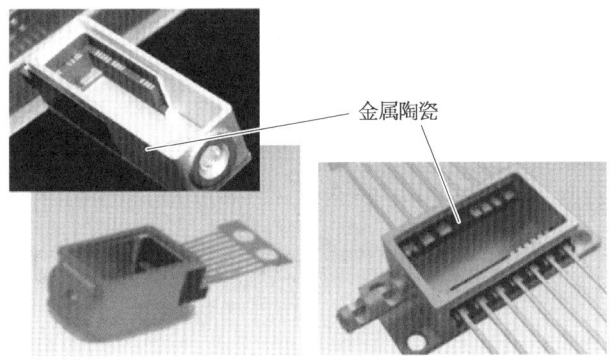

怎么做出来的?下图的这家粉料都是氧化铝,什么是氧化铝,就是整成晶体就叫蓝宝石、红宝石。

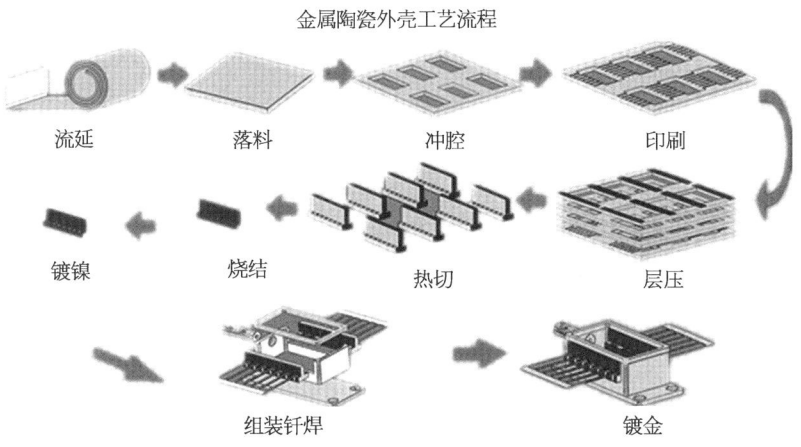

盘点产业链,看看金属陶瓷在中国的产业分布:全国约30家单位,研究所占39%,企业占61%,从业人数3 000～5 000人。

单 位 名 称	业 务 范 围
河北中瓷电子科技有限公司	微波功率器件、集成电路、多芯片组件、光电器件、LED、MEMS等封装用陶瓷外壳的研制与生产
中国电子科技集团公司第55研究所	微波功率器件、集成电路封装用陶瓷外壳的研制与生产
江苏省宜兴电子器件总厂	陶瓷外壳的生产
福建闽航电子公司	陶瓷外壳的生产
宜兴钟山电子封装公司	陶瓷外壳的生产
南平三金电子有限公司	陶瓷外壳的生产
上海京瓷电子有限公司	声表面波器件、晶体振荡器、滤波器等表面安装型陶瓷外壳的生产
苏州住金电子有限公司	声表面波器件、晶体振荡器、滤波器等表面安装型陶瓷外壳的生产
中国电子科技集团公司第43研究所	各类金属外壳的研制与生产
中国电子科技集团公司第44研究所	光电器件外壳的研制与生产
武汉钧菱微电子封装外壳有限责任公司	各类金属外壳的生产
青岛凯瑞电子有限公司	各类金属外壳的生产
海阳市佰吉电子有限责任公司	各类金属外壳的生产
诸城市电子封装有限责任公司	各类金属外壳的生产
宜兴吉泰电子有限公司	各类金属外壳的生产
浙江长兴电子厂	声表面波器件、晶体振荡器、光电器件用陶瓷外壳生产,金属外壳生产
重庆引虹电子器材有限公司	各类金属外壳的生产
无锡中微高科电子有限公司	集成电路陶瓷封装、声表面波器件陶瓷封装、模块组装、功率器件陶瓷封装和MEMS封装
中国航天时代电子第772研究所	集成电路陶瓷封装、模块组装

(续表)

单 位 名 称	业 务 范 围
中国电子科技集团第24研究所	集成电路陶瓷封装、模块组装
中国航天时代电子第771研究所	集成电路陶瓷封装、模块组装
中国兵器工业第214研究所	集成电路陶瓷封装、金属封装
中国电子科技集团第47研究所	集成电路陶瓷封装
中国电子科技集团第26研究所	声表面波器件封装

中国产能分布：十几条金属陶瓷生产线；年产1 000多万只陶瓷外壳；主要封装形式包括CDIP、CerDIP、CFP、CSOP、CQFP、CQFJ、CerQFP、CLCC、CPGA、SPGA、CBGA、CCGA、MCM、光电子等；国内低端产品为主。

中国金属陶瓷经济规模：目前国内总规模10～13亿元；因其特殊性，发展平稳，年增长率20%左右。

金属陶瓷除了光电子封装外，还可以细分为这些类型：

（1）氧化物基金属陶瓷。以氧化铝、氧化锆、氧化镁、氧化铍等为基体，与金属钨、铬或钴复合而成，具有耐高温、抗化学腐蚀、导热性好、机械强度高等特点，可用作导弹喷管衬套、熔炼金属的坩埚和金属切削刀具。

（2）碳化物基金属陶瓷。以碳化钛、碳化硅、碳化钨等为基体，与金属钴、镍、铬、钨、钼等金属复合而成，具有高硬度、高耐磨性、耐高温等特点，用于制造切削刀具、高温轴承、密封环、捡丝模套及透平叶片。

（3）氮化物基金属陶瓷。以氮化钛、氮化硼、氮化硅和氮化钽为基体，具有超硬性、抗热振性和良好的高温蠕变性，应用较少。

（4）硼化物基金属陶瓷。以硼化钛、硼化钽、硼化钒、硼化铬、硼化锆、硼化钨、硼化钼、硼化铌、硼化铪等为基体，与部分金属材料复合而成。

（5）硅化物基金属陶瓷。以硅化锰、硅化铁、硅化钴、硅化镍、硅化钛、硅化锆、硅化铌、硅化钒、硅化铌、硅化钽、硅化钼、硅化钨、硅化钡等为基体，与部分或微量金属材料复合而成。其中硅化钼金属陶瓷在工业中得到广泛的应用。

TO 与蝶型封装，TO38，TO46，TO56

"TO 封装可以用于 WDM 系统吗？"

"可以啊！"

"那为什么这份规格书，客户说 TO 不能用呢，要用蝶型？"

"TO 封装是个筐，能不能用，取决于内部的芯片啊！"

先说，什么是 TO？

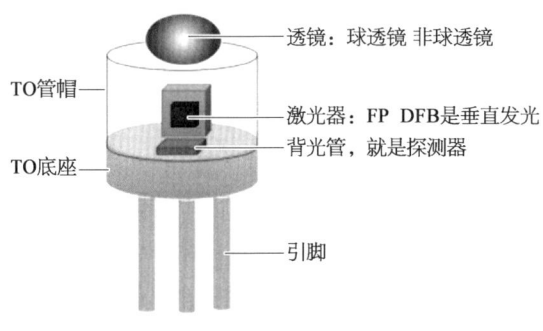

TO 晶体管外形

TO（Transistor Outline），晶体管外形，早期晶体管封装成这个样子，后来被借用到光通信中，叫 TO 封装，但也叫作同轴封装，为什么？

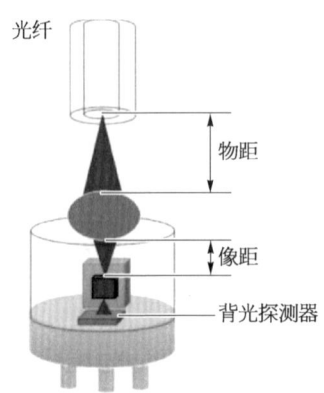

同轴的意思,从激光器、透镜、到光纤,每个光路的中心轴线是同样的。所以TO封装的光组件,也叫作同轴封装。

T是晶体管的意思,不是同轴的意思。

那为什么还叫TO can呢?

can就是个罐子啊,装激光器芯片、探测器芯片的一个罐子。

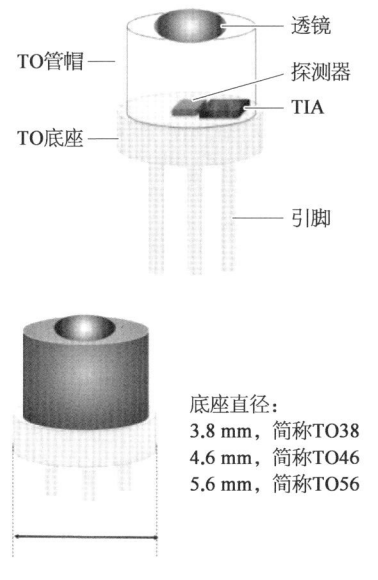

底座直径:
3.8 mm,简称TO38
4.6 mm,简称TO46
5.6 mm,简称TO56

TO38, TO46, TO56就是这个罐子底座(TO底座)的直径,光通信行业用这三个尺寸的多一些。其他的尺寸也是有的。叫着叫着就成了一种行业专

263

用词。

"有同轴封装,那就是还有其他封装啰?"

是的,多得很,在光器件中规模商用的主要是另一种形式——蝶型,像蝴蝶一样的形状。

蝶型也有慢慢变小的趋势,两边的管脚也变没有啦,成了mini型,带个柔性板。

热电制冷器、帕尔贴效应、热电效应

激光器是温度敏感型器件。

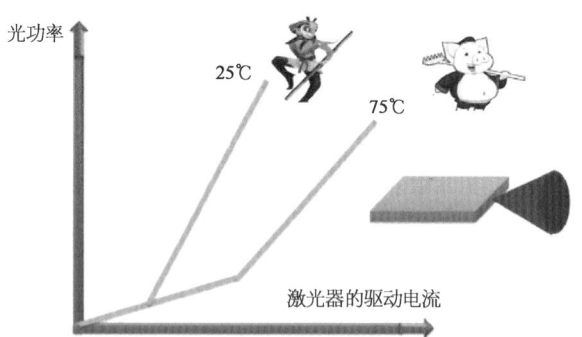

激光器是个娇嫩的器件,对温度非常敏感
温度对波长、斜效率这些个参数影响很大

有些场合需要营造激光器的恒温环境。

咱们可以给激光器营造一个恒温环境
就像恒温花园,无论室外酷暑还是寒冬,室内温暖如春

第九章　光器件封装

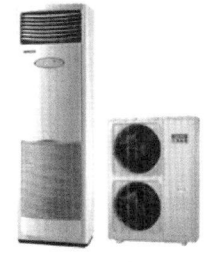

恒温花园,用空调。空调分室内机和室外机,遵循能量守恒定律

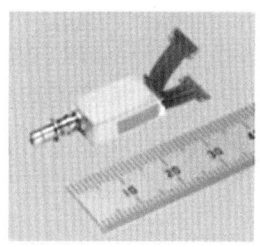

激光器那么小,要恒温,塞个空调压缩机,估计是不行的

啥叫估计不行,肯定不行。走,找科学家想办法

1821年,塞贝克(T. J. Seebeck)发现,在两种不同金属组成的闭合线路中,如果两接触点的温度不同,其周围使指南针磁铁偏转。塞贝克最初认为这是由于温差所引起的磁性所致。进一步实验后,他很快发现这是由于温差所引起的电流导致的磁铁偏转。具体地说,温差产生一个电势(电压),它在封闭的回路中产生电流,这种效应称为塞贝克效应,即热电第一效应。

1834年,法国人帕尔贴(J. C. A. Peltier)发

塞贝克(1770—1831)

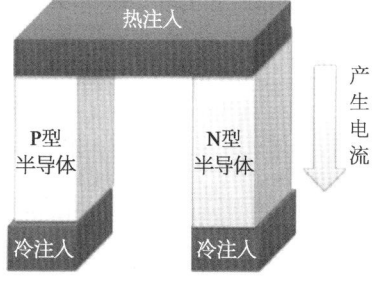

温差→电流(电压)

帕尔贴（1785—1845）

现，当直流电流通过两种不同导电材料组成的闭合线路时，就会使一个接点变冷，另一个变热。两种不同的金属构成闭合回路，当回路中存在直流电流时，两个接头之间将产生温差，这就是帕尔贴效应，即热电第二效应，是塞贝克效应的逆过程。

半导体制冷器（Thermoelectric Cooler）是利用半导体材料的帕尔贴效应制成的。所谓帕尔贴效应，是指当直流电流通过两种半导体材料组成的电偶时，其一端吸热，一端放热的现象。重掺杂

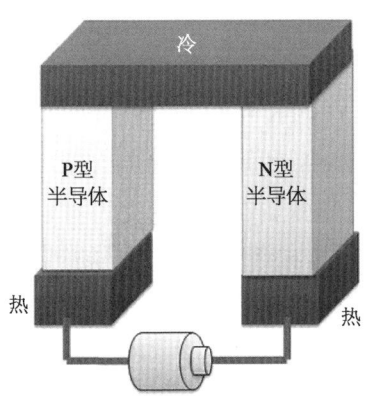

电压→温差

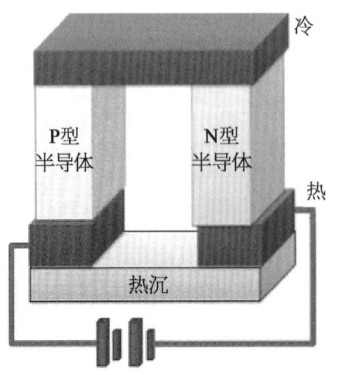
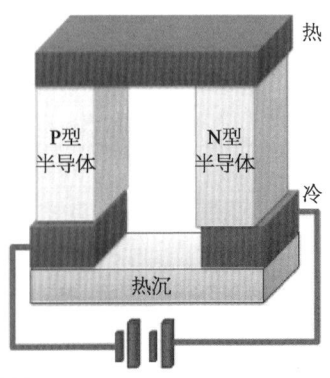

TEC半导体制冷器
主要利用帕尔贴效应

热沉，相当于空调室外机，与光器件外壳相连

的N型和P型的碲化铋主要用作TEC的半导体材料,碲化铋元件采用电串联,并且是并行发热。TEC包括一些P型和N型对(组),它们通过电极连在一起,并且夹在两个陶瓷电极之间;当有电流从TEC流过时,电流产生的热量会从TEC的一侧传到另一侧,在TEC上产生"热"侧和"冷"侧,这就是TEC的加热与制冷原理。

TEC特点

- 不用制冷剂,无污染
- 无机械传动部分,无噪声
- 电流方向和大小调节制冷、制热,灵活
- 体积小
- 功耗低

激光器TO的透镜,球/大球/非球透镜

今天聊聊非球帽吧。
去年因此制约光器件厂家产业分布的一个小小的材料

非球帽用在什么地方?
选择非球帽的原因?
非球帽的原理是什么?

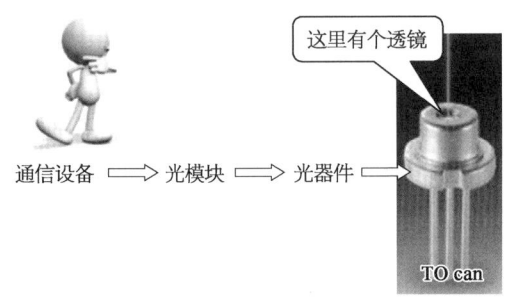

通信设备 ⟹ 光模块 ⟹ 光器件

为什么要加透镜

激光器　　　　　　　　光纤

激光器发出的光，是发散的
要想耦合到光纤中，需要增加一个透镜

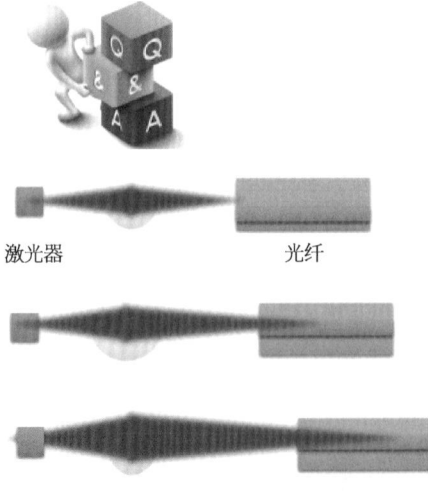

有几种透镜

激光器　　　　　　　　光纤

小球透镜，耦合效率约10%
10 mW激光器芯片，到光纤1 mW
功率0 dBm

大球透镜，耦合效率约15%
10 mW芯片，到光纤1.5 mW
功率1.76 dBm

非球透镜耦合效率约35%
10 mW芯片到光纤3.5 mW
功率5.44 dBm

第九章 光器件封装

光功率在通信链路中的重要性不言而喻
使用同一型号激光器芯片的光模块功率是0还是5.4 dBm
差异在于透镜的选择
备注：
非球透镜的7.3 mm焦距最大理论耦合效率56%
10 mW激光器芯片可以入光纤7.4 dBm

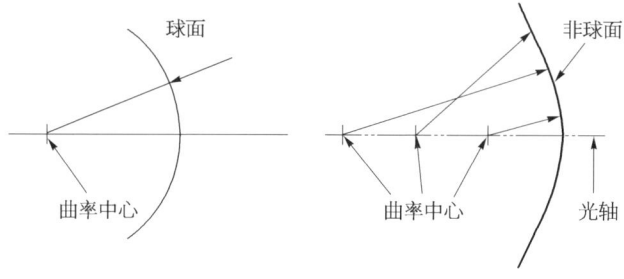

球面是一个曲率
非球面是多个曲率

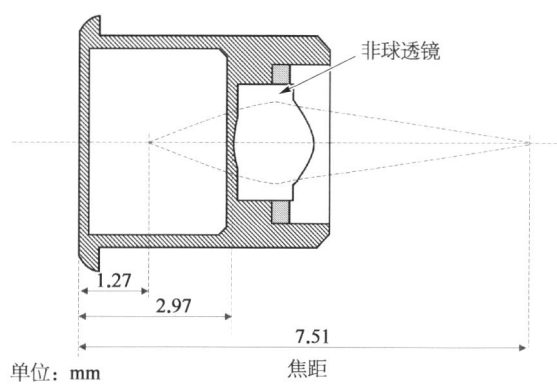

单位：mm 焦距

非球透镜使用什么材料
BK7，SF6，SF8等材料

非球面透镜成型工艺主要有下面几种：

 精密玻璃模压成型

精密玻璃模压成型，是将玻璃材料加热至高温而变得具有可塑性，通过非球面模具来成型，然后逐步冷却至室温。目前，精密玻璃模压成型不适用于直径大于10 mm的非球面透镜。但是，新的工具、光学玻璃和计量过程都在推动该项技术的发展。精密玻璃模压成型，虽然在设计初期成本较高（高精密的模具开发），但是模具成型后，生产的高品质产品可以平摊掉前期的开发成本，特别适合于需要大批量生产的场合。

 精密抛光成型

研磨和抛光一般适用于一次生产单片非球面透镜的场合，随着技术的提高，其精度越来越高。精准抛光由计算机进行控制，自动调整以实现参数优化。如果需要更高品质的抛光，磁流变抛光将被采用。磁流变抛光相对于标准抛光而言，具有更高的性能和更短的时间。精密抛光成型，需要专业的设备，目前是样品制作和小批量试样的首要选择。

 混合成型

混合成型，以球面透镜为基底，通过非球面模具在球面透镜表面压铸并采用紫外光固化上一层高分子聚合物的非球面体。混合成型，一般采用消色差球面透镜为基底，表面压铸一层非球面，用以实现同时消除色差和球差。混合成型非球面透镜适用于需要附加特性（同时消除色差和球差）、大批量制造的场合。

 注塑成型

除了玻璃材质的非球面透镜，还存在塑料材质的非球面透镜。注塑成型，是将熔融的塑料注入非球面模具中。相对于玻璃，塑料的热稳定性和抗压性较差,需要经过特别处理,以得到类似的非球面透镜。然而,塑料非球面透镜最大的特点是成本低、重量轻、易成型,广泛应用于光学品质适中、热稳定性不敏感、抗压力不大的场合。

光器件的激光调整焊

什么是调整焊?在光器件焊接发射端TO can时,如果光功率下降,调整一下,在施加一定外力情况下再焊接一次。这是对专业人士的回答。

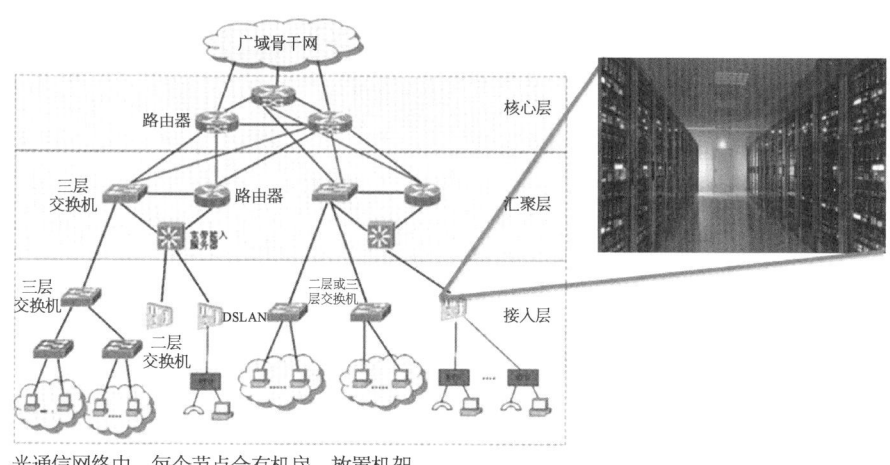

光通信网络中,每个节点会有机房,放置机架

机架有很多网络通信设备

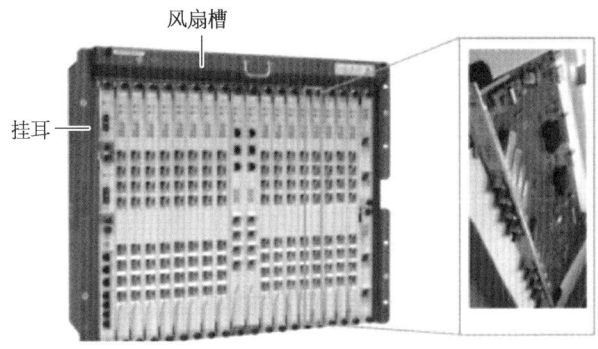

通信设备上有很多线卡

线卡上有很多光模块

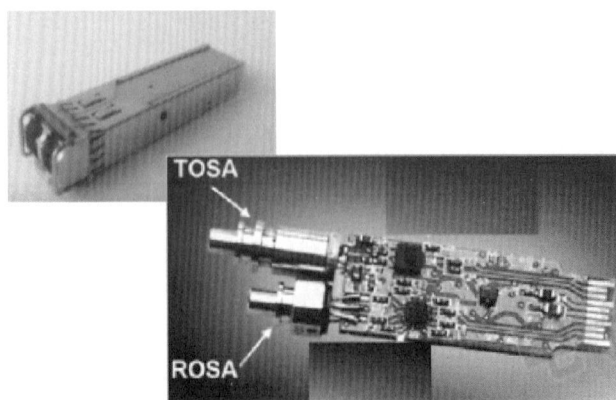

光模块拆开后，有TOSA，或者BOSA，TriOSA等光器件

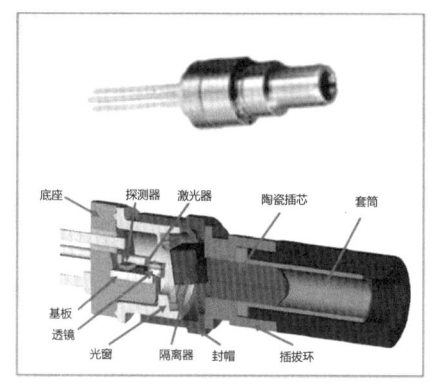

TOSA光发射组件,有TO can和金属件

要把TOSA中TO与金属件中的陶瓷插芯对准,就是光纤纤芯与TO对准后,用激光焊接机焊上。单模纤芯的直径为9 μm(头发的直径约80 μm)。

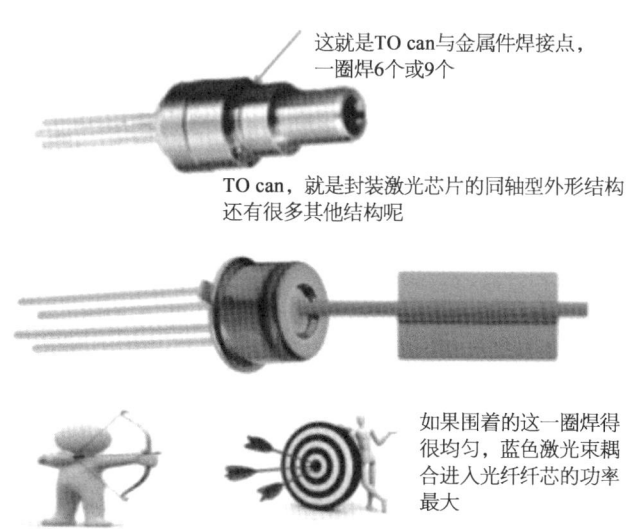

这就是TO can与金属件焊接点,一圈焊6个或9个

TO can,就是封装激光芯片的同轴型外形结构还有很多其他结构呢

如果围着的这一圈焊得很均匀,蓝色激光束耦合进入光纤纤芯的功率最大

要对准直径是头发丝十分之一的纤芯,对仪表的精度和操作人员的要求都很高。这样的产线一个月几百万只光器件是起步。

施加一点外力,压住一边让激光束更多地通过纤芯,不费机器不费人力,挽救了一颗器件。

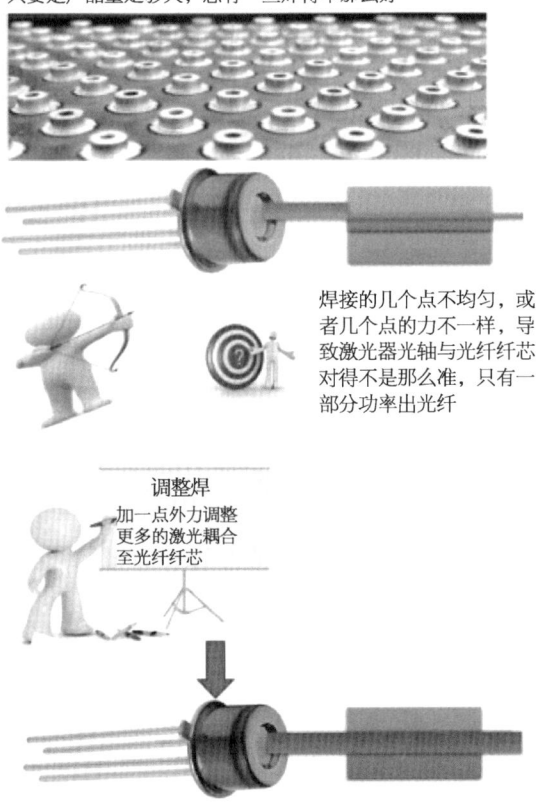

传统同轴光器件TOSA,ROSA,TRIOSA……

提到光模块,另一个必须要学习和了解的领域就是光器件,光器件是光模块的主要组成部分,早期光模块所用的光器件收和发是分开的,一个是光发射组件(TOSA),一个是光接收组件(ROSA),随着小型化的发展,两者合二为一就成了光收发一体组件(BOSA),也有的光器件集成1个TOSA和2个ROSA的就成了单纤三向器件(Triplexer),由于目前在光模块领域单独的TOSA或ROSA已经应用较少,所以直接介绍BOSA和Triplexer。

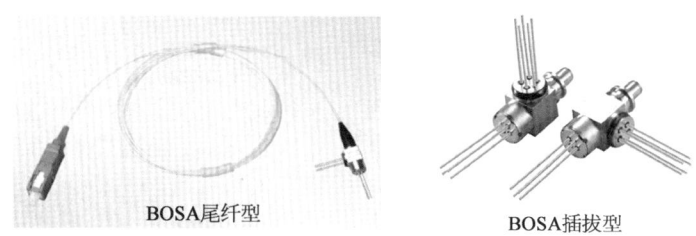

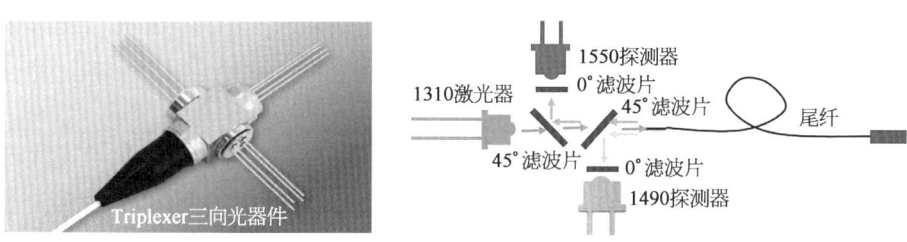

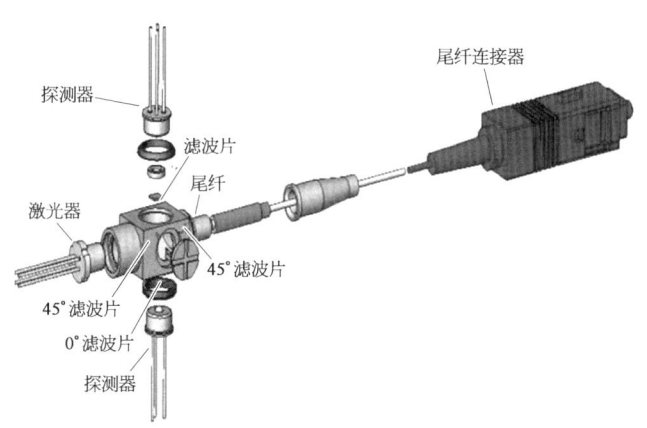

除了结构件以外,其实光器件最核心的东西是 LD Chip 和 PD Chip,中国有很多光器件公司,但大部分都是完成一个组装工作,Chip 其实就是一个半导体 PN 结,也就是二极管。

1)激光器二极管(LD)

作用:将电信号转变成光信号,用于光发射端机。

类型:① 法布里–珀罗(F-P)型;② 分布式反馈(DFB);③ 分布式布拉格反射器(DBR);④ 垂直腔面发射激光器(VCSEL)。

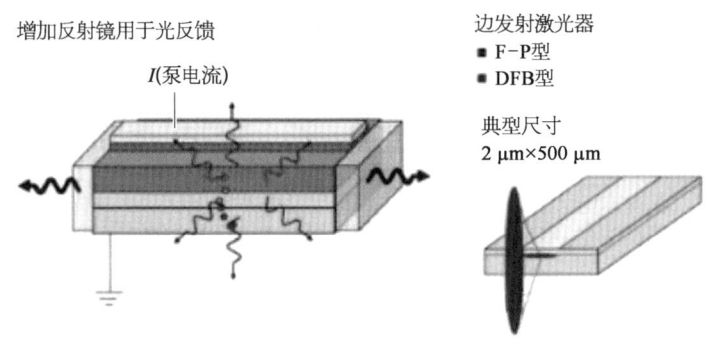

2）光探测器（PD）

作用：将光信号还原成电信号，用于光接收端机。

类型：① 光电二极管（PIN），PIN管偏压电路简单、价格较低、灵敏度低；② 雪崩光电二极管（APD），具有载流子倍增效应、偏压电路复杂、价格较高、灵敏度较高。

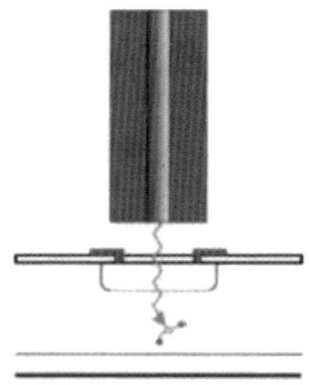

部分OSA里面还有一个器件是光隔离器，是光发射器件中的一个组件，作用是防止反射光影响信号，让光只能沿着一个固定方向传播。

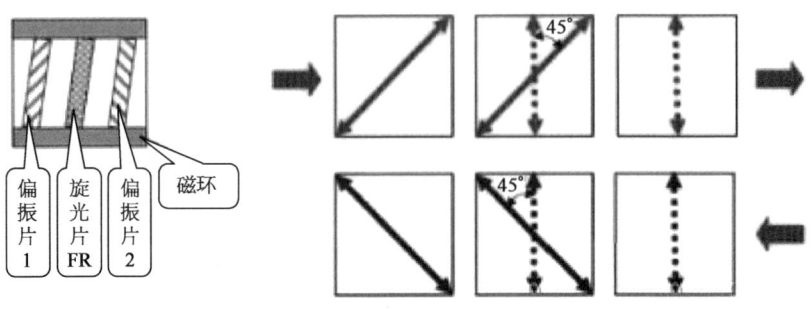

第九章　光器件封装

一说激光器,就想到美国科幻大片里的激光大战,高科技,威力无比啊。不要害怕,有的激光器没这么厉害,不过还是要注意,安全最重要。

国际电子技术委员会(IEC)通过波长及照射时间差异造成的危害,按激光输出功率的大小对激光等级划分为Class1,Class2,Class3A,Class3B,Class4 5个等级。

等　　级	危　　害
Class1	对人体无任何危害,用眼睛直视也不会损害眼睛
Class2	不可长时间直视激光束
Class3A/Class3B	直视激光束会造成眼睛损伤
Class4	不但其直射光束及镜式反射光束对眼和皮肤损伤,散射光也会对人体造成伤害

第十章

光模块

跨阻放大器（TIA）

光信号接收回来要处理，探测器的任务就是把光转成电。

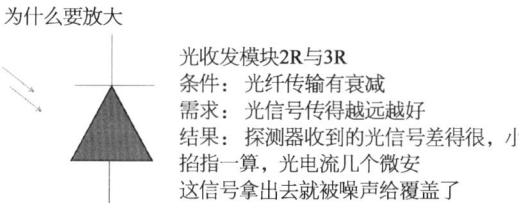

探测器的任务完成，后面的电路"攻城狮"有话说。

电路"攻城狮"说得有道理，几个微安的信号，一出门就给掉到噪声这个坑里去了。

客户有需求，科技在发展，总有一个科学家来解决这个难题。

也是啊,咱们看光模块,饱和这个点 0 dBm,灵敏度 −30 dBm,这是 1 000 倍啊,伺候客户容易么!好在有科学家,大小都能处理。

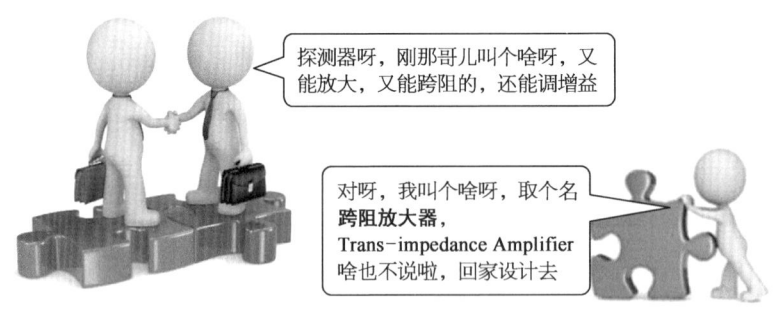

取了名字,怎么设计呢?

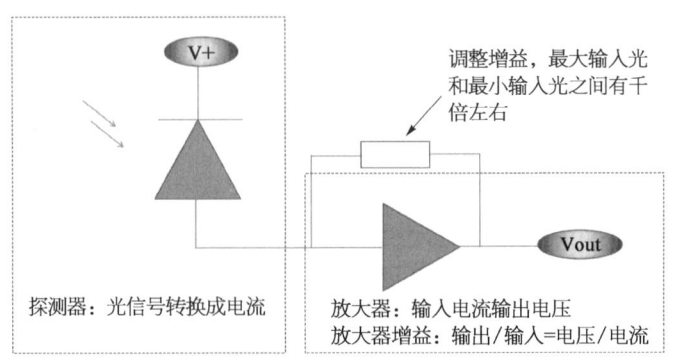

框架就出来了,这玩意能看,图好画,能实现不……
看原理图:

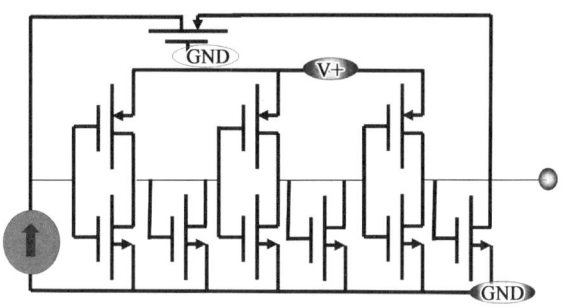

下图的3个CMOS级联成放大电路。左边是光电流,右边是电压输出。

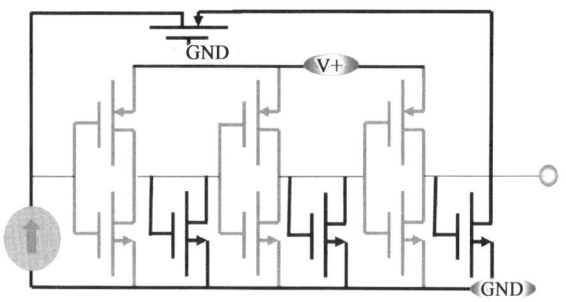

NMOS+PMOS组成推挽式CMOS:

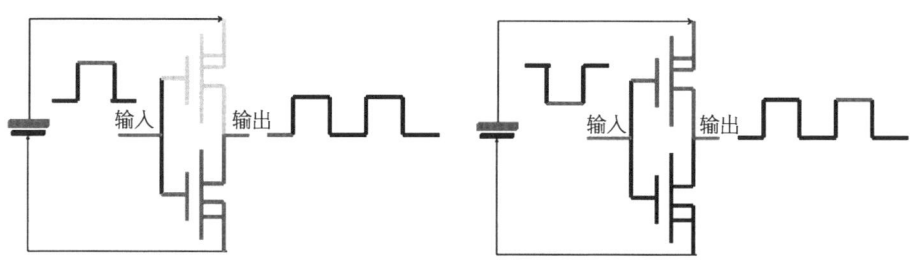

这就是MOS:

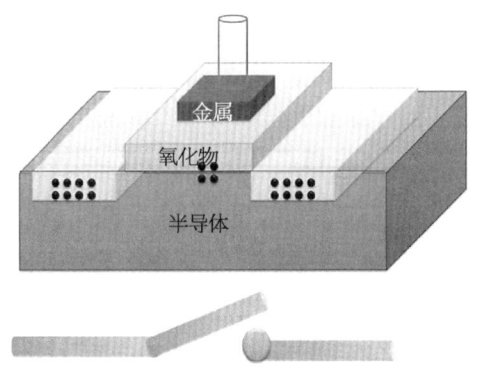

继续回到TIA,跨阻放大器,CMOS需要有负载,否则没有回路,这3个NMOS就充当了负载的作用。

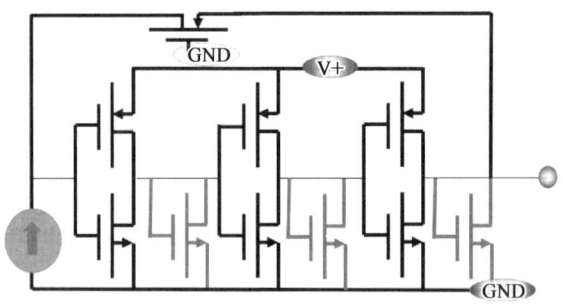

下图这个PMOS,利用MOS的深线性区可控线性电阻原理,实现增益反馈。

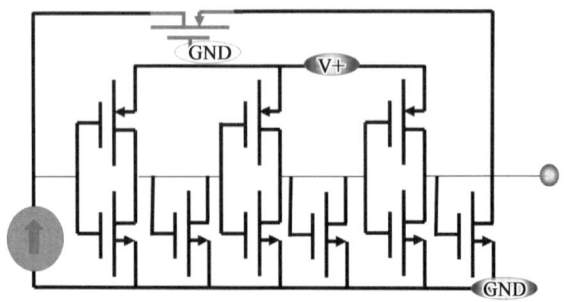

这个咋理解呢,就是带箭头那个电压,和左边这个电流,有线性关系。输出电压高了,这个MOS就自动加电流。

负反馈，MOS电流增加，它的方向在科学家的脑容量里给它反了。

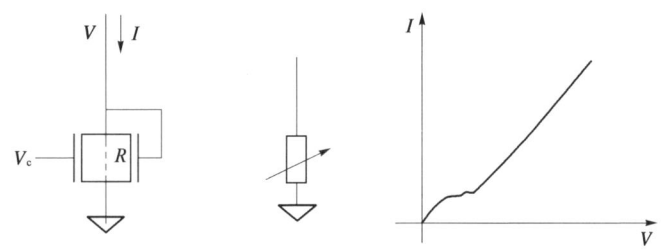

一个跨阻放大器就做成了。

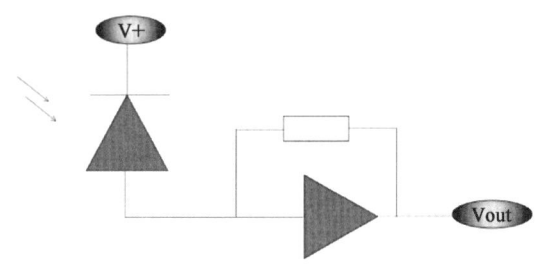

光收发模块2R与3R

一些光模块的数据表中，有的标注2R，也有的标注3R。2R与3R是光模块接收端的一个性能。

光收发模块包括一个光发射和一个光接收。

电信号转换为光信号

光发射机

283

光信号再完美,经过光纤传输后也有变化,主要变化有:
(1)光纤衰减,引起信号减弱。

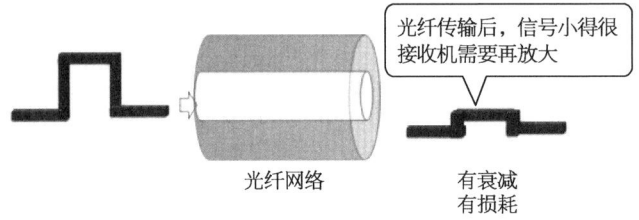

(2)光纤的各种效应,引起光信号变形。

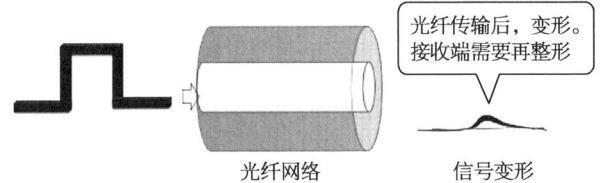

(3)光纤色散导致的时延和展宽。

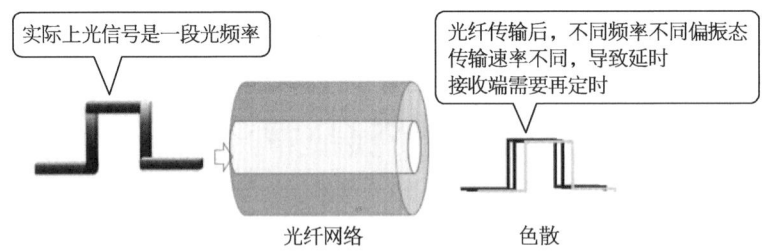

最后光信号在接收端,成了丑乎乎的眼图。

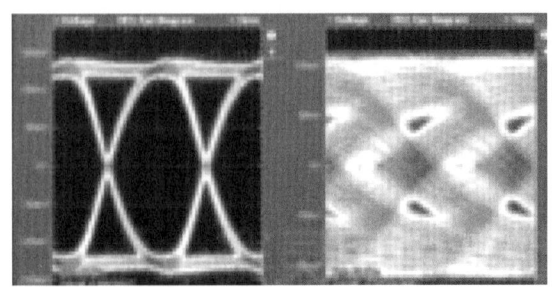

接收端这就有再放大、再整形、再定时的需求。

这可是3个R: Reamplifying, Reshaping, Retime。

那为什么会有2R的模块呢。

2R的模块,不是系统链路不做3R,而是当时SFP+封装要小,MSA协议就把再定时这个功能从SFP+移出去,放到系统端,省点光模块空间。

一般XFP封装是有3R,SFP+封装只有2R(无再定时),时钟数据恢复(CDR)具有时钟恢复的功能,也可以理解为: 2R的光模块没有CDR,3R的模块有CDR。

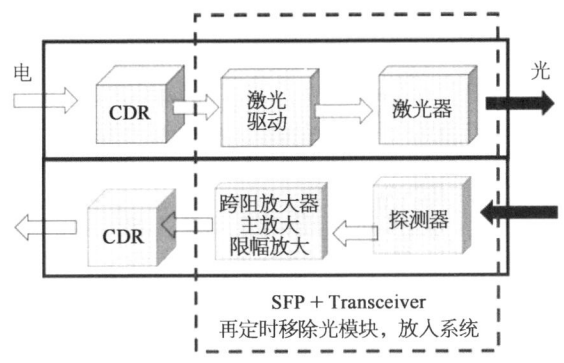

总之光接收机,一要接收正确、二要方便后面的兄弟们使用。

什么灵敏度啊、信噪比啊、这都是评估无论多烂的光信号都要准确地转成电信号。

什么再整形啊、再定时啊、再放大啊。就是把信号梳理得整整齐齐,给后面的兄弟们去处理。

光模块的多源协议

很早以前,大家做光信号的收发,随各自的想法来。

产业链做光模块的好凌乱啊,一百个人心中有一百个哈姆雷特,一百个模块"攻城狮"有二百个模块形式,别说赚钱了,光做都没有时间啊。

咋办,开个会聊个天,大家一起定个规则,就这么办。

严格意义上,多源协议(MSA)不是一个官方组织,但就是诞生了。

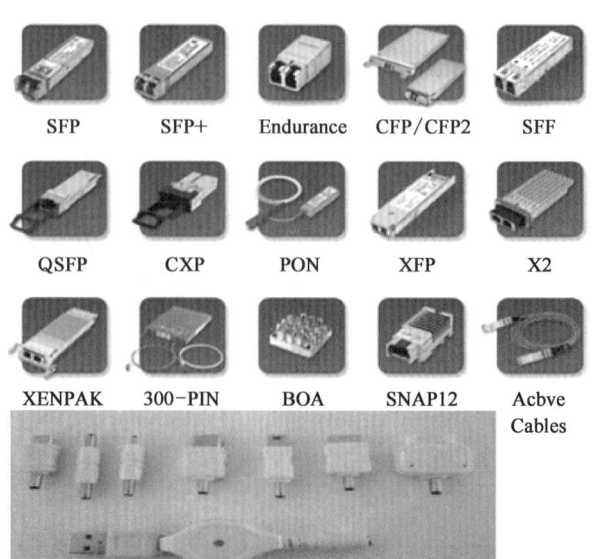

一切排整齐,就像手机的充电接口,管你谁家的手机,接口一样就能充电。

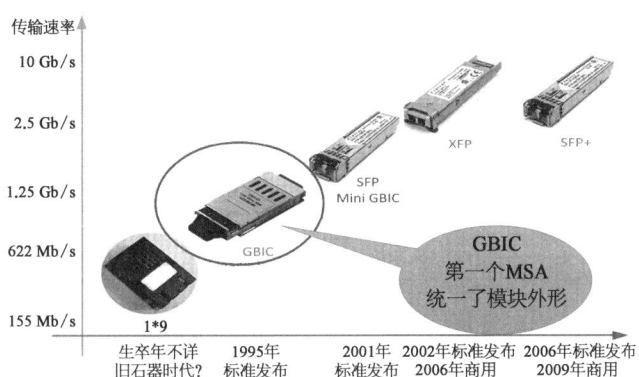

千兆以太网 1 000 Base(1 000 Mb/s 或者 1 Gb/s),网线传 100 m 就不行了。想传得远就得用光纤。

想用光纤,咱们就一起玩儿,一商量,诞生了第一个多源协议,千兆接口转换器(GBIC)。

系统厂家按协议设计接插件,模块厂家按协议设计模块接口。大家都松了一口气,系统厂商想买谁家的模块就买谁家的,看质量看价格。模块厂家按协议做一大批,谁来买都行。不费劲。

这么好的事情,那继续吧。

GBIC 模块是要焊接的,用着不方便,就像咱们用 U 盘,若还让妹子焊上才能用就太不方便了。最好模块也是插入就能用,热插拔,带着电都可以插入拔出。

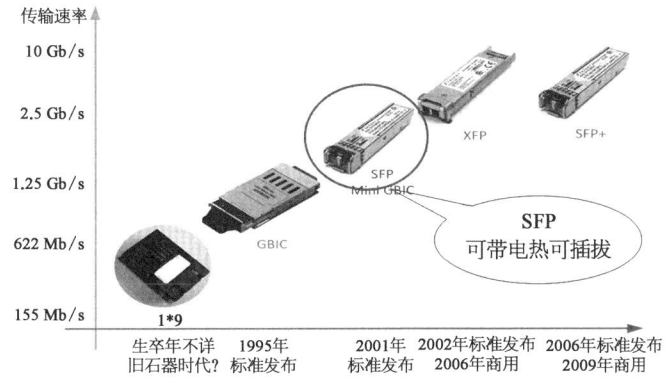

取个名字就叫小封装可插拔模块(SFP)。

人家SFP光模块的速率也是与时俱进的，越做越快，1.25 G，2.5 G，4 G，6 G，到了10 Gb/s以后，原先的封装大小放不下那么多元器件，就制定了新标准XFP，罗马数字里V是5，X是10，XFP就是专门跑10 Gb/s速率的。

激光驱动器，为何选择差分驱动

给激光器加个开关，然后可以控制发光或不发光，但事情往往没有想的那么简单，电路也不是就这么一个功能块。

激光器发光与不发光频繁切换，通道电流也在频繁切换。

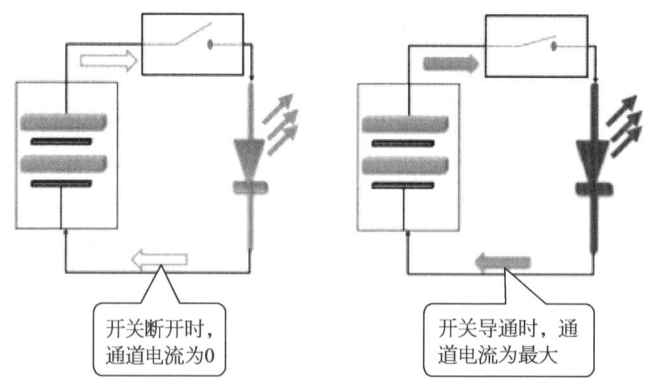

开关断开时，通道电流为0

开关导通时，通道电流为最大

如果把电流看作是水流，做光模块的工程师，应该对"浪涌电流"这个词不会陌生。

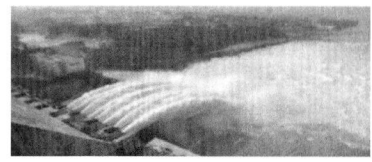

需要灌溉—开闸—放水

不需要灌溉—合闸—停水

开关大坝闸门需要时间
水流从0到最大也需要时间，否则会有浪涌
水流停止也是一样，闸门关闭太快，惯性对大坝和闸门形成压力浪涌电流的控制是硬件"攻城狮"的拿手设计。农民伯伯不会总是申请开关闸门而是做个挡水板,电路"攻城狮"也不会总去开关电源。

如果激光器不需要发光时,用一个和激光器差不多的电阻来把电流引过去,则对其他电路的电流基本不变。学模拟信号处理,大家对各种电容电感,各种瞬态,各种微分下的信号毛刺、震荡、振铃等,头大得很,可不动则不乱动,能少动不多动,能慢动不快动,能小范围动不大范围动。

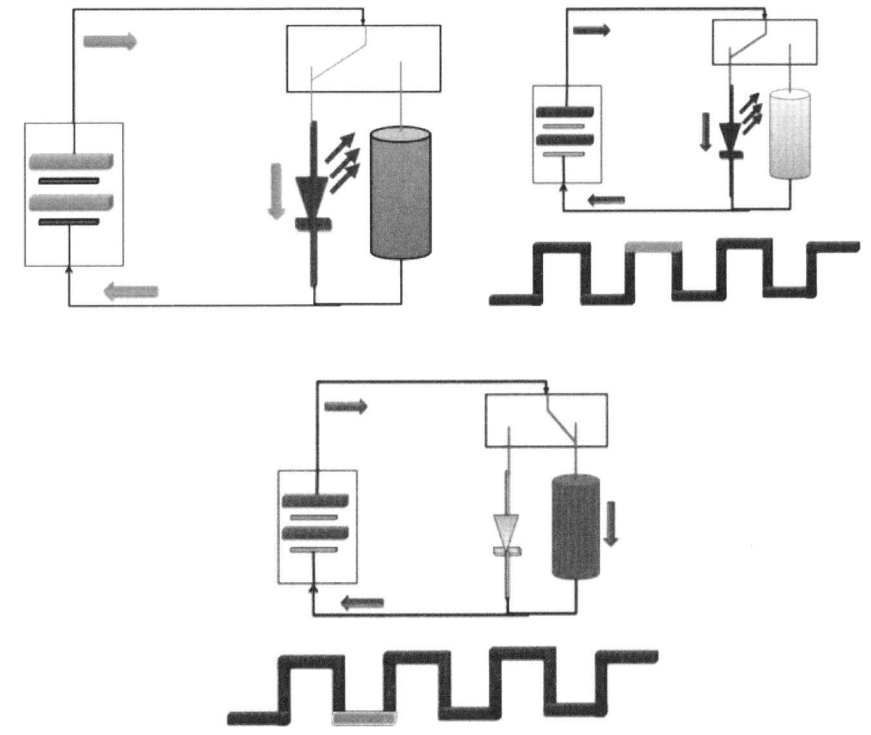

看上图,电源附近的电流稳稳的。激光器还是可以传递101010。

在这个时代,做电路,不会真的用开关的导通闭合来控制激光器。1947年,美国贝尔实验室肖克利、巴丁和布拉顿三人发明晶体管,在1956年抱回了诺贝尔奖。

俩PN结就组成一个晶体管,NPN,PNP,都可以实现模拟开关的作用。

现在用P型MOS和N型MOS管也可以组成CMOS,还可以实现更简单的低功耗的小尺寸开关。

肖克利、巴丁和布拉顿在工作

晶体管

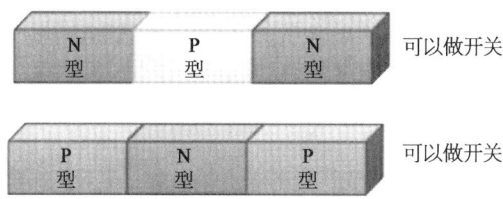

CMOS半导体的市场规模可是几千亿美元，比光器件市场整整大了一个数量级。

2015年全球半导体芯片市场3 399亿美元。

2015年全球光模块光器件市场77亿美元，就这77亿还包括了激光器芯片、探测器芯片的外围部分。

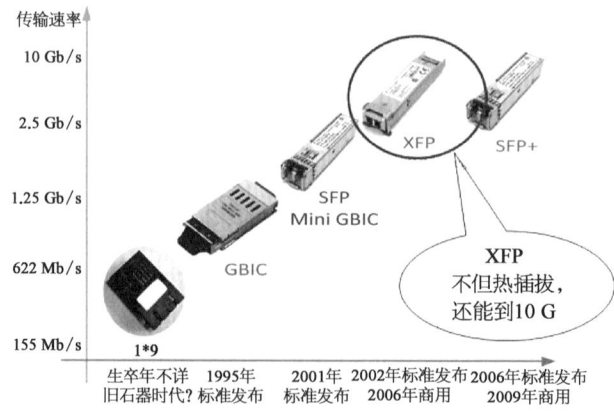

模块也如人生，不断进步。2006年10 Gb放不进SFP的元器件，2009年可以从XFP塞进SFP了，这种SFP的收发器就称为SFP+，叫作SFP Plus，意思是

增强型SFP模块。

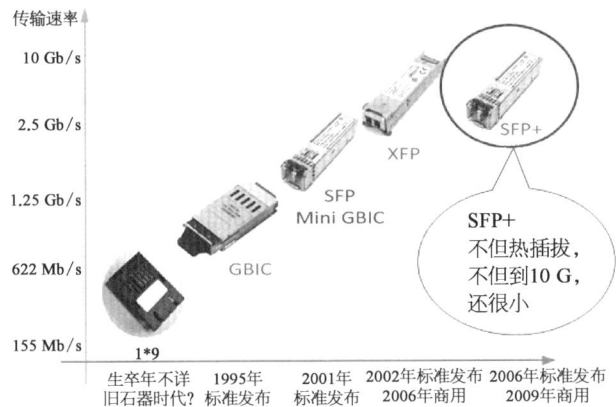

人么，欲望总是无穷的。一路收发做到10 G，在2010年左右很难提高了，科学家们就转换了发展思路和方向，多做几路放一起。

于是，并行模块协议就出现了。

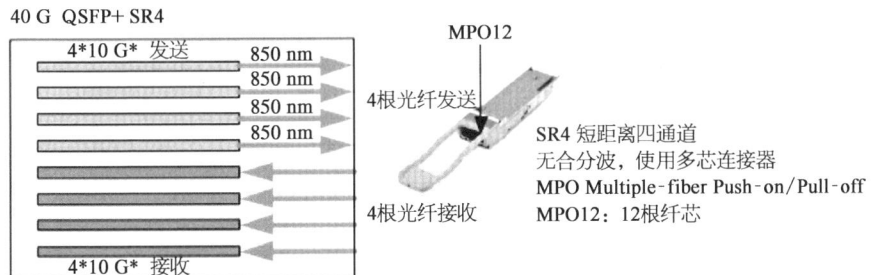

4个并行40 G光模块，短距离也怕费光纤。那长距离就纠结了，还是想办法在模块里边加个合分波的东西。

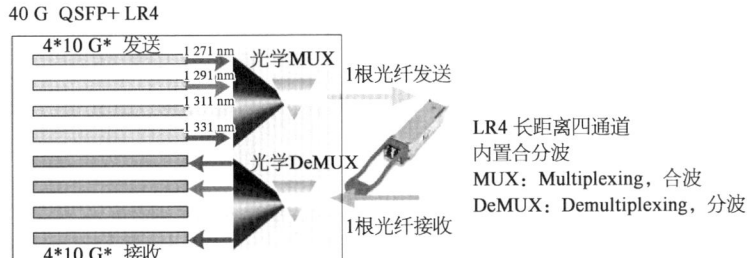

291

有40 G,那就想,有100 G多好啊。

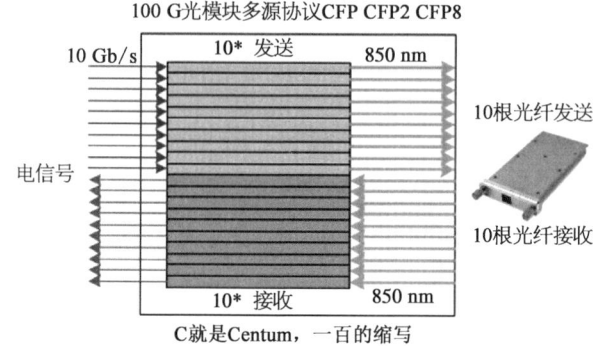

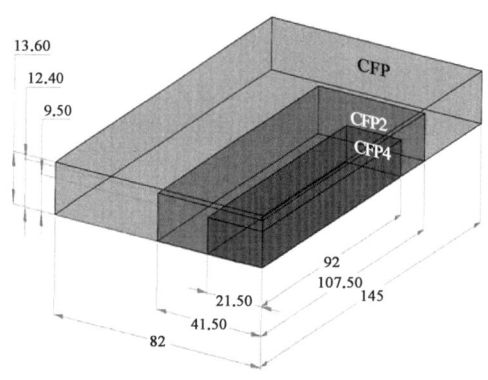

有100 G短距离,再想长距离,这就有经验了。

现在400 G,800 G,也不是事儿,不过就是早几天、晚几天,啥时候白菜价的事儿。

100 G也是的,速率上去了,就想把封装降下来,CFP2是一半的CFP,CFP4是CFP2的一半,现在也有推出CFP8啦。

激光驱动器

激光器是个电流型器件,有电流发光,没电流不发光;电流大发光强,电流小发光弱。

可以叫激光驱动器,也可以叫调制器,驱动的意思是给激光器电流,调制的意思是通过一些方法,把1010的信号用有光无光,或光的幅度大小、光的相

第十章 光模块

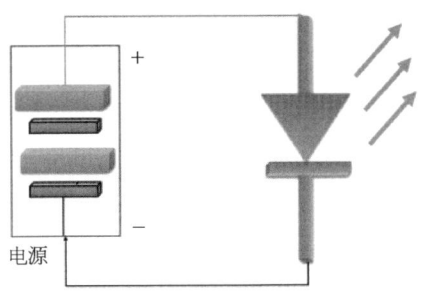
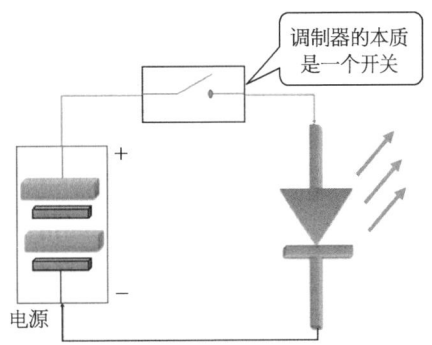

直接调制：直接控制激光的电流的开通和关断
外调制：就是把开关移到激光器外面

位等来表征。

直接调制：

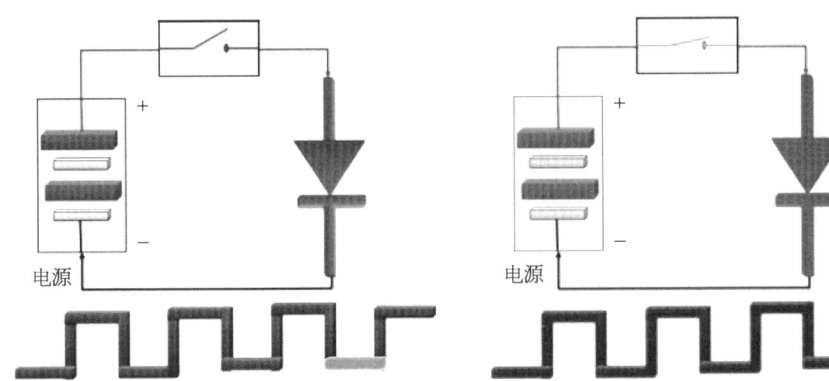

外调制：就是把开关移到激光器外面

外调制的方式之一，利用烟囱（Stack）效应，控制电吸收片（EA）是否吸光，激光器本身是一直发光的。

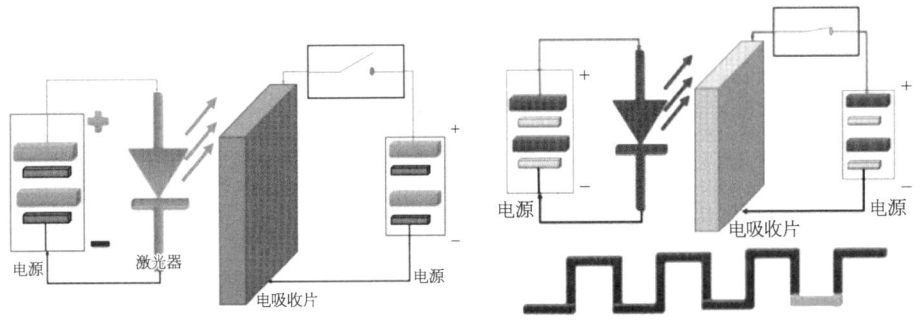

293

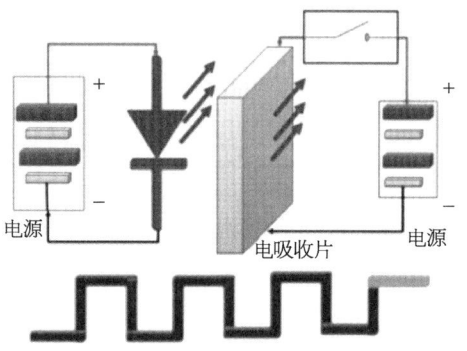

你这么一说，我大概明白激光驱动器或者说激光调制器的作用了

是啊，叫作激光驱动器，是指给激光器驱动电流的意思
叫作激光调制器，是要把信号负载到激光器上，刚才演示的是101010的最简单方式

那么多调制格式,调制器的原理也是不同的,先从最简单的说起。

直接调制，就是给个开关呗，这个开关设计有啥说法吗

这个开关的设计，无非是怎么开关得更顺溜、更快、更省电、更便宜、用着更方便
设计开关的厂家，关注的是，比对手多一个优点，呵呵，这是做买卖的利润来源

仅对于直接调制器：
- 用一个个的二极管、三极管搭建开关——分立驱动
- 用一个集成芯片来做电流源和开关——集成驱动
- 只用一个开关控制激光器——单端驱动
- 用一对开关切换激光器——差分驱动
- 利用背光做反馈——可闭环驱动
- 背光的反馈只控制激光功率——单闭环
- 背光反馈控制"0"，"1"的幅度差——双闭环
- 用双极型三极管驱动——Bipoler驱动
- 用推挽式NMOS+PMOS驱动——CMOS驱动
- 驱动器与激光器直接相连——DC耦合
- 驱动器与激光器不直接相连——AC耦合(通过电容)
- 评价驱动的效果好不好——眼图

为何光模块要做自动光功率控制电路

热平衡状态下的产生与复合规律：热平衡状态下，产生速率必定等于复合率，所以载流子浓度维持常数。直接带隙半导体导带的底部与价带的顶端位于同一动量线上，在禁带间跃迁进行复合时，无须额外的动量，直接复合率应正比于导带中含有的电子数目及价带中含有的空穴数目。

复合：当热平衡状态受到扰乱时，会出现一些使系统复平衡的机制，在超量载流子注入的情形下，恢复平衡的机制是将注入的少数载流子与多数载流子复合。

粒子数反转与温度相关，低温时，激光器内部消耗少，激光器效率高。

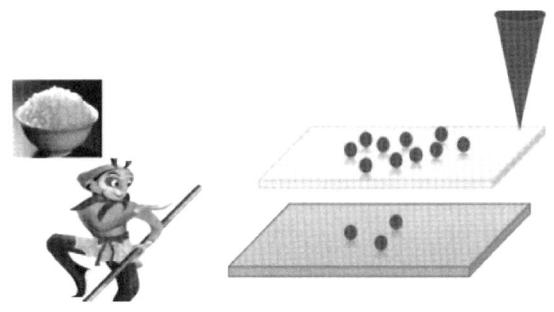

高温时,激光器内部消耗大,激光器效率低。

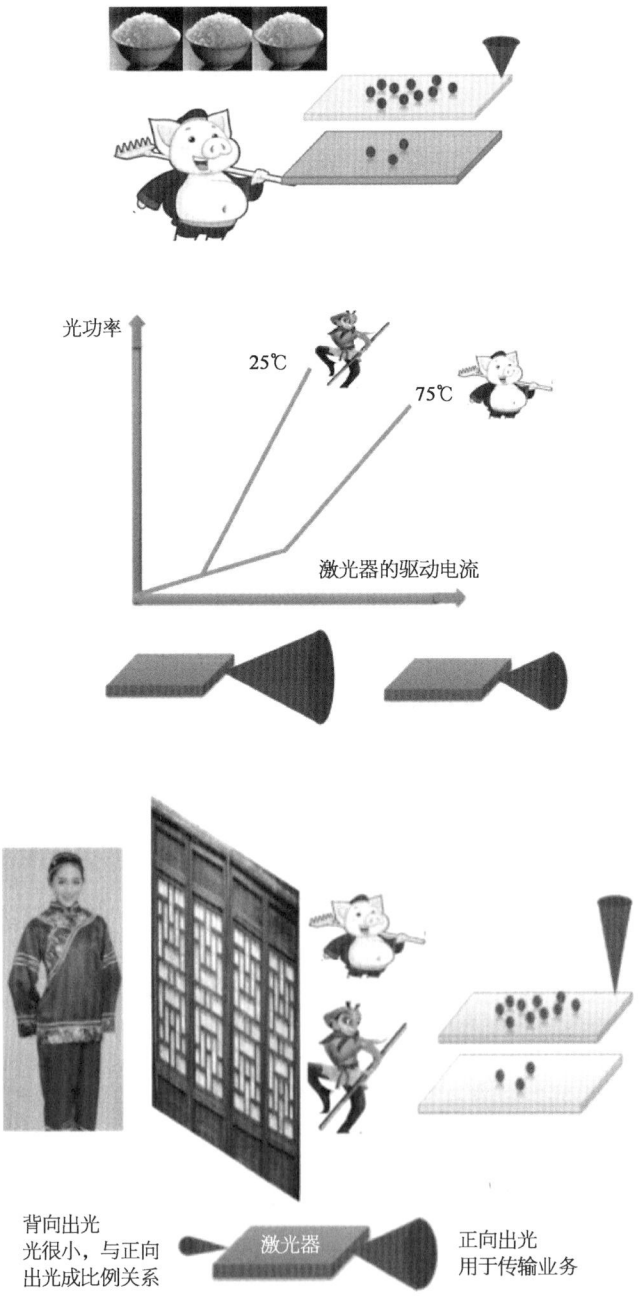

APC：自动光功率控制

通俗的理解就是，干活少了(功率低)多给饭(加激光器驱动电流)

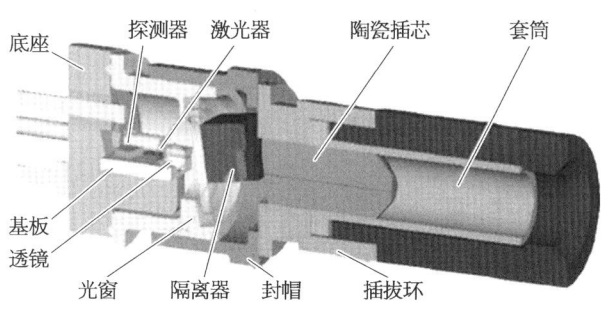

探测器是用来检测激光器的背光、推算发射光功率的，
不是光收发模块中Receiver接收光信号的探测器

　　APC的控制方法有很多,单闭环、双闭环、Q因子补偿等,总的来说就是功率低了加电流,功率高了减电流。

光模块数字诊断8472协议的前世今生

　　想当年,

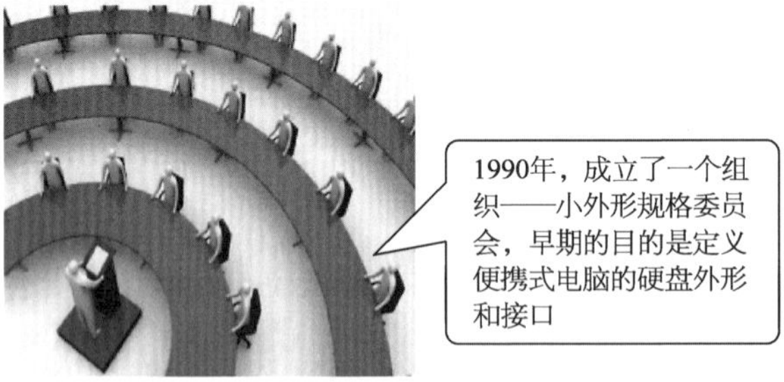

（小型封装）SFF的组织，是为小型化电脑做准备的，到底委员会加不加光模块呢？

第十章 光模块

投个票表决。

然后在SFF组织里,有这样的现象,有笔记本电脑的硬盘封装,也有光模块的外形结构,什么都有。

协议号	名 称	
INF-8350	3.5 inch Form Factor Packaged Drives	3.5寸硬盘封装
INF-8438	QSFP 4 × 4 Gb/s Transceiver（Quad SFP）	光模块
SFF-8432	SFP+ Module and Cage	光模块笼子
SFF-8472	Management Interface for SFP+	光模块管理接口

A0区域是模块的标识,相当于两人相亲,问"你哪里人啊,多大岁数啦,哪个学校毕业的啊……"

A2 区域是实时的一些监控、状态、报警等,相当于问相亲对象"今天你吃什么,逛街脚疼吗,要不累了歇一会儿……"

DDMI数字诊断放在A2区域,为什么叫数字诊断,因为在8472诞生之前,是模拟诊断的。

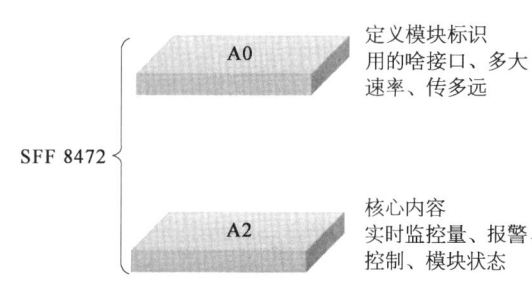

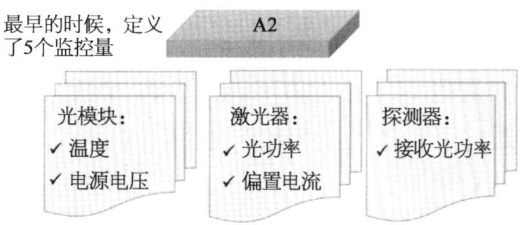

299

数字诊断,从大家最关心的5个量开始。

为什么分内部校准,外部校准呢。因为有些监控做起来不容易,比如接收光功率的诊断,APD的光和电的转换是4次方关系。

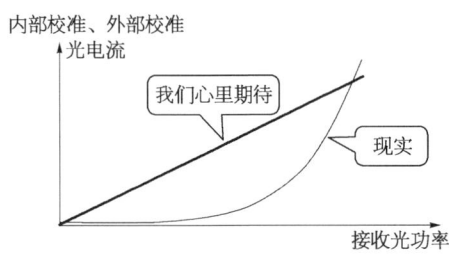

模块觉得,计算的工作量太大,想推给系统来计算,系统的CPU处理能力比小模块强太多。

可系统是甲方啊,甲方想着让乙方把活做好——告诉我多大功率就行,怎么还想让我多干活,我也不了解你光器件呀,怎么做。你自己弄呗。

然后SFF委员会出来活稀泥,定义个内部校准(模块自己做,直接上报系统功率值),也定义个外部校准(模块只把原始值上传,系统自己去计算转换成功率值)。

模块选择内部校准,或者外部校准。

委员会倒是活了稀泥,可模块供应商是乙方,想让甲方接受自己,受点气是免不了的。20年后的今天,咱们看到的多是模块厂家的外部校准也做好了功课,已经转换成功率值,然后告诉甲方"大哥呀,外部校准系数是1。"

第十章 光模块

传统波分与光传送网的区别，80波与96波怎么数

传统的波分，是多个波长合波分波即可，属于透传，协议里有粗波分、密集波分，密集波分还有40波、80波等。

光传送网（OTN）多了个波长交叉的功能，可以认为是传统波分的升级版本，对客户侧的数据与波长进行调度，然后再通过密集波分的方式上光纤。

波长交叉就是客户侧和线路侧的信号波长还能进行交换和调度呢，可方便了。波长选择开关（WSS），经常就被用到。

接下来数波长，16波、32波、40波是从192.1 THz开始数数。

当f_1=192.10 THz时，λ_1=1 560.61 nm

当f_2=192.20 THz时，λ_2=1 559.79 nm

当f_3=192.30 THz时，λ_3=1 558.98 nm

当f_4=192.40 THz时，λ_4=1 558.17 nm

ITU-T说DWDM的第一波f_1=192.10 THz

复习初中物理：

$c = \lambda \times f$

c = 299 792 458 m/s，光速

f_1 = 192.10 THz

$\lambda = c/f$，将c和f代入，则

λ_1 = 1 560.61 nm

80波，是两组间隔100 GHz的40波，做成50 GHz，也是从192.1 THz开始数数。

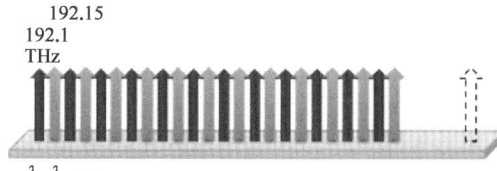

DWDM 80波 这么数数：
第一波192.1 THz、第二波192.15 THz、192.2 THz、192.25 THz，…
0.05 THz间隔，就是50 GHz间隔

96波呢,是新标准,扩展了C波段,往前数16个数,从191.3开始。

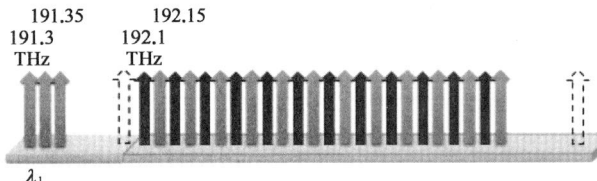

DWDM新合分波方案　96波
这么数数:
第一波191.3 THz、第二波191.35 THz、…
0.05 THz间隔,就是50 GHz间隔,数下去到96波

人家的新标准还有192波呢,两组96波 50 GHz 间隔,做成192波 25 GHz 间隔。

DWDM新合分波方案　192波
这么数数:
第一波191.3 THz、第二波191.325 THz、191.35 THz、…
0.025 THz间隔,就是25 GHz间隔,数下去到192波

计算方法一样的,用excel来个公式,一切妥啦。

笔者就是喜欢数数,简单。难的是激光器厂家,慢慢地把线宽做窄,波长锁定,各种困难要克服。

100 G光模块,线路侧和客户侧

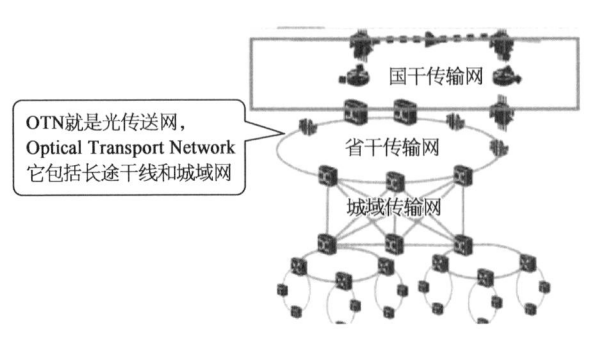

OTN就是光传送网,Optical Transport Network 它包括长途干线和城域网

可调谐激光器、DWDM、100 G光模块协议为何有IEEE, ITU, OIF等组织发布,客户侧与线路侧的区别是什么?

100 G光模块,在光传送网用得比较多。

在传送网,分了线路侧与客户侧。

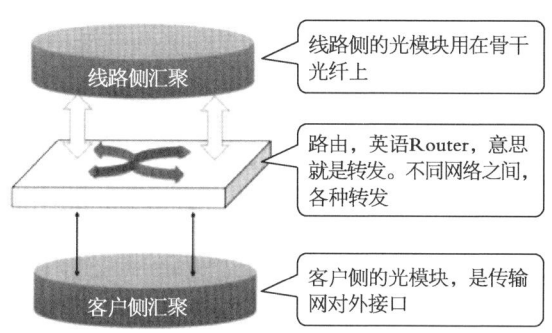

IEEE主要负责客户侧标准,ITU负责帧映射,OIF负责线路侧。
光模块的目标,对线路侧与客户侧不同。

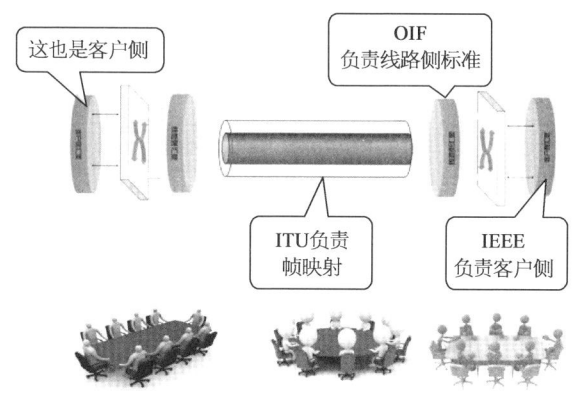

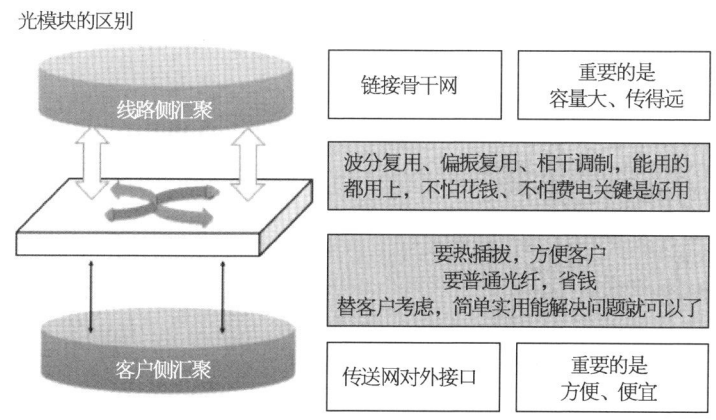

OIF是个什么组织？它是个光互联论坛，目的是完成网络互用性的规范，包括物理层协议、网络接口以及安全性。

OIF目前对40 G,100 G,400 G光模块都展开规范性工作。

有这么几个组织，开会讨论100 G模块的协议，几个组织开完会呢，也会互相交流交流。

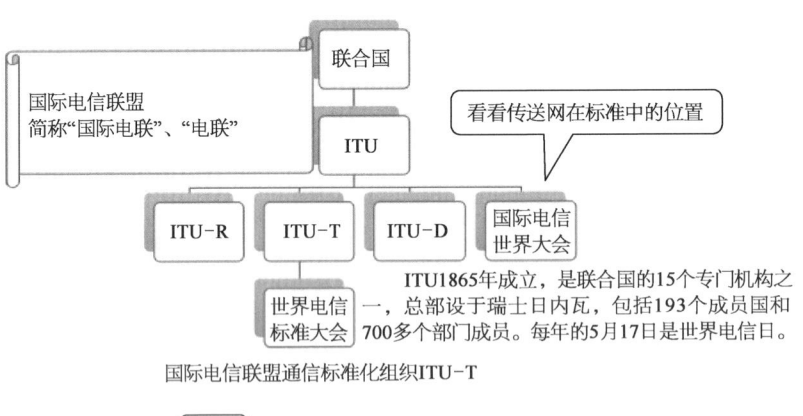

国际电信联盟通信标准化组织ITU-T

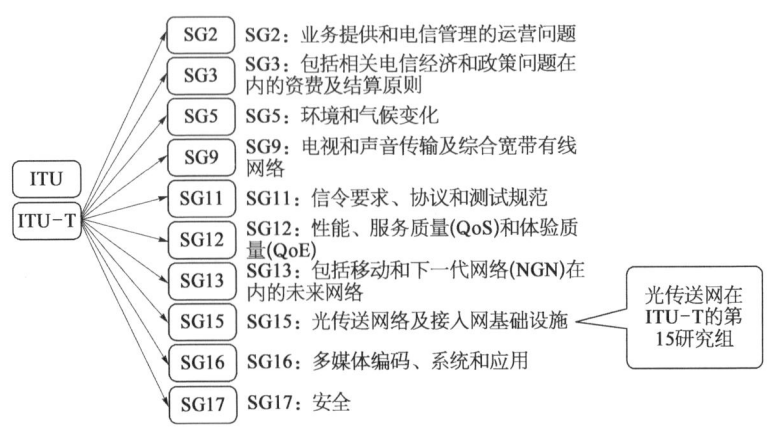

第十章 光模块

这也像好些个大学都有光电子专业,各个学校之间也互相交流,看看大家学术上有啥共同点、新研究。

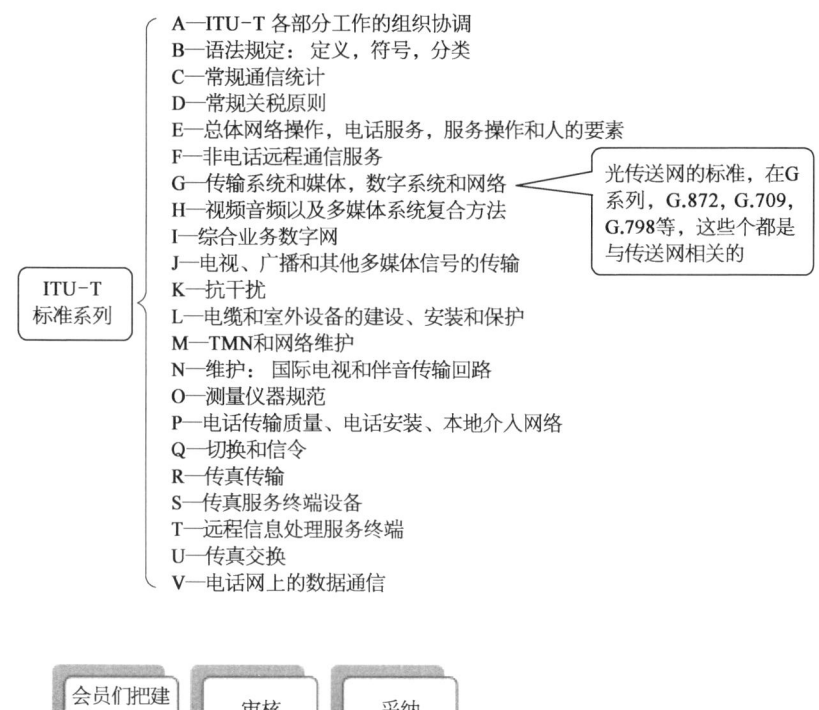

再看看IEEE的工作。

305

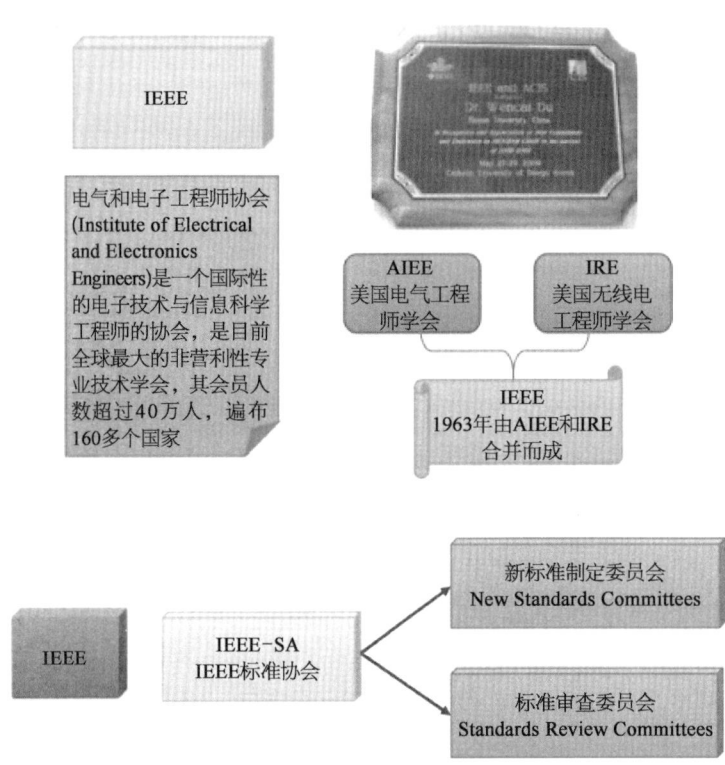

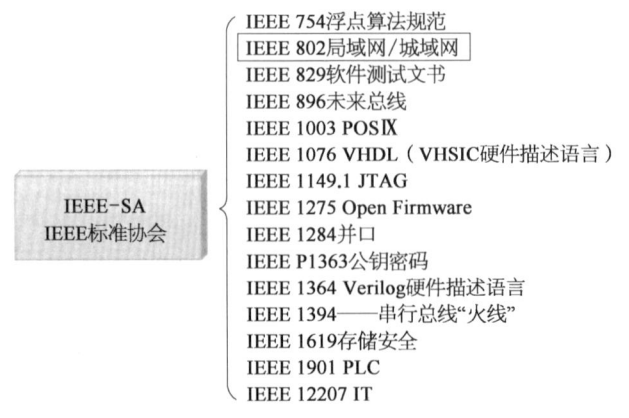

IEEE每年制定和修订800多个技术标准

第十章 光模块

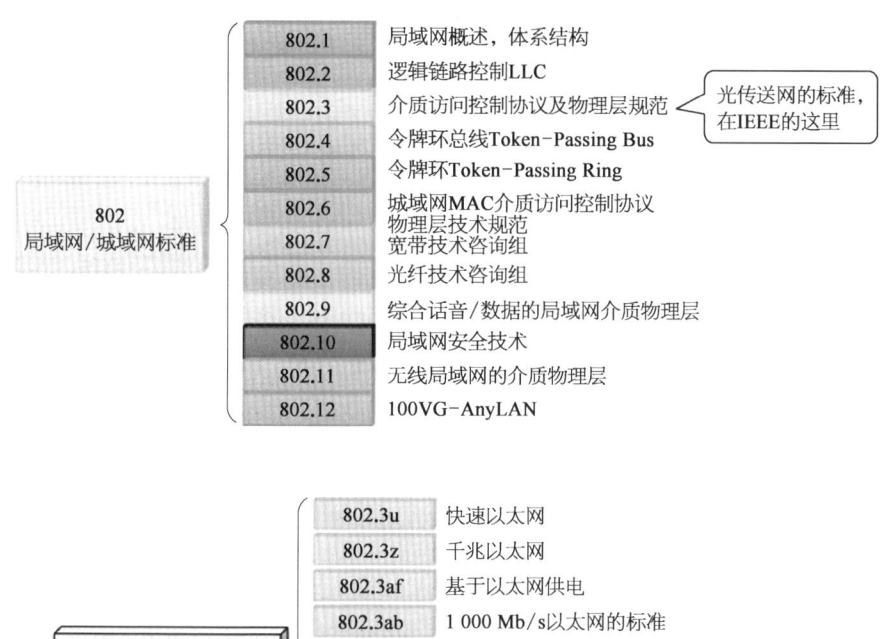

无源光网络(PON)点对多点为什么需要突发功能

点对点:

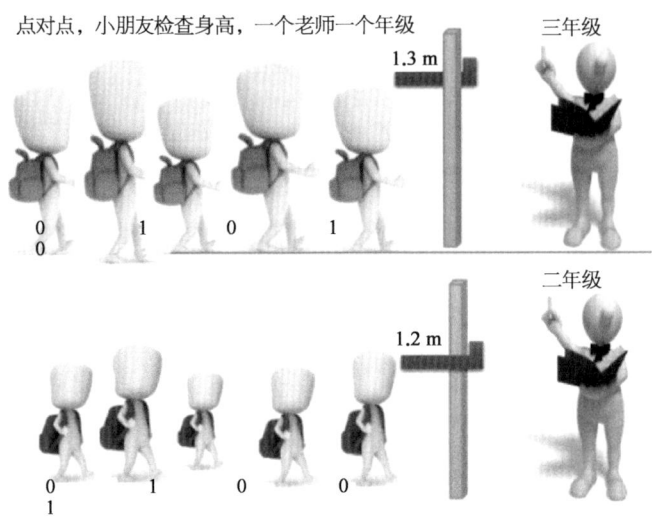

点对多点：

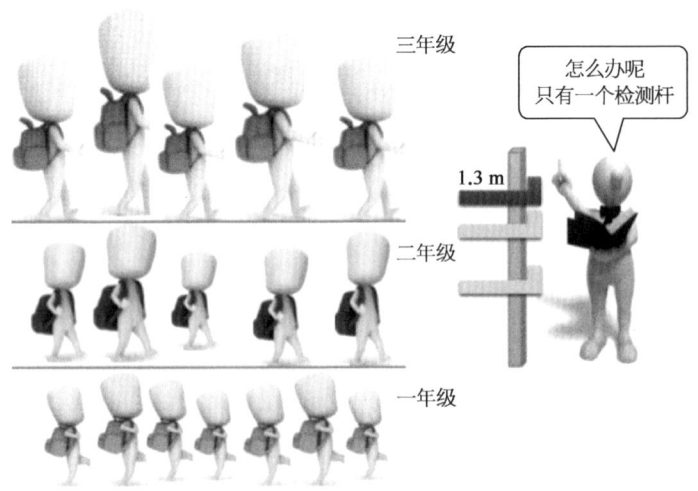

点对多点下行广播模式：

第十章 光 模 块

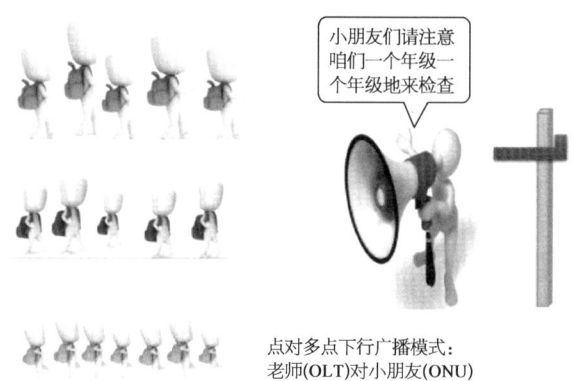

点对多点下行广播模式：
老师(OLT)对小朋友(ONU)

点对多点需要快速调节检测高度，突发接收：

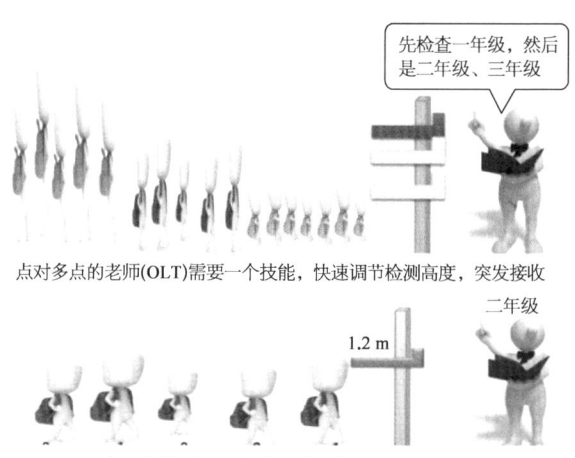

点对多点的老师(OLT)需要一个技能，快速调节检测高度，突发接收

点对点的老师不需要调节检测杆高度，连续接收

点对多点，ONU没有业务时处于关断状态，节约功耗：

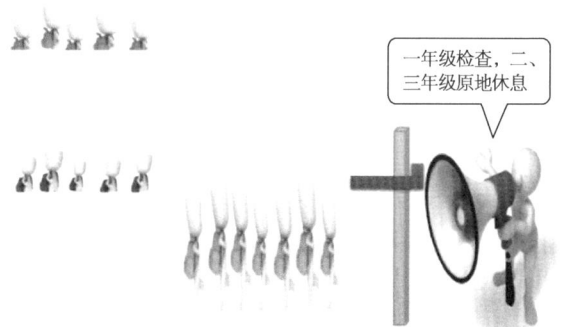

点对多点：小朋友(ONU)没有业务时处于休息(关断)状态，节约体能(功耗)

309

点对多点：OLT突发接收的同时，ONU突发关断，突发使能（BEN）。

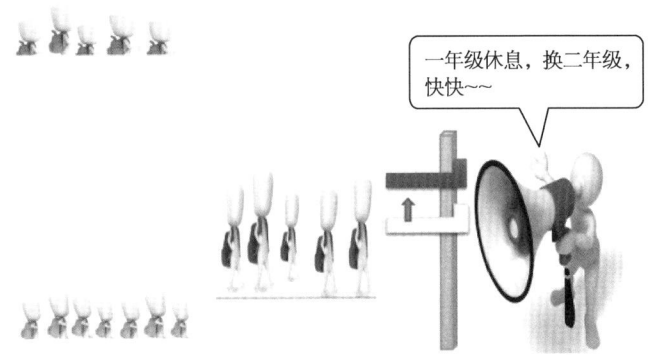

点对多点：在老师(OLT)快速调节检测杆(突发接收)的同时，小朋友(ONU)需要快速休息(突发关断)，快速起立(突发使能)

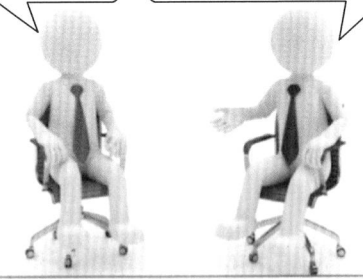

光纤宽带通信（FTTx）与PON

市场研究公司Ovum的FTTx市场报告指出，2015年全球FTTx光器件的销售创新高，为13.3亿美元，超过2014年的9.53亿美元，Ovum的智能网络和器件项目首席分析师，报告作者Julie Kunstler指出，中国三大运营商对于FTTx

的持续部署对FTTx光器件市场的成长极有帮助。中国运营商对于PON采购的变化可能会对FTTx市场带来爆发性增长的机会。

无源光网络(PON)是实现FTTx光纤到户(楼)的主要技术,提供点到多点的光纤接入,它由局侧的OLT(光线路终端)、用户侧的ONU(光网络单元)以及ODN(光配线网络)组成。一般其下行采用TDM广播方式、上行采用时分多址接入(TDMA)方式,组成点到多点树形拓扑结构。PON作为光接入技术最大的亮点是"无源",ODN中不含有任何有源电子器件及电子电源,全部由光分路器(Splitter)等无源器件组成,管理维护运营成本较低。

PON技术的发展

最早的PON系统主要是用于解决多个窄带接入网(数字用户环路)远端设备的互联,传送$n \times 64$ kb/s的语音时隙。但由于价格和业务保护方面均无法与环形拓扑的数字用户环路设备抗衡,因此成为失败的技术。

20世纪90年代,随着异步转移模式/宽带综合业务数字网(ATM/B-ISDN)的兴起,宽带第一次成为电信技术发展的重要方向,而带宽潜力巨大的光纤技术也成为信息传输技术的宠儿。因此,在1995年全球7个重要的运营商成立了全业务接入网组织(FSAN),致力于光纤接入网的标准和应用的推进工作。在FSAN和ITU-T的共同努力下,第一个关于PON系统的国际标准《基于无源光网络(PON)的宽带光接入系统》(ITU-T G.983.1)于1998年发布,该标准也被称为BPON标准。

BPON在当时的技术环境下采用了以ATM为内核的设计思路,且限于当时器件水平和价格的制约,PON设备的成本还比较高、光纤接入网的外部配套条件也不成熟,因此BPON仅在北美地区的电信运营商中有一定规模的部署,并未在全球获得广泛的应用。

随着ATM技术的衰落和互联网IP技术的迅速兴起,继BPON之后,业界希望开发一种新型的PON系统,取代过时的BPON技术。在这个背景下,IEEE和ITU-T相继在2000年和2001年启动了EPON和GPON的标准化工作,并分别于2004年发布了完成的标准,为今天EPON和GPON在现网中的大量应用奠定了基础。

EPON标准由IEEE的EFM(Ethernet in the First Mile)工作组完成,并在2004年9月被IEEE批准为IEEE 802.3ah标准。EPON标准的很多内容继承了以太网的设计思想,重用了吉比特以太网的速率和物理层编码等内容,并对MAC层协议和以太网帧前导码序列进行了修改,以适应PON的点到多点的网络拓扑结构。

GPON标准由ITU-T第15研究组进行标准化工作,GPON相关的标准包括G.984.1～G.984.6共6个标准,分别涵盖了GPON系统的架构、物理媒质相关层、传输汇聚层、ONU控制管理协议以及对增强的波长使用和距离扩展的规定。GPON标准的设计比较全面地考虑了运营商的业务和运行维护需求,标准体系完备全面,但是内容也相对复杂。

EPON系统采用单纤双向传输,上行标称波长为1 310 nm,下行标称波长为1 490 nm。按照最大传输距离的不同,标准中将EPON接口光收发指标分为10 km(PX10)和20 km(PX20)两类规范,实际网络中为了获得较大的光功率预算多采用PX20类型接口,可实现20 km传输距离和1:32分路比。EPON系统的每个PON口的实际有效带宽为800～950 Mb/s。

GPON同样采用单纤双向传输,上行标称波长为1 310 nm,下行标称波长为1 490 nm。GPON采用GEM封装方式进行多种业务适配,利用GEM封装方式可以直接承载以太网业务、ATM业务或TDM业务。与EPON的类以太网的变长帧传输方式不同,GPON采用125 μs固定帧长,这对于精确的传送时钟信号有所帮助。GPON信道编码采用NRZ码,下行速率为2.488 Gb/s,上行速率为1.244 Gb/s,除去系统开销后每个PON口的实际有效带宽约为下行2.45 Gb/s,上行1.1 Gb/s。目前主流的GPON系统采用B+类光器件,可实现20 km传输距离下的1:64分路比,支持60 km的最大逻辑距离。

当前EPON和GPON分别可以提供大约1 G和2.4 G的下行带宽,在光纤到户(FTTH)场景下,如果不考虑并发,最大分路比下(32和64)的每个用户可以保证获得大约30 Mb/s的下行带宽。但在中国现网条件下,运营商大量采用光纤到楼(FTTB)的方式进行组网,即每个ONU下还连接16～32个用户,最终可能会达到每PON口连接1 000个(32×32)左右的用户。这样每个用户可获得的带宽将无法满足现网提速的需求。

从2005年开始,IEEE和ITU相继开展了对下一代PON系统的标准化研究。根据FSAN对几大运营商的关于下一代PON的意见的征求,绝大多数运营商指出应在现有的EPON和GPON的技术基础上提升速率,也有个别运营商希望可以发展像WDM-PON一类的新技术。

IEEE于2006年立项开始制定10 Gb/s速率的EPON系统的标准IEEE 802.3av。该标准针对10 Gb/s速率的需求制定了新的EPON物理层规范,并对MAC层规范进行了更新。在该标准中,10 G EPON分为2个类型。其一是非对称方式,即下行速率为10 Gb/s,但上行速率与EPON相同仍然为1 Gb/s。其二是对称方式,即上、下行速率均为10 Gb/s。

相比来说,由于PON系统的上行传输技术难度较大,因此1 G上行10 G下行方式的10 G EPON系统较为容易实现。

ITU于2008年启动了下一代GPON标准的研究,目前称为10 G比特无源光网络(XG-PON)标准。XG-PON标准ITU-T G.987系列已陆续发布。XG-PON目前规定的物理层速率为非对称方式,即下行速率为10 Gb/s,上行速率为2.5 Gb/s。

10 G-EPON和XG-PON系统使用同样的波长规划,有利于两者共用部分光器件,扩大产业规模,降低器件成本。两者均规定上行选择1 260～1 280 nm的波长范围,下行选择1 575～1 580 nm的波长范围。下行方向与现有的1 490 nm的EPON或GPOM系统可以采用WDM方式进行波长隔离。上行方向,由于EPON ONU使用的激光器谱宽较宽(1 310+50 nm),与1 260～1 280 nm波长重叠。因此,EPON与10 G-EPON的ONU共存在同一ODN时需采用TDMA方式,两者不能同时发射。GPON与XG-PON的ONU可以采用波长隔离,两者互不影响。

在功率预算方面,10 G EPON增加了PR/PRX30的功率预算档次,将光链路预算提升到29 dB。

下一代无源光网络第二阶段(NG-PON2)是现有的GPON/XG-PON的演进系统。由于TDM-PON发展到单波长10 Gb/s速率后,再进一步提升单波长速率面临技术和成本的双重挑战,于是在PON系统中引入WDM技术成为必然的选择。目前10 G-EPON和XG-PON在现网中是主流技术。

NG-PON2系统定位于全业务的光纤接入网,NG-PON2的标准中提出了几个基本特性:① 下行速率至少为40 Gb/s,上行速率至少为10 Gb/s,0 km。② 最大传输距离和最大差分距离为40 km。③ 最大支持1∶256分路比。

④至少包含4个TWDM通道。⑤使用无色ONU。

NG-PON2在物理层采用的主要原理是TDM和WDM结合的方式,使用多个XG-PON在波长上进行堆叠,可以最大限度地重用GPON/XG-PON的技术,并与现有的采用功率分配分光器的ODN具有比较好的兼容性。NG-PON2系统的基本架构如图。

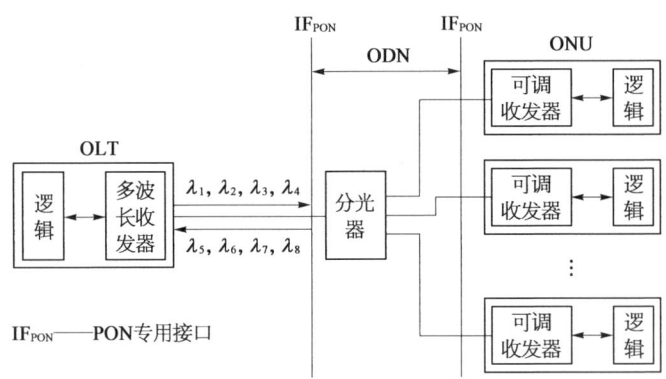

OLT采用多波长光模块配置4个或更多的上、下行波长,ONU侧采用波长可调光收发器技术实现ONU的无色化。OLT与ONU之间通过一个正在标准化的波长选择与分配协议控制ONU在分配的波长上工作。

PON系统的演进

GPON系统演进到NG-PON2有3种可选的路径,分别为次序演进、跳跃演进和灵活演进。

次序演进方式。现有的GPON系统需要首先演进到XG-PON系统,在同一ODN中保持GPON与XG-PON共存。当需要向NG-PON2演进时,可以XGPON与NG-PON2在同一ODN共存。

跳跃演进方式。从GPON直接演进到NG-PON2。根据业务和网络的发展进程,该方式跳过XG-PON阶段,直接从GPON升级为NG-PON2,因此要求在ODN中GPON与NG-PON2两个系统共存。

灵活演进方式。灵活演进方式既支持从XG-PON演进到NG-PON2,也支持从GPON直接演进到NG-PON2,最后允许GPON,XG-PON,NG-PON2三种系统在同一个ODN上共存的演进方式。这种方式下,由于三种系统都需要占用光纤中的频谱资源,因此对频谱的规划难度大,NG-PON2物理层规范考虑到了灵活演进方式的需求,对NG-PON2所使用的频谱确定为使用C-(1 525 ~ 1 544 nm)波段和L+(1 596 ~ 1 603 nm)波段。

第十一章

标　　准

10 G PON模块标准——对称与非对称/XG-PON/XGS-PON

10 G EPON非对称是10 G下行1.25 G上行,对称是10 G下行10 G上行。10 G GPON非对称10 G下行2.5 G上行,对称是10 G下行10 G上行。

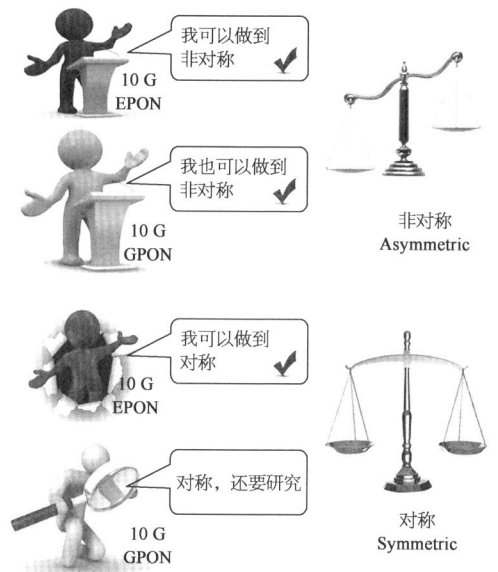

在对称方案上,10 G GPON的实现有些难度。

比如10 G EPON的上行突发可以宽到512 ns,但是10 G GPON需要上行突发则要考虑12.8 ～ 51.2 ns。

在标准草稿上先分类。

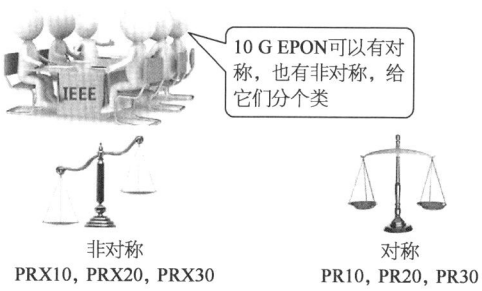

10 G EPON标准发布有对称,有非对称。

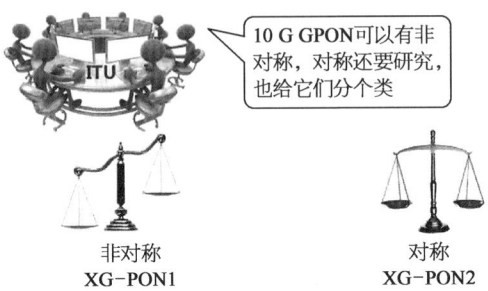

经过两三年的标准讨论,最后10 G GPON认为对称方案难以实现,建议取消XG-PON2的对称类别。

当年ITU发布G.987时,把XG-PON2删除,保留XG-PON1。

因为实际上发布的标准只有非对称,就叫作XG-PON(X是罗马数字10,也就是10 G GPON的意思)。可早年参与这些产业讨论的人,还是习惯地把非对称叫XG-PON1。

时光飞逝,几年后……

当年删掉的对称XG-PON2,重新起个名字,把对称的英文symmetric中的S用上,叫作XGS-PON,然后重新开始在产业链进行技术讨论。

一般的新标准,讨论个三年两年很正常。但是呢,XGS-PON基本的架构都在早年有所涉猎,所以2016年12月就正式发布了。

FSAN组织与标准

与光接入网标准相关的国际组织IEEE，ITU-T之外还有一个组织FSAN。

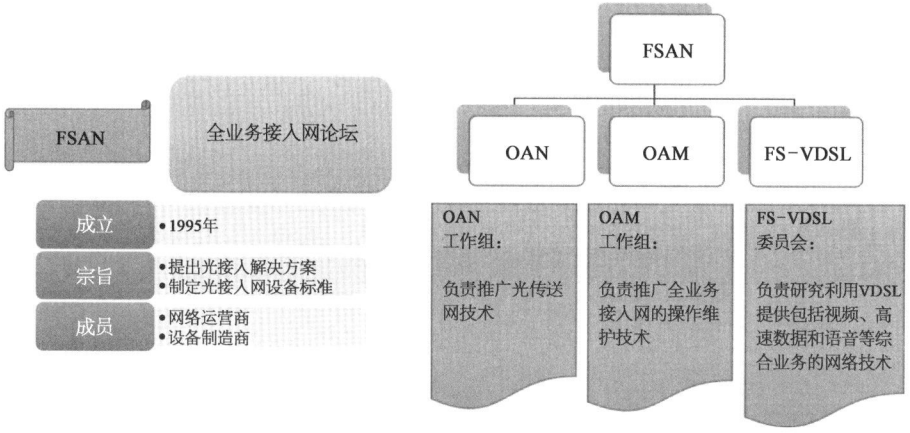

在接入网的标准上，FSAN主导制定，ITU-T批准后发布了一系列标准簇。

FSAN-OAN工作组制定的技术标准体系

FSAN的OAN工作组与ITU-T的SG15工作组在接入网标准上沟通紧密。

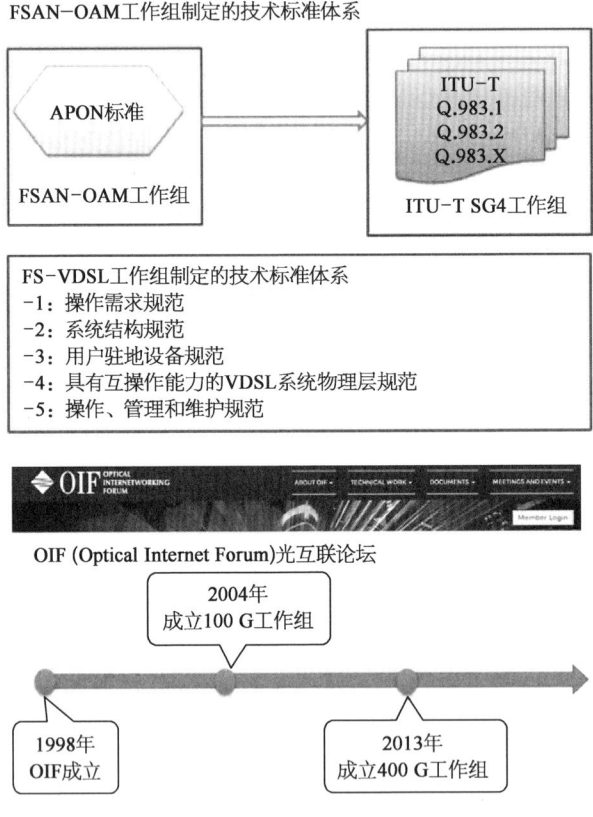

对100G模块，OIF接了任务，放到物理与链路（PLL）工作组。

PLL工作组,继续分了5个项目组。

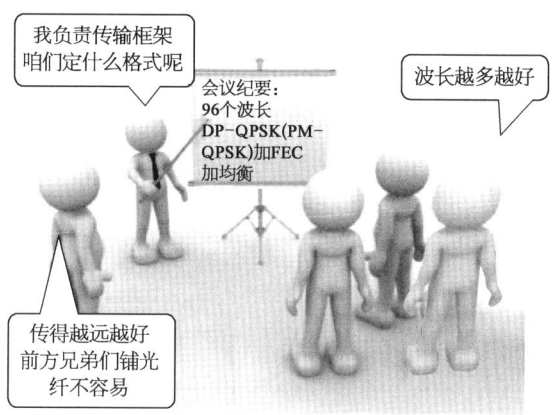

开会,讨论个白皮书,倾向选择多波长、大容量,反正就是传得越远越好、数据越多越好。每个项目组就按照白皮书的大规则启动规范性工作。

SFF协议树

提到SFF,相当一部分模块工程师首先想到的是这种:

双列直插2×5或者2×10 pin的光模块,因为有一份协议叫作小型封装多

源协议(SFF MSA),常用这份协议来区别热插拔光模块SFP封装。

工程师们常说一句话"是上图的SFF封装,不是下图的SFP封装啊。"

热插拔SFP模块遵从SFP MSA,实际也在SFF委员会下的某一个协议。

委员会,不仅仅是一个多源协议(MSA),SFF委员会下截止到2016年1月有200多条。

比如做光模块软件的同学熟悉SFF-8472,10 G SFP+光模块的晓得SFF-8431/8432,XFP同学的SFF-8077,QSFP+还有SFF-8436……这些也都是SFF委员会下的某一个协议。

1990年成立了一个委员会——SFF委员会(小外形规格委员会),按照英文版维基百科的说辞,它当时是为了给便携式电脑定义新型磁盘驱动器的外形而成立的,SFF委员会是一个由数据通信/电信系统和元件提供商组成的特别委员会,旨在制定连接器、电缆和外形封装方面的规范。

光通信相关的部分都有哪些,下面介绍几个:

1个通道的SFP/SFP+等封装外形、连接器、屏蔽罩等。

SFP+及SFP互连解决方案
特性
● SFP+:1通道可插拔铜制和光学互连解决方案
● SMT连接器和屏蔽罩、堆叠式集成连接器、无源和有源铜制光缆,适用于SFP+(高达16 Gb/s的光纤通道和10 GBE)

25G zSFP+铜互联或光互连连接器、屏蔽罩、电缆、光缆等。

第十一章 标 准

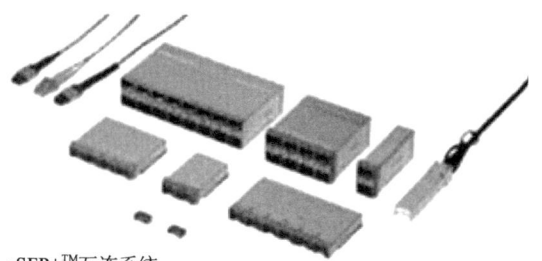

zSFP+™互连系统
特性
- 1通道可插拔铜制和光学互连解决方案
- SMT连接器和屏蔽罩、堆叠式集成连接器、无源和有源的铜制电缆和光缆,适用于zSFP+(高达25 Gb/s的光纤通道和25 GBE)

QSFP+四通道铜互联或光互连连接器、屏蔽罩、电缆、光缆等,Q代表4。

QSFP+互连解决方案
特性
- 4通道可插拔铜制和光学互连解决方案
- SMT连接器和屏蔽罩、堆叠式集成连接器、无源和有源铜制光缆,适用于QSFP+(高达14 Gb/s的InfiniBand和10 GBE)

12通道 120 G 光模块 CXP 铜互联或光互连连接器、铜缆、光缆等,C代表12。

CXP互连系统
特性
- 12通道可插拔铜制和光学互连解决方案
- 集成连接器、无源和有源铜制光缆,适用于CXP(高达14 Gb/s的InfiniBand和10 GBE)

单通道SFP/SFP+/SFP10/SFP16/SFP28。

四通道QSFP+/QSFP10/QSFP14/QSFP28。

这些应用场景下,细分连接器、笼子、模块规格等。

类别	连接器	笼子	模块	级联笼子
SFP/SFP+	SFF-8071	SFF-8432	SFF-8432	SFF-8433
QSFP+	SFF-8682	SFF-8683	SFF-8661	
QSFP28	SFF-8682	SFF-8683	SFF-8661	
CXP10	SFF-8642		SFF-8642	
CXP14	SFF-8617		SFF-8617	
CXP28				

附录:SFF系列完整列表

为祖国光通信物理层做贡献的人们,或多或少熟悉几个标准号,一些有卓越贡献的"攻城狮"估计能数出一个协议号下有几个版本,笔者能做到的就是把这200多条汇总给需要的人。

标准编号	版本	发布日期	标准名称
INF-8033	E		Improved ATA Timing Extensions to 16.6 MBs
INF-8034	E		ATA High Speed Local Bus Line Termination Issues
INF-8035	E		Self-Monitoring Analysis & Reporting Technology
INF-8036	E		ATA Signal Integrity Issues
INF-8037	E	1996-12-31	Intel Small PCI SIG
INF-8038	E		Intel Bus Master IDE ATA Specification

第十一章 标　准

（续表）

标准编号	版本	发布日期	标　准　名　称
INF-8039	E		Phoenix EDD（Enhanced Disk Drive）Specification
INF-8050	E		Bootable CD-ROM
INF-8051	E		3 inch Form Factor Drives
INF-8052	E		ATA Interface for 3 inch Removable Devices
INF-8053	5.5	2000-9-27	GBIC（Gigabit Interface Converter）
INF-8055	E		ATA SMART Application Guide
INF-8068	E	1996-12-31	SFF Committee Guidelines to Import Drawings
INF-8070	1.3	2001-7-5	ATAPI for Rewritable Removable Media
INF-8074	1	2001-5-12	SFP（Small Formfactor Pluggable）1 Gb/s Transceiver
INF-8077	4.5	2005-8-31	XFP 1X 10 Gb/s Pluggable Module
INF-8090	1	2015-10-13	ATAPI for Multimedia Devices（Mt Fuji）Vol 9
INF-8280	1	2012-11-1	SATA Universal Storage Module
INF-8350	E	1999-9-15	3.5 inch Form Factor Packaged Drives
INF-8411	1	2003-12-5	High Speed Serial Testing for Backplanes
INF-8438	1	2006-11-30	QSFP 4X 4 Gb/s Transceiver（Quad SFP）
INF-8474	3	2002-9-18	Xenpak GBE 4X 2.5 Gb/s Transceiver
INF-8475	2.2	2002-12-5	XPAK 4X 2.5 Gb/s Pluggable Transceiver
INF-8476	2	2005-4-7	X2 GBE 4X 2.5 Gb/s Transceiver
INF-8478	3	2003-5-30	OC48 DWDM 10 GBE Transceiver
INF-8479	1	2002-9-4	POP4 Parallel Transceiver
SFF-8000	0	2015-12-13	SFF Committee Information
SFF-8001	E		44-pin ATA（AT Attachment）Pinouts for SFF Drives

（续表）

标准编号	版本	发布日期	标 准 名 称
SFF-8002	E		68-pin ATA（AT Attachment）for SFF Drives
SFF-8003	E		SCSI Pinouts for SFF Drives
SFF-8004	E		2.5 inch Form Factor Drives
SFF-8005	E		1.8 inch Form Factor Drives
SFF-8006	E		1.3 inch Form Factor Drives
SFF-8007	E		2mm Connector Alternatives
SFF-8008	E		68-pin Embedded Interface for SFF Drives
SFF-8009	4.2	2000-10-10	Unitized Connector for Cabled Drives
SFF-8010	E		1.8 inch Form Factor 15mm Drives
SFF-8011	E		ATA Timing Extensions for Local Bus
SFF-8012	EIA-677 3.1	2005-9-16	4-Pin Power Connector Dimensions
SFF-8013	E		ATA Download Microcode Command
SFF-8015	E		SCA Connector for Rack Mounted SFF SCSI Drives
SFF-8017	E		SCSI Wiring Rules for Mixed Cable Plants
SFF-8018	E		ATA Low Power Modes
SFF-8019	E		ATA Identify Drive Data for Disks up to 8 GB
SFF-8020	E		ATA Packet Interface for CD-ROMs
SFF-8021	0.3	2010-11-24	SFF Committee Ballot Comments Template（XLS）
SFF-8022	0.2	2010-11-24	SFF Committee Ballot Comments Template（TXT）
SFF-8023	1	2007-1-28	SFF Committee Antitrust Guidelines
SFF-8024	3.5	2015-12-2	SFF Committee Cross Reference to Industry Products

第十一章 标　准

（续表）

标准编号	版本	发布日期	标　准　名　称
SFF-8025	1	2015-7-7	SFF Committee Specification Categories
SFF-8026	0.1	2005-7-31	SFF Committee Documentation
SFF-8027	1.1	2015-3-20	SFF Committee Sample Intellectual Property Letters
SFF-8028	E		ATA Packet Interface for CD-ROMs-Errata to Rev 2.5
SFF-8029	E		ATA Packet Interface for CD-ROMs-Errata to Rev 1.2
SFF-8030	2.6	2012-11-11	SFF Committee Charter
SFF-8031			SFF Committee Membership Named Representatives
SFF-8032	2	2013-5-26	SFF Committee Principles of Operation
SFF-8040	1.2	1995-5-24	25-pin Asynchronous SCSI Pinout
SFF-8043	E		40-pin MicroSCSI Pinout
SFF-8045	4.7	2005-1-12	40-pin SCA-2 Connector w/Parallel Selection
SFF-8046	E		80-pin SCA-2 Connector for SCSI Disk Drives
SFF-8049	E	1998-7-15	ATA 80-conductor Cable Assembly
SFF-8054	0.2	2004-5-6	Automation Drive Interface Connector
SFF-8057	E		Unitized ATA 2-plus Connector
SFF-8058	E		Unitized ATA 3-in-1 Connector
SFF-8059	E		40-pin ATA Connector
SFF-8060	1.5	2015-5-14	SFF Committee Patent Policy
SFF-8061	E	1997-3-31	Emailing drawings over the SFF Reflector
SFF-8062			Rolling Calendar of SSWGs and Plenaries
SFF-8063	1.4	2015-11-17	SFF Committee Project Request Template

(续表)

标准编号	版本	发布日期	标 准 名 称
SFF-8067	3.6	2008-2-12	40-pin SCA-2 Connector w/Bidirectional ESI
SFF-8069	E		Fax-Access Instructions
SFF-8071	1.7	2014-9-22	SFP+ 1X 0.8 mm Card Edge Connector
SFF-8072	1.2	1999-11-12	80-pin SCA-2 for Fibre Channel Tape Applications
SFF-8075	1	2001-7-4	SFP Cage 10 Gb/s 2X: PCI Card Version
SFF-8079	1.7	2005-2-2	SFP Rate and Application Selection
SFF-8080	E		ATAPI for CD-Recordable Media
SFF-8081	1.4	2014-9-13	SFP+ 1X 16 Gb/s Pluggable Transceiver Solution(SFP16)
SFF-8082	5.1	2005-3-18	Labeling of Ports and Cable Assemblies
SFF-8083	3.1	2014-9-13	SFP+ 1X 10 Gb/s Pluggable Transceiver Solution(SFP10)
SFF-8084	1.7	2014-9-13	SFP+ 1X 4 Gb/s Pluggable Transceiver Solution
SFF-8085	0.9	2003-10-8	SFP 100 Mb/s Transceivers
SFF-8086	EIA-974 2.5	2015-4-25	Mini Multilane 4X 10 Gb/s Common Elements Connector
SFF-8087	EIA-975 2.5	2013-3-14	Mini Multilane 4X Unshielded Connector Shell and Plug
SFF-8088	EIA-976 3.3	2013-3-14	Mini Multilane 4X Shielded Connector Shell and Plug
SFF-8089	1.3	2005-2-3	SFP Rate and Application Codes
SFF-8095	0.6	2011-5-13	Tether Testing Procedure
SFF-8098	1.2	2014-8-1	Windows Explorer Settings to Force FTP Refresh
SFF-8099	0.7	2015-10-14	SFF Committee Guidelines to Editors

(续表)

标准编号	版本	发布日期	标准名称
SFF-8111	EIA-676 1.3	2002-10-6	1.8 inch Form Factor (60×70 mm)
SFF-8120	EIA-676 2.6	2001-8-31	1.8 inch Form Factor (78×54 mm)
SFF-8131	1.9	2006-3-8	30 mm × 40 mm Form Factor
SFF-8132	1.3	2005-7-29	30 mm × 40 mm Form Factor w/35-pin ZIF Type Connector
SFF-8133	1.9	2007-1-23	30 mm × 40 mm Form Factor w/CE-ATA X4 X8 Connector
SFF-8141	1.5	2007-3-14	54 mm × 71 mm Form Factor
SFF-8142	1.4	2008-1-31	54 mm × 71 mm Form Factor w/40-pin ATA Type Connector
SFF-8143	1.4	2007-3-14	54 mm × 71 mm Form Factor w/CE-ATA X4 X8 Connector
SFF-8144	0.8	2008-1-16	54 mm × 78.5 mm Form Factor w/micro SATA Connector
SFF-8146	1	2008-11-3	54 mm × 71 mm Form Factor w/SATA Connector
SFF-8147	0.6	2012-12-31	54 mm × 78.5 mm Form Factor with Micro SAS Connector
SFF-8156	E	2009-1-1	54 mm × 39 mm Form Factor w/SATA Connector
SFF-8181	E		mSATA SSD Assembly
SFF-8200	EIA-720 3.2	2014-5-8	2.5 inch Form Factor Drives (all of 82xx family)
SFF-8201	EIA-720 3.3	2014-8-30	2.5 inch Form Factor Drive Dimensions
SFF-8212	EIA-720 1.4	2014-8-30	2.5 inch Form Factor Drive with 50-pin Connector
SFF-8222	EIA-720 2.3	2014-8-30	2.5 inch Form Factor Drive with SCA-2 Connector
SFF-8223	EIA-720 2.7	2014-8-30	2.5 inch Form Factor Drive with Serial Attached Connector

（续表）

标准编号	版本	发布日期	标 准 名 称
SFF-8248	EIA-720 1.0	2014-8-30	2.5 inch Form Factor w/Combo Connector inc USB Micro-B Receptacle
SFF-8252	EIA-720 0.5	2014-8-30	2.5 inch Form Factor Drive with SFF-8784 Connector
SFF-8300	EIA-740 2.3	2015-10-31	3.5 inch Form Factor Drives（all of 83xx family）
SFF-8301	EIA-740 1.8	2014-8-30	3.5 inch Form Factor Drive Dimensions
SFF-8302	EIA-740 1.3	2014-8-30	3.5 inch Form Factor Cabled Connector Locations
SFF-8323	EIA-740 1.6	2014-8-30	3.5 inch Form Factor Drive with Serial Attached Connector
SFF-8332	E	1995-7-27	3.5 inch Form Factor Drive w/80-pin SFF-8015 SCA Connector
SFF-8337	EIA-740 1.5	2015-10-31	3.5 inch Form Factor Drive w/SCA-2 Connector
SFF-8342	E	1995-12-2	3.5 inch Form Factor Drive w/Serial Unitized Connector
SFF-8348	EIA-740 1.0	2014-8-30	3.5 inch Form Factor w/Combo Connector inc USB Micro-B Receptacle
SFF-8402	1.1	2014-9-13	SFP+ 1X 28 Gb/s Pluggable Transceiver Solution（SFP28）
SFF-8410	16.1	2000-2-6	HSS Copper Testing and Performance Requirements
SFF-8412	12.2	2003-6-18	HSOI（High Speed Optical Interconnect）Testing
SFF-8414	10.1	2007-1-24	HPEI Passive Cable Assembly S-Parm Measurements
SFF-8415	8.2	2005-7-18	HPEI Measurement Methodology and Signal Integrity Requirements
SFF-8416	15	2005-6-27	HPEI Bulk Cable Measurement/Performance Requirements

(续表)

标准编号	版本	发布日期	标 准 名 称
SFF-8417	4.5	2014-1-28	Multi Conductor Cable Flex Cycle Test Procedure
SFF-8418	1.4	2015-7-30	SFP+ 10 Gb/s Electrical Interface
SFF-8419	1.3	2015-6-11	SFP+ Power and Low Speed Interface
SFF-8420	11.1	2000-2-6	HSSDC-1 1X 1 Gb/s Shielded Connector
SFF-8421	2.7	2006-1-24	HSSDC-2 1X 1 Gb/s Shielded Connector
SFF-8424	0.5	2004-1-15	HSSDC-2 2X 1 Gb/s Shielded Connector
SFF-8425	E	2004-1-16	Single Voltage 12V Drives
SFF-8429	1.1	2005-6-27	HSS Links Signal Specification Architecture
SFF-8430	4.1	1999-7-23	MT-RJ 2X 1 Gb/s Optical Connector
SFF-8431	A	2015-5-8	SFP+ 10 Gb/s and Low Speed Electrical Interface
SFF-8432	5.1	2012-8-8	SFP+ Module and Cage
SFF-8433	0.7	2009-6-5	SFP+ Ganged Cage
SFF-8434	0	2008-7-29	SFP+ Gerber Files
SFF-8435	0.9	2009-9-10	Maximizing Card Edge Contact Tolerances Technique
SFF-8436	EIA-964 4.8	2013-10-31	QSFP+ 4X 10 Gb/s Pluggable Transceiver
SFF-8437	1.1	2006-11-13	SFT Pin Through Hole Requirements
SFF-8439	E	2007-11-22	SFP-S（System Module）
SFF-8441	EIA-700 14.1	1999-11-21	VHDCI 1X Shielded Connector
SFF-8447	0.5	2015-5-14	LBA Count for Disk Drives
SFF-8448	1	2015-10-1	SAS Sideband Signal Assignments
SFF-8449	2	2013-9-18	Management Interface for SAS Shielded Cables

（续表）

标准编号	版本	发布日期	标准名称
SFF-8451	10.1	1998-11-10	SCA-2 2X 2 Gb/s Unshielded Connector
SFF-8452	3.1	2001-6-19	Glitch Free Mating Connections for Multidrop Applications
SFF-8454	1.5	2007-6-12	SCA-2 2X 8 Gb/s Unshielded Connector
SFF-8458	0.3	2011-1-6	Combination Connectors inc a USB 3.0 Micro-B Receptacle or Plug
SFF-8460	A	2001-4-4	HSS Backplane Design Guidelines
SFF-8461	0.2	2015-5-6	SFP+ Active Cable Specifications and Alternate Test Methods
SFF-8470	3.3	2006-3-31	Multilane 4/12X 10 Gb/s Shielded Connector（Copper）
SFF-8472	E AS847212.2	2014-11-21	Management Interface for SFP+
SFF-8473	1.4	2008-12-18	Multilane 4/12X 20 Gb/s Shielded Connector（Copper）
SFF-8477	1.4	2009-12-4	Tunable XFP
SFF-8480	2.1	1999-3-19	DB9 1.25 Gb/s Shielded
SFF-8482	EIA-966 2.4	2015-5-8	Serial Attachment 2X Unshielded Connector
SFF-8484	2	2006-3-3	Multilane Serial Attachment 4X Unshielded Connector
SFF-8485	0.7	2006-2-1	Serial GPIO（General Purpose Input/Output）Bus
SFF-8486	EIA-967 1.2	2010-7-1	Serial Attachment 4X Unshielded Micro Connector
SFF-8489	0.4	2011-11-29	Serial GPIO IBPI（International Blinking Pattern Interpretation）
SFF-8500	EIA-741 1.1	1995-6-5	5.25 inch Form Factor Drives（all of 85xx family）
SFF-8501	EIA-741 1.1	1995-6-4	5.25 inch Form Factor Drive Dimensions

第十一章 标 准

（续表）

标准编号	版本	发布日期	标 准 名 称
SFF-8508	EIA-741 1.1	1995-6-5	5.25 inch Form Factor ATAPI CD-ROM w/Audio Connectors
SFF-8523	1.4	2005-5-29	5.25 inch Form Factor Drive w/Serial Attachment Connector
SFF-8551	3.3	2000-7-26	5.25 inch Form Factor Optical CD Drives
SFF-8552	1.4	2008-10-20	5.25 inch Form Factor of 9.5mm and 12.7 mm Height Optical Drives
SFF-8553	1.3	2012-7-19	5.25 inch Form Factor of Optical Drives with SATA Interface
SFF-8601	0.7	2015-11-17	Speed Negotiation for Ethernet Drives
SFF-8611	0.3	2015-8-20	MiniLink 4/8X I/O Cable Assemblies
SFF-8612	0.3	2015-8-20	MiniLink 4/8X Shielded Connector
SFF-8613	3.5	2014-9-22	Mini Multilane 4/8X Unshielded Connector（HDun）
SFF-8614	3.4	2014-9-22	Mini Multilane 4/8X Shielded Cage/Connector（HDsh）
SFF-8617	1.5	2014-9-22	Mini Multilane 12X Shielded Cage/Connector（CXP）
SFF-8621	0.2	2015-8-26	MiniLink 4/8X 24 Gb/s Interconnect Solution
SFF-8629	1.4	2015-7-8	Serial Attachment 4X Unshielded Connector
SFF-8630	1.4	2015-7-8	Serial Attachment 4X 12 Gb/s Unshielded Connector
SFF-8631	0.9	2014-10-20	Serial Attachment 4/8X 24 Gb/s Unshielded Connector
SFF-8635	0.6	2015-6-29	QSFP+ 4X 10 Gb/s Pluggable Transceiver Solution（QSFP10）
SFF-8636	2.6	2015-6-19	Management Interface for Cabled Environments

（续表）

标准编号	版本	发布日期	标 准 名 称
SFF-8637	2.1	2015-3-27	Multifunction 6X 12 Gb/s Unshielded Connector
SFF-8638	1.1	2015-3-27	Multifunction 6X 24 Gb/s Unshielded Connector
SFF-8639	2	2015-1-15	Multifunction 6X Unshielded Connector
SFF-8640	1	2015-2-10	Serial Attachment 4X 24 Gb/s Unshielded Connector
SFF-8642	EIA-965 3.0	2014-5-14	Mini Multilane 12X 10 Gb/s Shielded Connector（CXP10）
SFF-8643	3.5	2014-9-22	Mini Multilane 4/8X 12 Gb/s Unshielded Connector（HD12un）
SFF-8644	3.4	2014-9-22	Mini Multilane 4/8X 12 Gb/s Shielded Cage/Connector（HD12sh）
SFF-8647	1.5	2014-9-22	Mini Multilane 12X 14 Gb/s Shielded Cage/Connector（CXP14）
SFF-8648	1	2014-5-15	Mini Multilane 12X 28 Gb/s Shielded Cage/Connector（CXP28）
SFF-8654	1.1	2015-12-3	0.6mm 4/8X Unshielded I/O Connector
SFF-8660	E	2015-11-5	Variable Power Supply for Pluggable Modules/Hosts
SFF-8661	2.3	2014-9-13	QSFP+ 4X Pluggable Module
SFF-8662	2.7	2014-7-24	QSFP+ 4X Connector（Style A）
SFF-8663	1.6	2014-5-23	QSFP+ Cage（Style A）
SFF-8665	1.9	2015-6-29	QSFP+ 4X 28 Gb/s Pluggable Transceiver Solution（QSFP28）
SFF-8670	0.5	2014-9-28	Multifunction 1X 10 Gb/s Shielded Connector（HSMIO）
SFF-8672	1	2013-1-9	QSFP+ 4X Connector（Style B）
SFF-8673	1	2015-8-3	Mini Multilane 4/8X 24 Gb/s Unshielded Connector（HD24un）

第十一章 标 准

（续表）

标准编号	版本	发布日期	标 准 名 称
SFF-8674	1	2015-8-3	Mini Multilane 4/8X 24 Gb/s Shielded Cage/Connector（HD24sh）
SFF-8678	2.2	2015-10-31	Serial Attachment 2X 3 Gb/s Unshielded Connector
SFF-8679	1.7	2014-8-12	QSFP+ 4X Base Electrical Specification
SFF-8680	2.1	2015-5-8	Serial Attachment 2X 12 Gb/s Unshielded Connector
SFF-8681	1	2015-5-8	Serial Attachment 2X 24 Gb/s Unshielded Connector
SFF-8682	0.8	2014-11-4	QSFP+ 4X Connector
SFF-8683	1.2	2014-11-4	QSFP+ Cage
SFF-8685	0.6	2015-6-29	QSFP+ 4X 14 Gb/s Pluggable Transceiver Solution（QSFP14）
SFF-8690	1.4	2013-1-23	Tunable SFP+ Memory Map for ITU Frequencies
SFF-8724		2009-3-1	Diagnostics Monitoring... Invalid References
SFF-8784	0.2	2013-2-26	0.8 mm Card Edge Drive Connector
SFF-9400	0.2	2015-4-28	Universal 4/8X Pinouts
SFF-9401	0.6	2015-10-10	Universal Multi-Protocol Interface Pinout for Internal Cables
SFF-9422	0.2	2013-6-3	Drive Common Connector Platform Pinouts for USB
SFF-9482	0.2	2015-5-8	Serial Attachment 2X Unshielded Connector Pinouts
SFF-9629	0.3	2015-10-11	Serial Attachment 4X Unshielded Connector Pinouts
SFF-9639	1	2015-12-8	Multifunction 6X Unshielded Connector Pinouts

ITU组织架构与标准树

国际电信联盟(ITU)是联合国的一个机构,1865年成立,已经150多年了。ITU-T是ITU下设的一个与电信相关的标准化组织。

ITU-T分了多个研究组,其中SG15是与光传输与接入网的研究组。

ITU-T的标准,从提出文稿到成立标准要2～3年,之后还会不断维护与修改,比如G.984和G.984增补是GPON的标准。

系列标准按字母A～V来分类,G是与传输体系网络相关的标准树(用标准簇这个词好一些? 相比IEEE的802要长得多)。

这个G.标准的清单相当长。

ITU-T Rec. G.Sup29 (1993) Planning of mixed analogue-digital circuits
ITU-T Rec. G.Sup31 (1993) Principles of determining an impedance strategy for the local network
ITU-T Rec. G.Sup32 (1993) Transmission aspects of digital mobile radio systems
ITU-T Rec. G.Sup37 (1998) ITU-T Recommendation G.763 digital circuit multiplication equipment (DCME) tutorial and dimensioning
ITU-T Rec. G.Sup38 (1998) Variable bit rate calculations for ITU-T Recommendation G.767 Digital Circuit Multiplication Equipment (DCME)
ITU-T Rec. G.100 (1993) Definitions used in Recommendations on general characteristics of international telephone connections and circuits
ITU-T Rec. G.101 (1996) The transmission plan
ITU-T Rec. G.102 (1980) Transmission performance objectives and Recommendations
ITU-T Rec. G.103 (1998) Hypothetical reference connections
ITU-T Rec. G.105 (1988) Hypothetical reference connection for crosstalk studies
"ITU-T Rec. G.107 (1998) The E-Model, a computational model for use in transmission planning"
ITU-T Rec. G.111 (03/93) Loudness ratings (LRs) in an international connection
ITU-T Rec. G.113 (1996) Transmission impairments
ITU-T Rec. G.113 Appendix I (1998) Provisional planning values for the equipment impairment factor Ie
ITU-T Rec. G.114 (1996) One-way transmission time
ITU-T Rec. G.115 (1996) Mean active speech level for announcements and speech synthesis systems
ITU-T Rec. G.117 (1996) Transmission aspects of unbalance about earth
ITU-T Rec. G.120 (1998) Transmission characteristics of national networks
ITU-T Rec. G.121 (1993) Loudness ratings (LRs) of national systems
ITU-T Rec. G.122 (1993) Influence of national systems on stability talker echo in international connections

ITU-T Rec. G.126 (1993) Listener echo in telephone networks
ITU-T Rec. G.131 (1996) Control of talker echo
ITU-T Rec. G.136 (1999) Application rules for automatic level control devices
ITU-T Rec. G.142 (1998) Transmission characteristics of exchanges
ITU-T Rec. G.162 (10/68) Characteristics of compandors for telephony
ITU-T Rec. G.164 (1988) Echo suppressors
ITU-T Rec. G.165 (1993) Echo cancellers
ITU-T Rec. G.166 (1988) Characteristics of syllabic compandors for telephony on high capacity long distance systems
ITU-T Rec. G.167 (1993) Acoustic echo controllers
ITU-T Rec. G.168 (1997) Digital network echo cancellers
ITU-T Rec. G.169 (1999) Automatic level control devices
ITU-T Rec. G.171 (1988) Transmission plan aspects of privately operated networks
ITU-T Rec. G.172 (1988) Transmission plan aspects of international conference calls
ITU-T Rec. G.173 (1993) Transmission planning aspects of the speech service in digital public land mobile networks
ITU-T Rec. G.174 (1994) Transmission performance objectives for terrestrial digital wireless systems using portable terminals to access the PSTN
ITU-T Rec. G.175 (1997) Transmission planning for private/public network interconnection of voice traffic
ITU-T Rec. G.176 (1997) Planning guidelines for the integration of ATM technology into networks supporting voiceband services
"ITU-T Rec. G.180 (1993) Characteristics of N + M type direct transmission restoration systems for use on digital and analogue sections, links or equipment"
ITU-T Rec. G.181 (1993) Characteristics of 1 + 1 type restoration systems for use on digital transmission links
ITU-T Rec. G.191 (1996) Software tools for speech and audio coding standardization
ITU-T Rec. G.192 (1996) A common digital parallel interface for speech standardization activities
ITU-T Rec. G.211 (1984) Make-up of a carrier link
ITU-T Rec. G.212 (1984) Hypothetical reference circuits for analogue systems
ITU-T Rec. G.213 (1984) Interconnection of systems in a main repeater station
ITU-T Rec. G.214 (1968) Line stability of cable systems
ITU-T Rec. G.215 (1980) Hypothetical reference circuit of 5000 km for analogue systems
ITU-T Rec. G.221 (1980) Overall recommendations relating to carrier-transmission systems
ITU-T Rec. G.222 (1988) Noise objectives for design of carrier-transmission systems of 2500 km
ITU-T Rec. G.223—Assumptions for the calculation of noise on hypothetical reference circuits for telephony
ITU-T Rec. G.224—Maximum permissible value for the absolute power level (power referred to one milliwatt) of a signalling pulse
ITU-T Rec. G.225 (1968) Recommendations relating to the accuracy of carrier frequencies
ITU-T Rec. G.226 (1988) Noise on a real link
ITU-T Rec. G.227—Conventional telephone signal
ITU-T Rec. G.228 (1988) Measurement of circuit noise in cable systems using a uniform-spectrum random noise loading
ITU-T Rec. G.229 (1984) Unwanted modulation and phase jitter

ITU-T Rec. G.230 (1980) Measuring methods for noise produced by modulating equipment and through-connection filters
ITU-T Rec. G.231 (1988) Arrangement of carrier equipment
ITU-T Rec. G.232 (1984) 12-channel terminal equipments
ITU-T Rec. G.233 (1984) Recommendations concerning translating equipments
"ITU-T Rec. G.241 (1984) Pilots on groups, supergroups, etc."
"ITU-T Rec. G.242 (1984) Through-connection of groups, supergroups, etc."
ITU-T Rec. G.243 (1984) Protection of pilots and additional measuring frequencies at points where there is a through-connection
ITU-T Rec. G.322 (1984) General characteristics recommended for systems on symmetric pair cables
ITU-T Rec. G.325 (1984) General characteristics recommended for systems providing 12 telephone carrier circuits on a symmetric cable pair
ITU-T Rec. G.332 (1980) 12 MHz systems on standardized 2.6/9.5 mm coaxial cable pairs
ITU-T Rec. G.333 (1984) 60 MHz systems on standardized 2.6/9.5 mm coaxial cable pairs
ITU-T Rec. G.334 (1980) 18 MHz systems on standardized 2.6/9.5 mm coaxial cable pairs
ITU-T Rec. G.341 (1984) 1.3 MHz systems on standardized 1.2/4.4 mm coaxial cable pairs
ITU-T Rec. G.343 (1984) 4 MHz systems on standardized 1.2/4.4 mm coaxial cable pairs
ITU-T Rec. G.344 (1984) 6 MHz systems on standardized 1.2/4.4 mm coaxial cable pairs
ITU-T Rec. G.345 (1984) 12 MHz systems on standardized 1.2/4.4 mm coaxial cable pairs
ITU-T Rec. G.346 (1980) 18 MHz systems on standardized 1.2/4.4 mm coaxial cable pairs
ITU-T Rec. G.352 (1980) Interconnection of coaxial carrier systems of different designs
ITU-T Rec. G.411 (1988) Use of radio-relay systems for international telephone circuits
ITU-T Rec. G.421 (1988) Methods of interconnection
ITU-T Rec. G.422 (1984) Interconnection at audio-frequencies
ITU-T Rec. G.423 (1964) Interconnection at the baseband frequencies of frequency-division multiplex radio-relay systems
ITU-T Rec. G.431 (1964) Hypothetical reference circuits for frequency-division multiplex radio-relay systems
ITU-T Rec. G.441 (1988) Permissible circuit noise on frequency-division multiplex radio-relay systems
ITU-T Rec. G.442 (1964) Radio-relay system design objectives for noise at the far end of a hypothetical reference circuit with reference to telegraphy transmission
ITU-T Rec. G.451 (1988) Use of radio links in international telephone circuits
ITU-T Rec. G.511 (1998) Test methodology for Group 3 facsimile processing equipment in the Public Switched Telephone Network
ITU-T Rec. G.601 (1980) Terminology for cables
ITU-T Rec. G.602 (1984) Reliability and availability of analogue cable transmission systems and associated equipments
ITU-T Rec. G.611 (1980) Characteristics of symmetric cable pairs for analogue transmission
ITU-T Rec. G.612 (1980) Characteristics of symmetric cable pairs designed for the transmission of systems with bit rates of the order of 6 to 34 Mbit/s
ITU-T Rec. G.613 (1984) Characteristics of symmetric cable pairs usable wholly for the transmission of digital systems with a bit rate of up to 2 Mbits
ITU-T Rec. G.614 (1988) Characteristics of symmetric pair star-quad cables designed earlier for analogue transmission systems and being used now for digital system transmission at bit rates of 6 to 34 Mbit/s

第十一章 标 准

ITU-T Rec. G.621 (1980) Characteristics of 0.7/2.9 mm coaxial cable pairs
ITU-T Rec. G.622 (1988) Characteristics of 1.2/4.4 mm coaxial cable pairs
ITU-T Rec. G.623 (1988) Characteristics of 2.6/9.5 mm coaxial cable pairs
ITU-T Rec. G.631 (1976) Types of submarine cable to be used for systems with line frequencies of less than about 45 MHz
ITU-T Rec. G.650 (1997) Definition and test methods for the relevant parameters of single-mode fibres
ITU-T Rec. G.651 (1998) Characteristics of a 50/125 μm multimode graded index optical fibre cable
ITU-T Rec. G.652 (1997) Characteristics of a single-mode optical fibre cable
ITU-T Rec. G.653 (1997) Characteristics of a dispersion-shifted single-mode optical fibre cable
ITU-T Rec. G.654 (1997) Characteristics of a cut-off shifted single-mode optical fibre cable
ITU-T Rec. G.655 (1996) Characteristics of a non-zero dispersion shifted single-mode optical fibre cable
ITU-T Rec. G.661 (1998) Definition and test methods for the relevant generic parameters of optical amplifier devices and subsystems
ITU-T Rec. G.662 (1998) Generic characteristics of optical fibre amplifier devices and subsystems
ITU-T Rec. G.663 (1996) Application related aspects of optical fibre amplifier devices and sub-systems
ITU-T Rec. G.664 (1999) Optical safety procedures and requirements for optical transport systems
ITU-T Rec. G.671 (1996) Transmission characteristics of passive optical components
"ITU-T Rec. G.681 (1996) Functional characteristics of interoffice and long-haul line systems using optical amplifiers, including optical multiplexing"
ITU-T Rec. G.692 (1998) Optical interfaces for multichannel systems with optical amplifiers
"ITU-T Rec. G.701 (1993) Vocabulary of digital transmission and multiplexing, and pulse code modulation (PCM) terms"
ITU-T Rec. G.702 (1988) Digital hierarchy bit rates
ITU-T Rec. G.703 (1998) Physical/electrical characteristics of hierarchical digital interfaces
"ITU-T Rec. G.704 (1998) Synchronous frame structures used at 1544, 6312, 2048, 8448 and 44 736 kbit/s hierarchical levels"
ITU-T Rec. G.706 (1991) Frame alignment and cyclic redundancy check (CRC) procedures relating to basic frame structures defined in G.704
ITU-T Rec. G.707 (1996) Network node interface for the synchronous digital hierarchy (SDH)
ITU-T Rec. G.708 (1999) Sub STM-0 network node interface for the synchronous digital hierarchy (SDH)
ITU-T Rec. G.711 (1988) Pulse code modulation (PCM) of voice frequencies
ITU-T Rec. G.712 (1996) Transmission performance characteristics of pulse code modulation channels
ITU-T Rec. G.720 (1995) Characterization of low-rate digital voice coder performance with non-voice signals
ITU-T Rec. G.722 (1988) 7 kHz audio-coding within 64 kbit/s
ITU-T Rec. G.722 Annex A (1993) Testing signal-to-total distortion ratio for 7 kHz audio-codecs at 64 kbit/s Recommendation G.722 connected back-to-back
ITU-T Rec. G.722 Appendix 2 (1987) Description of the digital test sequences for the verification of the G.722 64 kbit/s SB-ADPCM 7 kHz codec
ITU-T Rec. G.722.1 (1999) Coding at 24 and 32 kbit/s for hands-free operation in systems with low frame loss
ITU-T Rec. G.723.1 (1996) Dual rate speech coder for multimedia communications transmitting at 5.3

and 6.3 kbit/s

ITU-T Rec. G.724 (1988) Characteristics of a 48-channel low bit rate encoding primary multiplex operating at 1544 kbit/s

ITU-T Rec. G.725 (1988) System aspects for the use of the 7 kHz audio codec within 64 kbit/s

"ITU-T Rec. G.726 (1990) 40, 32, 24, 16 kbit/s adaptive differential pulse code modulation (ADPCM)"

ITU-T Rec. G.726 Annex A (1994) Extensions of Recommendation G.726 for use with uniform-quantized

"ITU-T Rec. G.726 Appendix 2 (1991) Test Vectors - Description of the digital test sequences for the verification of the G.726 40, 32, 24 and 16 kbit/s ADPCM algorithm"

ITU-T Rec. G.726 Appendix 3 (1994) Comparison of ADPCM algorithms

"ITU-T Rec. G.727 (1990) 5-, 4-, 3- and 2-bits/sample embedded adaptive differential pulse code modulation (ADPCM)"

ITU-T Rec. G.727 Annex A (1994) Extensions of Recommendation G.727 for use with uniform-quantized input and output

"ITU-T Rec. G.727 Appendix 1 (1991) Description of the digital test sequences for the verification of the G.727 5, 4, 3 and 2 bit/sample embedded ADPCM algorithm"

ITU-T Rec. G.727 Appendix 2 (1994) Comparison of ADPCM algorithms

ITU-T Rec. G.728 (1992) Coding of speech at 16 kbit/s using low-delay code excited linear prediction

ITU-T Rec. G.728 Annex G (1994) 16 kbit/s fixed point specification

ITU-T Rec. G.728 Annex H (1999) Variable bit rate LD-CELP operation mainly for DCME at rates less than 16 kbit/s

ITU-T Rec. G.728 Annex I (1999) Coding of speech at 16 kbit/s using low-delay code excited linear prediction - Annex I: Fram

ITU-T Rec. G.728 Appendix 1 (1995) Programs and test sequences for implementation verification of the algorithm of the G.728 16 kbit/s LD-CELP speech coder

ITU-T Rec. G.728 Appendix 2 (1995) Speech performance

ITU-T Rec. G.729 (1996) Coding of speech at 8 kbit/s using conjugate-structure algebraic-code-excited linear-prediction

ITU-T Rec. G.729 Annex A (1996) Reduced complexity 8 kbit/s CS-ACELP speech codec

ITU-T Rec. G.729 Annex B (1996) A silence compression scheme for G.729 optimized for terminals conforming to Recommendation V.70

ITU-T Rec. G.729 Annex C (1998) CODING OF SPEECH AT 8 kbit/s USING CONJUGATE-STRUCTURE ALGEBRAIC-CODE-EXCITED-LINEAR-PREDICTION

ITU-T Rec. G.729 Annex D (1998) CODING OF SPEECH AT 8 kbit/s USING CONJUGATE-STRUCTURE ALGEBRAIC-CODE-EXCITED LINEAR-PREDICTION

ITU-T Rec. G.729 Annex E (1998) CODING OF SPEECH AT 8 kbit/s USING CONJUGATE-STRUCTURE ALGEBRAIC-CODE-EXCITED LINEAR-PREDICTION

ITU-T Rec. G.731 (1988) Primary PCM multiplex equipment for voice frequencies

ITU-T Rec. G.732 (1988) Characteristics of primary PCM multiplex equipment operating at 2048 kbit/s

ITU-T Rec. G.733 (1988) Characteristics of primary PCM multiplex equipment operating at 1544 kbit/s

ITU-T Rec. G.734 (1988) Characteristics of synchronous digital multiplex equipment operating at 1544 kbit/s

ITU-T Rec. G.735 (1988) Characteristics of primary PCM multiplex equipment operating at 2048 kbit/s and offering synchronous digital access at 384 kbit/s and/or 64 kbit/s

ITU-T Rec. G.736 (1993) Characteristics of a synchronous digital multiplex equipment operating at

第十一章 标 准

2048 kbit/s
ITU-T Rec. G.737 (1988) Characteristics of an external access equipment operating at 2048 kbit/s offering synchronous digital access at 384 kbit/s and/or 64 kbit/s
ITU-T Rec. G.738 (1988) Characteristics of primary PCM multiplex equipment operating at 2048 kbit/s and offering synchronous digital access at 320 kbit/s and/or 64 kbit/s
ITU-T Rec. G.739 (1988) Characteristics of an external access equipment operating at 2048 kbit/s offering synchronous digital access at 320 kbit/s and/or 64 kbit/s
ITU-T Rec. G.741 (1988) General considerations on second order multiplex equipments
ITU-T Rec. G.742 (1988) Second order digital multiplex equipment operating at 8448 kbit/s and using positive justification
ITU-T Rec. G.743 (1988) Second order digital multiplex equipment operating at 6312 kbit/s and using positive justification
ITU-T Rec. G.744 (1988) Second order PCM multiplex equipment operating at 8448 kbit/s
ITU-T Rec. G.745 (1988) Second order digital multiplex equipment operating at 8448 kbit/s and using positive/zero/negative justification
ITU-T Rec. G.746 (1984) Characteristics of second order PCM multiplex equipment operating at 6312 kbit/s
ITU-T Rec. G.747 (1988) Second order digital multiplex equipment operating at 6312 kbit/s and multiplexing three tributaries at 2048 kbit/s
ITU-T Rec. G.751 (1988) Digital multiplex equipments operating at the third order bit rate of 34 368kbit/s and the fourth order bit rate of 139 264 kbit/s and using positive justification
ITU-T Rec. G.752 (1980) Characteristics of digital multiplex equipments based on a second order bit rate of 6312 kbit/s and using positive justification
ITU-T Rec. G.753 (1988) Third order digital multiplex equipment operating at 34 368 kbit/s and using positive/zero/negative justification
ITU-T Rec. G.754 (1988) Fourth order digital multiplex equipment operating at 139 264 kbit/s and using positive/zero/negative justification
ITU-T Rec. G.755 (1988) Digital multiplex equipment operating at 139 264 kbit/s and multiplexing three tributaries at 44 736 kbit/s
ITU-T Rec. G.761 (1988) General characteristics of a 60-channel transcoder equipment
ITU-T Rec. G.762 (1988) General characteristics of a 48-channel transcoder equipment
ITU-T Rec. G.763 (1998) Digital circuit multiplication equipment using G.726 ADPCM and digital speech interpolation
ITU-T Rec. G.764 (1990) Voice packetization - Packetized voice protocols
ITU-T Rec. G.764 Appendix 1 (1995) Packetization guide
ITU-T Rec. G.765 (1992) Packet circuit multiplication equipment
ITU-T Rec. G.765 Appendix 1 (1995) A guide to PCME
ITU-T Rec. G.766 (1996) Facsimile demodulation/remodulation for digital circuit multiplication equipment
"ITU-T Rec. G.767 (1998) Digital circuit multiplication equipment using 16 kbit/s LD-CELP, digital speech interpolation and facsimile demodulation/remodulation"
ITU-T Rec. G.772 (1993) Protected monitoring points provided on digital transmission systems
ITU-T Rec. G.773 (1993) Protocol suites for Q-interfaces for management of transmission systems
ITU-T Rec. G.774 Cor 1 (11/96)
ITU-T Rec. G.774 (1992) Synchronous digital hierarchy (SDH) management information model for the

network element view

ITU-T Rec. G.774.01 Corrigendum 1 (1996) SYNCHRONOUS DIGITAL HIERARCHY [SDH] PERFORMANCE MONITORING FOR THE NETWORK ELEMENT VIE

ITU-T Rec. G.774.01 (1994) Synchronous Digital Hierarchy (SDH) performance monitoring for the network element view

ITU-T Rec. G.774.02 Corrigendum 1 (1996) SYNCHRONOUS DIGITAL HIERARCHY [SDH] CONFIGURATION OF THE PAYLOAD STRUCTURE FOR THE NET

ITU-T Rec. G.774.02 (1994) Synchronous digital hierarchy (SDH) configuration of the payload structure for the network element view

ITU-T Rec. G.774.03 Corrigendum 1 (1996) SYNCHRONOUS DIGITAL HIERARCHY [SDH] MANAGEMENT OF MULTIPLEX-SECTION PROTECTION ...

ITU-T Rec. G.774.03 (1994) Synchronous digital hierarchy (SDH) management of multiplex-section protection for the network element view

ITU-T Rec. G.774.04 Corrigendum 1 (1996) SYNCHRONOUS DIGITAL HIERARCHY (SDH) MANAGEMENT OF THE SUBNETWORK CONNECTION ...

ITU-T Rec. G.774.04 (1995) Synchronous digital hierarchy (SDH) management of the subnetwork connection protection for the network element view

ITU-T Rec. G.774.05 Corrigendum 1 (1996) SYNCHRONOUS DIGITAL HIERARCHY [SDH] MANAGEMENT OF CONNECTION SUPERVISION FUNCTIONALITY

ITU-T Rec. G.774.05 (1995) Synchronous Digital Hierarchy (SDH) management of connection supervision functionality (HCS/LCS) for the network element view

ITU-T Rec. G.774.6 (1997) Synchronous digital hierarchy (SDH) unidirectional performance monitoring for the network element view

ITU-T Rec. G.774.7 (1996) Synchronous Digital Hierarchy (SDH) management of lower order path trace and interface labelling for the network element view

ITU-T Rec. G.774.8 (1997) Synchronous Digital Hierarchy (SDH) management of radio-relay systems for the network element view

ITU-T Rec. G.774.9 (1998) Synchronous Digital Hierarchy (SDH) configuration of linear multiplex section protection for the network element view

"ITU-T Rec. G.775 (1998) Loss of Signal (LOS), Alarm Indication Signal (AIS) and Remote Defect Indication (RDI) defect detection and clearance criteria for PDH signals"

ITU-T Rec. G.776.1 (1998) Managed objects for signal processing network elements

ITU-T Rec. G.780 (1999) Vocabulary of terms for synchronous digital hierarchy (SDH) networks and equipment

ITU-T Rec. G.781 (1999) Synchronization layer functions

ITU-T Rec. G.783 (1997) Characteristics of synchronous digital hierarchy (SDH) equipment functional blocks

ITU-T Rec. G.784 (1999) Synchronous digital hierarchy (SDH) management

ITU-T Rec. G.785 (1996) Characteristics of a flexible multiplexer in a synchronous digital hierarchy environment

ITU-T Rec. G.791 (1988) General considerations on transmultiplexing equipments

ITU-T Rec. G.792 (1988) Characteristics common to all transmultiplexing equipments

ITU-T Rec. G.793 (1988) Characteristics of 60-channel transmultiplexing equipments

ITU-T Rec. G.794 (1988) Characteristics of 24-channel transmultiplexing equipments

ITU-T Rec. G.795 (1988) Characteristics of codecs for FDM assemblies

第十一章 标 准

ITU-T Rec. G.796 Cor 1 (1998)

ITU-T Rec. G.796 (1992) Characteristics of a 64 kbit/s cross-connect equipment with 2048 kbit/s access ports

ITU-T Rec. G.797 (1996) Characteristics of a flexible multiplexer in a plesiochronous digital hierarchy environment

ITU-T Rec. G.801 (1984) Digital transmission models

ITU-T Rec. G.802 (1988) Interworking between networks based on different digital hierarchies and speech encoding laws

ITU-T Rec. G.803 (1997) Architecture of transport networks based on the synchronous digital hierarchy (SDH)

ITU-T Rec. G.804 (1998) ATM cell mapping into Plesiochronous Digital Hierarchy (PDH)

ITU-T Rec. G.805 (1995) Generic functional architecture of transport networks

ITU-T Rec. G.810 (1996) Definitions and terminology for synchronization networks

ITU-T Rec. G.811 (1997) Timing characteristics of primary reference clocks

ITU-T Rec. G.812 (1998) Timing requirements of slave clocks suitable for use as node clocks in synchronization networks

ITU-T Rec. G.813 (1996) Timing characteristics of SDH equipment slave clocks (SEC)

ITU-T Rec. G.821 (1996) Error performance of an international digital connection operating at a bit rate below the primary rate and forming part of an integrated services digital network

ITU-T Rec. G.822 (1988) Controlled slip rate objectives on an international digital connection

ITU-T Rec. G.823 (1993) The control of jitter and wander within digital networks which are based on the 2048 kbit/s hierarchy

ITU-T Rec. G.824 (1993) The control of jitter and wander within digital networks which are based on the 1544 kbit/s hierarchy

ITU-T Rec. G.825 (1993) The control of jitter and wander within digital networks which are based on the synchronous digital hierarchy (SDH)

"ITU-T Rec. G.826 (1999) Error performance parameters and objectives for international, constant bit rate digital paths at or above the primary rate"

ITU-T Rec. G.827 (1996) Availability parameters and objectives for path elements of international constant bit-rate digital paths at or above the primary rate

ITU-T Rec. G.831 (1996) Management capabilities of transport networks based on the Synchronous Digital Hierarchy (SDH)

ITU-T Rec. G.832 (1998) Transport of SDH elements on PDH networks—Frame and multiplexing structures

ITU-T Rec. G.841 (1998) Types and characteristics of SDH network protection architectures

ITU-T Rec. G.842 (1997) Interworking of SDH network protection architectures

ITU-T Rec. G.851.1 (1996) Management of the transport network—Application of the RM-ODP framework

ITU-T Rec. G.852.10 (1999) Enterprise viewpoint for pre-provisioned link connection management

ITU-T Rec. G.852.12 (1999) Enterprise viewpoint for pre-provisioned link management

ITU-T Rec. G.852.1 (1996) Management of the transport network—Enterprise viewpoint for simple subnetwork connection management

ITU-T Rec. G.852.2 (1999) Enterprise viewpoint description of transport network resource model

ITU-T Rec. G.852.3 (1999) Enterprise viewpoint for topology management

ITU-T Rec. G.852.6 (1999) Enterprise viewpoint for trail management

ITU-T Rec. G.852.8 (1999) Enterprise viewpoint for pre-provisioned adaptation management
ITU-T Rec. G.853.10 (1999) Information viewpoint for pre-provisioned link connection management
ITU-T Rec. G.853.1 (1999) Common elements of the information viewpoint for the management of a transport network
ITU-T Rec. G.853.2 (1996) Subnetwork connection management information viewpoint
ITU-T Rec. G.853.3 (1999) Information viewpoint for topology management
ITU-T Rec. G.853.6 (1999) Information viewpoint for trail management
ITU-T Rec. G.853.8 (1999) Information viewpoint for pre-provisioned adaptation management
ITU-T Rec. G.854.10 (1999) Computational viewpoint for pre-provisioned link connection management
ITU-T Rec. G.854.12 (1999) Computational viewpoint for pre-provisioned link management
ITU-T Rec. G.854.1 (1996) Management of the transport network - Computational interfaces for basic transport network model
ITU-T Rec. G.854.3 (1999) Computational viewpoint for topology management
ITU-T Rec. G.854.6 (1999) Computational viewpoint for trail management
ITU-T Rec. G.854.8 (1999) Computational viewpoint for pre-provisioned adaptation management
ITU-T Rec. G.855.1 (1999) GDMO engineering viewpoint for the generic network level model
ITU-T Rec. G.861 (1996) Principles and guidelines for the integration of satellite and radio systems in SDH transport networks
ITU-T Rec. G.872 (1999) Architecture of optical transport networks
ITU-T Rec. G.901 (1988) General considerations on digital sections and digital line systems
"ITU-T Rec. G.902 (1995) Framework Recommendation on functional access networks (AN)—Architecture and functions, access types, management and service node aspects"
ITU-T Rec. G.911 (1997) Parameters and calculation methodologies for reliability and availability of fibre optic systems
ITU-T Rec. G.921 (1988) Digital sections based on the 2048 kbit/s hierarchy
ITU-T Rec. G.931 (1988) Digital line sections at 3152 kbit/s
ITU-T Rec. G.941 (1988) Digital line systems provided by FDM transmission bearers
ITU-T Rec. G.950 (1988) General considerations on digital line systems
ITU-T Rec. G.951 (1988) Digital line systems based on the 1544 kbit/s hierarchy on symmetric pair cables
ITU-T Rec. G.952 (1988) Digital line systems based on the 2048 kbit/s hierarchy on symmetric pair cables
ITU-T Rec. G.953 (1988) Digital line systems based on the 1544 kbit/s hierarchy on coaxial pair cables
ITU-T Rec. G.954 (1988) Digital line systems based on the 2048 kbit/s hierarchy on coaxial pair cables
ITU-T Rec. G.955 (1996) Digital line systems based on the 1544 kbit/s and the 2048 kbit/s hierarchy on optical fibre cables
ITU-T Rec. G.957 (1999) Optical interfaces for equipments and systems relating to the synchronous digital hierarchy
ITU-T Rec. G.958 (1994) Digital line systems based on the synchronous digital hierarchy for use on optical fibre cables
ITU-T Rec. G.960 (1993) Access digital section for ISDN basic rate access
ITU-T Rec. G.961 (1993) Digital transmission system on metallic local lines for ISDN basic rate access
ITU-T Rec. G.962 (1993) Access digital section for ISDN primary rate at 2048 kbit/s
ITU-T Rec. G.962 Amd 1 (06/97) Maintenance channel

第十一章 标 准

ITU-T Rec. G.963 (1993) Access digital section for ISDN primary rate at 1544 kbit/s

ITU-T Rec. G.964 (1994) V-Interfaces at the digital local exchange (LE) - V5.1-interface (based on 2048 kbit/s) for the support of access network (AN)

ITU-T Rec. G.965 (1995) V-Interfaces at the digital local exchange (LE) - V5.2 Interface (based on 2048 kbit/s) for the support of access network (AN)

ITU-T Rec. G.966 (1999) Access digital section for B-ISDN

ITU-T Rec. G.967 - V-interfaces at the service node (SN)

ITU-T Rec. G.967.2 (1999) VB5.2 reference point specification

ITU-T Rec. G.971 (1996) General features of optical fibre submarine cable systems

ITU-T Rec. G.972 (1997) Definition of terms relevant to optical fibre submarine cable systems

ITU-T Rec. G.973 (1996) Characteristics of repeaterless optical fibre submarine cable systems

ITU-T Rec. G.974 (1993) Characteristics of regenerative optical fibre submarine cable systems

ITU-T Rec. G.975 (1996) Forward error correction for submarine systems

ITU-T Rec. G.976 (1997) Test methods applicable to optical fibre submarine cable systems

ITU-T Rec. G.981 (1994) PDH optical line systems for the local network

ITU-T Rec. G.982 (1996) Optical access networks to support services up to the ISDN primary rate or equivalent bit rates

ITU-T G.983.1 Corrigendum 1 (1999) BROADBAND OPTICAL ACCESS SYSTEMS BASED ON PASSIVE OPTICAL NETWORKS (PON)

ITU-T Rec. G.983.1 (1999) Corrigendum 1

ITU-T Rec. G.991.1 (1998) High bit rate Digital Subscriber Line (HDSL) transceivers

ITU-T Rec. G.994.1 (1999) Handshake procedures for digital subscriber line (DSL) transceivers

ITU-T Rec. G.995.1 (1999) Overview of digital subscriber line (DSL) Recommendations

ITU-T Rec. G.996.1 (1999) Test procedures for Digital Subscriber Line (DSL) Transceivers

ITU-T Rec. G.997.1 (1999) Physical layer management for digital subscriber line (DSL) transceivers

ITU-T Rec. G.723.1 Annex A (1996) Silence compression scheme

ITU-T Rec. G.723.1 Annex B (1996) Alternative specification based on floating point arithmetic

ITU-T Rec. G.723.1 Annex C (1996) Scalable channel coding scheme for wireless applications

第十二章
市　场

硅光子新闻,美国AIM、德国SPEED、欧洲IMEC、日本PECST等

光子设计自动化公司Phoenix Software曾与美国桑迪亚国家实验室(Sandia)合作,共同为桑迪亚国家实验室硅光子制造工艺开发出一款光子工艺设计包(PDK)。

这事和美国集成光子研究所(AIM原称IPIMI)部署相关。美国2015年7月成立的一个机构——集成光子学制造创新机构(IPIMI),美国国防部监督,投资6.1亿美元。目的是研究光子集成,要领先其他同类光子集成机构。

美国AIM要建成光子集成的全产业链生态系统,联合建成光芯片、电芯片、封装、互联、设计、测试一整套方案。这个新机构包括政府、学术界、制造界、材料商、软件开发商共124家单位,Intel,IBM,Iptimax都在里边,50家企业、20所研究型大学、33个学院和16个组织。

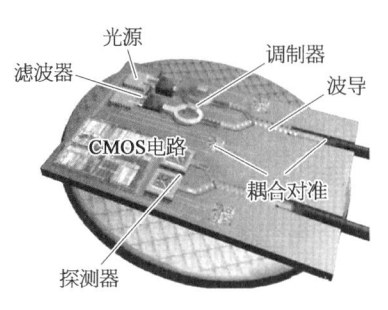

Intel的光电集成芯片

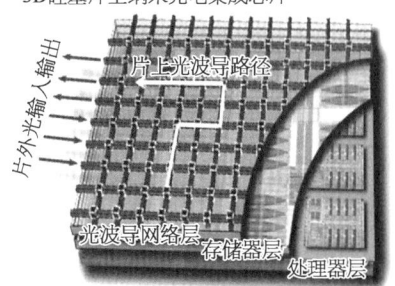

IBM的光电集成芯片

世界上其他主要研究光电集成的机构如下:

(1)德国弗劳恩霍夫研究所(Fraunhofer-Gesellschaft),1949年成立,是欧洲最大的应用科学研究机构。15 000名科研人员,每年经费10亿欧元。主要研究领域包括微电子、制造、信息与通信、材料与光子学等。

(2)英国技术与创新中心(TICs,又名Catapult Centres),2013年成立,力推科技成果转化。启动资金14亿英镑。英国政府涉及7个关键领域,包括先进

制造、卫星应用、细胞疗法、近海可再生能源、未来城市、交通系统和联通数字经济。

（3）法国卡诺研究所，有兴趣的读者可以查阅工信部情报所《法国卡诺研究所联盟合作研究及对我国的启示》，对法国这个研究所联盟的建设背景、合作研究方式、知识产权分配作了详尽分析。

（4）比利时欧洲微电子研究中心（IMEC），1984年成立，是欧洲领先的独立研究中心，研究微电子、纳米技术、辅助设计方法、通信系统技术（ICT）等。主要做通信方面的光电集成、硅光加工工艺，总员工1 700名，包括350名研究人员。IMEC在业界名声很大。

（5）德国SPEED项目，德国光传输设备商ADVA 2016年3月宣布领导SPEED（Silicon Photonics Enabling Exascale Data Networks）项目，SPEED项目是由德国联邦教育与研究部（BMBF）资助，始于2015年11月，并设定为三年。项目伙伴包括AEMtec、Finetech、Fraunhofer HHI and IZM、IHP、Paderborn 大学、Ranovus、Sicoya、TU Berlin、Vertilas。使用一个共同的框架，该项目将开发两款下一代400 Gb/s的板载光收发器：一款针对数据中心内应用的四波长直接检测解决方案和一款针对跨数据中心互连的单波长可调相干设备。

（6）日本光电子融合系统基础技术开发（PECST），2010年3月由产官学共同参与启动。日本内阁府提供支援，比如PECST于2012年9月发布了可在1 cm^{2}的硅芯片上、集成526个数据传输速度为12.5 Gb/s的光收发器的技术，数据传输容量密度相当于约6.6 Tb/(s·cm^2)。用于LSI间大容量数据传输的光转接板。

更新光通信市场之——光纤光缆

光纤光缆市场：

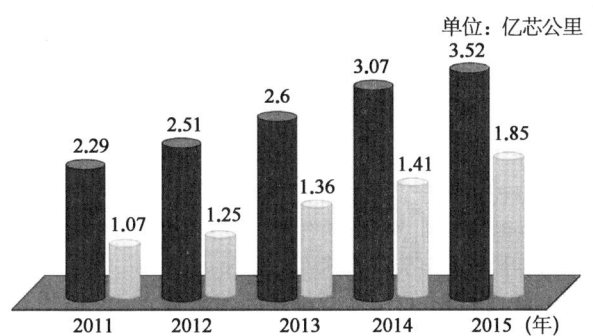

年　度	全　球	中　国
2011	2.29	1.07
2012	2.51	1.25
2013	2.6	1.36
2014	3.07	1.41
2015	3.52	1.85

光纤光缆营业收入：

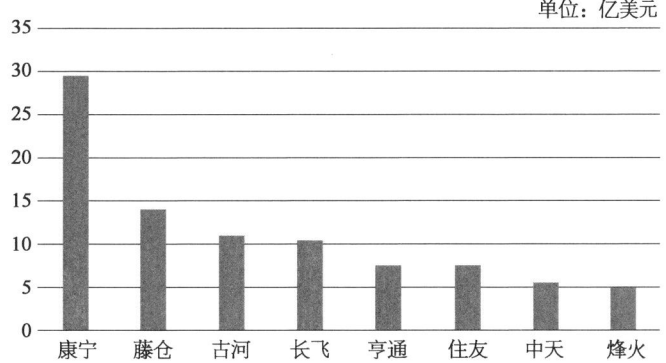

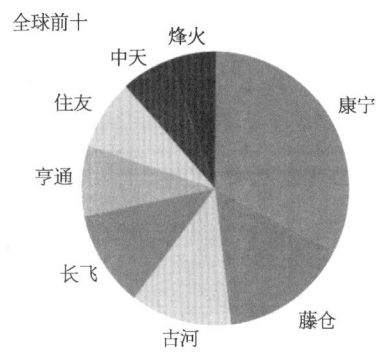

康宁公司2015年全年核心营收为98亿美元,其中33%是光通信业务收入。

2015年康宁宣布收购逢源科技(AFOP),根据协议,康宁将全部以现金形式,每股18.5的形式收购AFOP全部已发行的股票,价值约3.05亿美元。

烽火通信科技股份有限公司(下称"烽火通信")继2014年营收首破百亿大关后再度突破自我,以134.9亿元营收、25.81%大幅增长给2015年画上了一个圆满的句号。同时,其净利润亦同比增长21.80%至6.57亿元。

长飞上市第一年:2015年度集团总收入为67.311亿元人民币,增幅18.6%;毛利为13.042亿元人民币,增幅19.9%;息税前利润由2014年的5.819亿元人民币显著增长至2015年的7.569亿元人民币,增幅超过30%;归属于母公司的净利润约为5.707亿元人民币,增幅超过20%。

亨通光电2015年年报显示,亨通光电在2014年营收突破百亿元的基础上,2015年再度实现了业绩大幅增长,全年营收135.63亿元,同比增长30.17%;净利润5.73亿元,同比大增66.44%;综合毛利率20.05%,同比增加1.36%。光纤产量为4 221万芯公里。

2015年上半年,中天科技实现各类产品销售62.4亿元,比2014年同期增长58.27%;归属上市公司股东的净利润3.83亿元,同比增加5.53%。其中,光纤及光缆产品实现营业收入17.10亿,较同期增长19.41%。得益于光纤预制棒产能提升及光纤光缆市场需求量增加,中天科技光纤光缆产品毛利率由26.96%提升至29.16%,同比提升2.2个百分点。

通鼎互联信息股份有限公司,2015年度业绩快报,2015年,公司经营状况比较平稳,全年实现营业总收入31.41亿元,比2014年同期增长3.63%;实现

第十二章 市 场

营业利润2.48亿元,比2014年同期增长14.17%;实现利润总额2.62亿元,比2014年同期增长19.17%。

光通信市场盘点之——全球及中国电信业

主要的数据来源,是工信部的一份2015年统计公报。

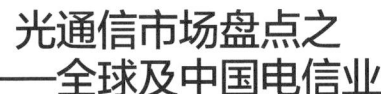

2015年通信运营业统计公报

市场有多大,先看全球,2015年全球电信业收入2.1万亿美元。

再看中国,2015年中国电信业收入1.12万亿元。

看全球固网,有7.4亿个客户,中国固网用户,2.13亿个。这才是笔者吃通信这碗饭的上帝。

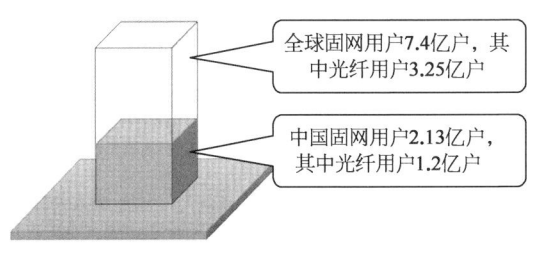

光通信么,全球固网光纤用户3.25亿户,中国1.2亿户。

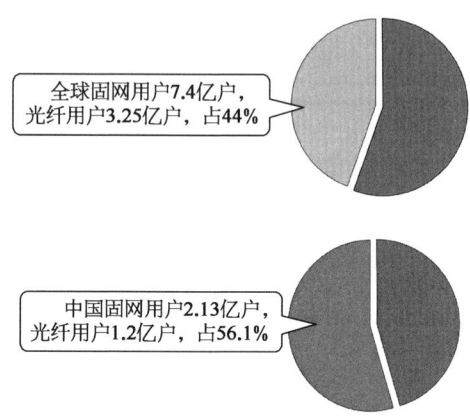

光通信另一大群体,是移动用户。2015年底全球移动用户36亿户,LTE占10亿户。中国移动用户13.06亿,4G用户3.86亿户。

看看电信业蛋糕有多大,光模块2015年全球卖78亿美元。

光通信市场之——光模块、光器件厂家财报

全球有源器件、模块的主要厂家2015年的营业收入:

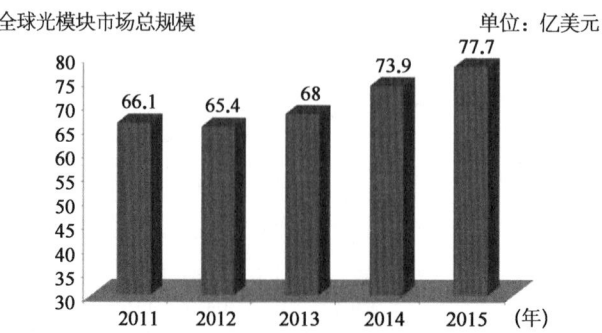

这个光模块市场,中文也翻译成光器件市场(这个光器件和模块工程师提及的光器件OSA不同),是指光收发模块对光通信设备来讲就是个器件

2015年光模块、光器件商财报

厂　　家	收入/美元	厂　　家	收入/美元
Finisar	12.509亿	Oclaro	3.413亿
Lumentum	6.7亿—估	Nephotonics	3.2～3.3亿
Avago	68.2亿	AOI	1.899亿
Sumitomo	约5亿	ONET	1.45亿
Accelink	4.8亿	Hisense	缺

Avago 2015年收购了博通公司（Broadcom），营收很大，包括了电的部分。Avago这些年不断收购，在业界雄霸一方。

2015年也是产业整合不平静的一年。

送数据：

Finisar 2015财年销售额12.509亿美元。数通业务9.27亿美元、电信业务3.15亿美元。

亚威（前JDSU）宣布于2015年8月1日完成其与通信和商用光学产品业务部门的拆分，9月Lumentum公布第一次季度财报2.1亿美元。

Emcore 2015财年（截至2015年9月30日）实现销售额8 170万美元，同比增长47.1%，2014财年为5 551.4万美元；2015财年毛利2 869.1万美元，同比增长136%，2014财年毛利为1 211.4万美元；2015财年毛利率为35.1%，同比提升13.3%，2014财年毛利率为21.8%。净收入2015财年为6 310万美元，2014财年为485万美元。

Oclaro 2015财年（截至2015年6月27日）销售收入3.413亿美元，比上年下滑12%。

AOI公司（纳斯达克：AAOI），一家为互联网数据中心、有线电视宽带和FTTH市场提供光纤接入网络产品的领先供应商，公布了其截至2015年12月31日的第四季度和全年财务业绩。销售收入1.899亿美元，年增幅46%。

Avago公布了其截至2015年11月1日的2015财年第四季度财务业绩。总裁兼CEO Hock Tan表示："随着对Broadcom收购的完成，我们期待2016财年公司盈利的进一步增长。"

武汉光迅科技2015年度实现营收约31.40亿元(人民币),同比增长29.06%;实现营业利润2.596亿元,同比增长97.22%。

昂纳科技(集团)有限公司2015年度营收11.3亿港元,同比2014年8.3亿港元增长36.6%。

光收发模块的市场分析

这个光模块市场,是指光收发模块对光通信设备来讲就相当于是个器件。

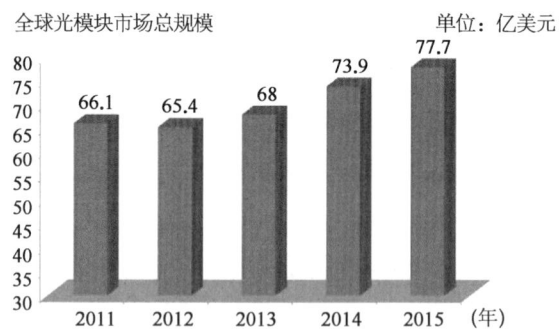

全球光模块市场:70%左右是电信市场,30%左右是数据中心。

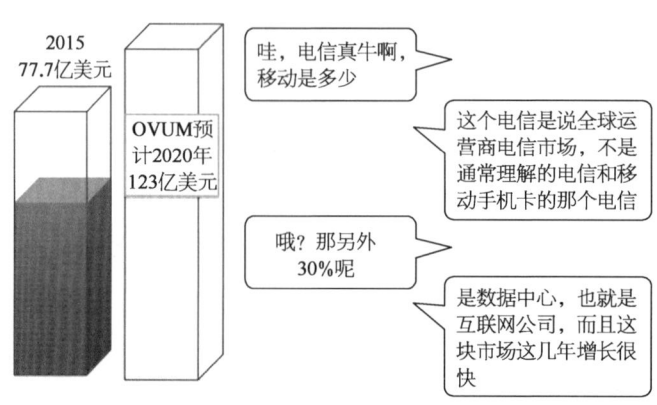

全球光模块市场细分：

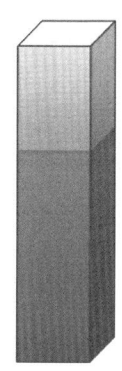

30%左右是数据中心
前5年10 G光模块约4 000万只，50%是卖给数据中心的
40 G光模块2013年50多万只，2014年、2015年开始起量，每年200~300万只，75%卖给数据中心的，以web2.0为主
来源：Google分析

70%左右是电信市场
LTE移动回传份额最大，2015年10亿用户，中国占35%，全球644个运营商在建设LTE
FTTx份额也不小，2014年9.53亿美元，2015年超过10亿美元

数据中心市场份额：

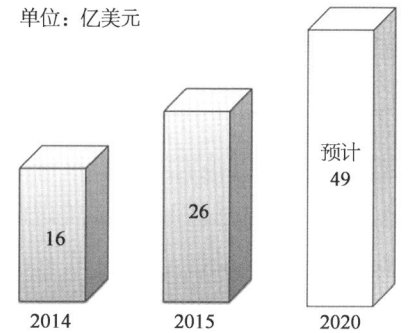

FTTx市场份额：

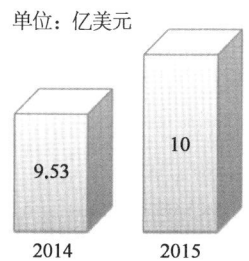

2015年：
OLT光模块650万只
ONU光模块7 000万只
OVUM的数据包括
EPON/GPON/10G PON等
BOB的话，统计的是BOSA数量

2015年中国移动建设100万个基站，中国电信46万个基站，LTE统计的一般是总市场份额：

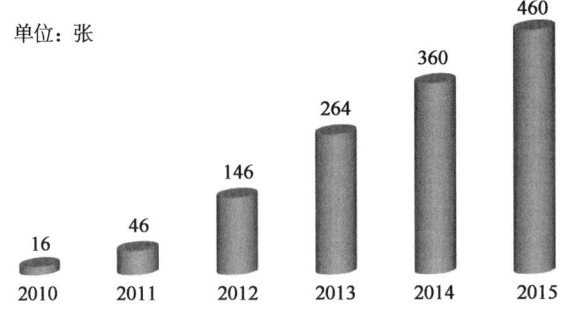

两则美国报道,光子集成上千光学阵列和光电集成调制解调器

美国投入6.1亿的光子集成IPIMI,硅基光子集成上千个望远镜阵列,一个是光电集成调制解调器。

中国国防科技信息网2015年2月5日新闻:美国国防部高级研究计划局(DARPA)和美国国家航空航天局(NASA)正在联合投资研制一个轻型光学系统,并分别希望应用在战场情报、空间探测等任务上。该系统将在硅材料上通过极精确的激光烧录而成,形成上千个望远镜阵列。

该系统被称为"蜘蛛"(Segmented Planar Imaging Detector for Electro-optical Reconnaissance, Spider,即分块式平面光电侦察成像探测器),如果取得成功,将能上百倍地降低成像望远镜的尺寸、质量和功耗。

NASA可能利用该技术提升在研的木卫二"欧罗巴"(原文指"欧罗巴"是土星卫星,有误)多次飞越探测器性能,获取欧罗巴表面的高分辨率图像,探索该卫星海洋下面是否存在地外生命。DARPA战术技术办公室可能利用远程巡航太阳能动力无人机对移动目标进行连续数天的持续监视。

加州大学戴维斯分校和洛克希德·马丁公司先进技术中心正在利用新的技术途径将干涉阵列微缩在一个芯片上。这种干涉阵列目前用于天文观测,如佐治亚大学的高角分辨率天文中心(Chara)。

第十二章 市　场

　　Chara中心安装在山顶的干涉望远镜由6个1 m口径望远镜组成,并将采集的光线通过真空管集中在中央波束合成装置。通过光束结合,Chara中心形成一个1/5 mi口径(1 mi = 1 609.3 m)的望远镜,其角分辨率200微角秒,相当于在10 000 mi外能够看清一个五美分硬币。

　　"蜘蛛"系统的原理是将上千个望远镜集成在一个芯片上,相连的是与硅基底融合的微型通道(替代沉重的真空管)以及许多可控的激光波束。S. J. Ben Yoo牵头的加州大学(戴维斯)研究团队已经研制出了一个光子集成电路(PIC)阵列,为"蜘蛛"应用奠定基础。

　　尽管PIC电路利用光子替代了标准集成电路中的电子,达到节省功耗的目的,"蜘蛛"系统仍面临采集光线的难题,这是通过数百万个干涉通道形成图像所必需的。Chara中心的6个望远镜需要数小时才能采集到足够的光子,形成一幅高分辨率图像。

　　一旦PIC能够达到足以制造轻型干涉成像阵列的密度,这个过程将得到加速。标准的"光桶"望远镜测量到达的光子强度,而"蜘蛛"系统的PIC测量它们的振幅和相位,形成的"干涉条纹"能够通过傅里叶变换转变成为一幅图像。

　　采用PIC电路可通过欧罗巴或者地球等天体表面的反射光线生成高分辨率图像。另外还有其他优势,大型望远镜如2.4 m口径"哈勃"望远镜,需要数年时间进行建造,一部分原因是需要打磨和抛光主镜。更先进的设备如在建的6.5 m口径"詹姆斯·韦伯"望远镜需要极其精确的控制,以使反射光线的分块子镜焦点重合。而"蜘蛛"的优势是可快速制造(约一周),在制造过程中完成所需的全部校正,成品可直接集成在传感器上。

　　DARPA为"蜘蛛"项目投入300万美元,NASA"创新先进概念计划"(Innovative Advanced Concepts Program)已启动60万美元用于研究欧罗巴探测器的应用可行性。"蜘蛛"项目的技术成熟度(TRL)目前约为3级,希望从DARPA和美国国防部其他部门获得更多投资,继续提高技术成熟度。目前的技术挑战是芯片材料内部波导通道的密度,尤其是深度。以目前工艺水平制造的成像传感器性能十分有限,致使"蜘蛛"望远镜的视场非常小。

　　NASA开始研制首个用于激光通信的光子集成调制解调器,并将从2020年开始在NASA激光通信中继演示(Laser Communications Relay

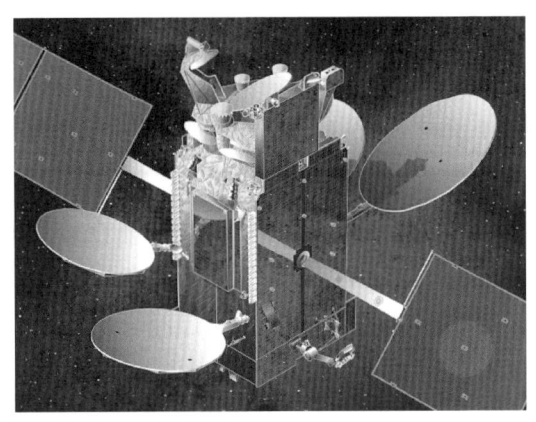

Demonstration,LCRD)计划中,作为NASALCRD的低地球轨道终端,在国际空间站开展高速、激光通信测试。

在空间通信中,NASA一直依赖基于无线电射频技术(RF)的通信技术,NASA正在研发的基于激光特性的通信技术能够大幅提高空间通信的传输速度,而且仪器设备的重量能够大幅减轻,同时所消耗的能量要求也更低。据NASA的先进通信与导航部门主管Don Cornwell介绍称:集成光子学的调制解调器设备大小接近巴掌大小,内部器件的集成回路也与传统电子特性回路有所不同,激光、开关、线缆回路等均根据光学特性设计,因此器件变得非常轻盈。类似于之前NASA进行的月球轨道器激光数据中继实验,新型技术能够通过激光传输通信技术提供较目前10～100倍或更快的数据传输速度。同时应用这种调制解调器的通信设备还有重量轻、耗能少等宝贵优点,这对于非常宝贵的空间仪器来说是十分重要的特性。大规模生产应用后还能实现更低的生产成本。

盘点2015年全球半导体市场、产能、并购案

2015年全球半导体市场规模约3 399亿美元。

第十二章 市 场

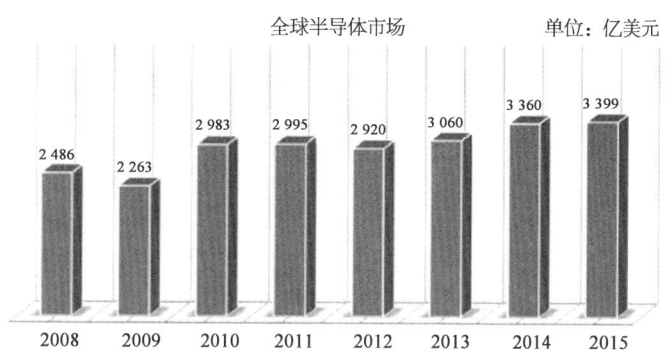

2015年全球半导体产能分布排名：（折合成200 mm晶圆计算）

排 名	公 司	月产能/万片	市场份额
1	三星	253.4	15.50%
2	台积电	189.1	11.60%
3	美光	160.1	9.80%
4	东芝	134.4	8.20%
5	SK海力士	131.6	8.10%
6	GlobalFoundries	76.2	4.70%
7	Intel	71.4	4.40%
8	UMC	56.4	3.40%
9	TI	55.3	3.40%
10	意法半导体	45.8	2.80%
汇 总		1 173.7	71.90%

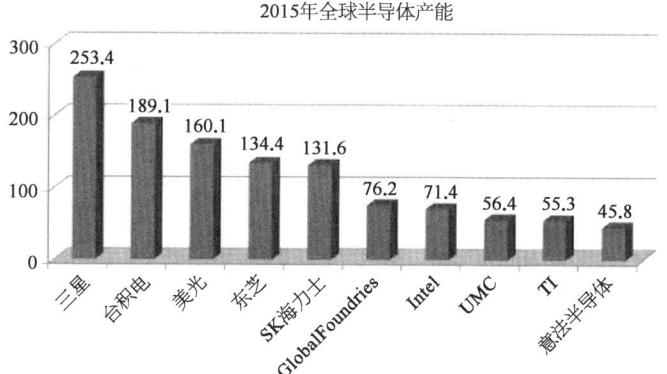

据咨询机构Dealogic统计，2015年全球公司并购交易总额约4.35万亿美

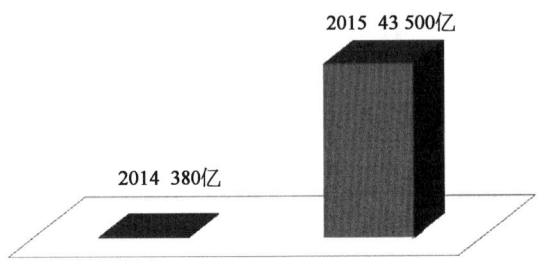

2015年全球半导体企业重大投资并购案

时间	收购方	被收购方	金额/美元	行业
1月2日	敦泰科技（中国台湾）	旭曜（中国台湾）	13.96亿	IC设计
1月27日	莱迪思（美国）	矽映（美国）	6亿	系统设计
2月2日	英特尔（美国）	Lantiq（德国）	未知	宽带接入
2月12日	长电科技（中国）	星科金朋（新加坡）	7.8亿	封测
3月2日	恩智浦（荷兰）	飞思卡尔（美国）	118亿	IC设计
3月2日	安华高（美国）	Emulex	6.06亿	企业存储
3月12日	赛普拉斯（美国）	飞索半导体（美国）	40亿	IC设计
5月2日	中国财团	豪威科技（美国）	19亿	图像传感
5月8日	微芯（中国）	麦瑞半导体（美国）	7.44亿	MCU
5月22日	紫光（中国）	新华三	>25亿	IC设计
5月28日	安华高（美国）	博通（美国）	370亿	IC设计
5月28日	建广资本（中国）	恩智浦（荷兰）	18亿	RF Power部门
6月2日	英特尔（美国）	Altera（美国）	167亿	FPGA

第十二章 市　场

(续表)

时　间	收购方	被收购方	金额/美元	行　业
7月2日	武岳峰资本（中国）	芯成半导体（美国）	6.4亿	记忆体
8月21日	英飞凌（德国）	IR（美国）	30亿	功率器件
9月7日	盈方微（中国）	Altair（以色列）	3.18亿	LTE基带芯片
9月21日	Dialog（德国）	Atmel（美国）	46亿	IC设计
9月30日	紫光（中国）	西部数据（美国）	38亿	存储
10月12日	戴尔（美国）	EMC（美国）	670亿	存储
10月15日	高通（美国）	CSR（英国）	24亿	IC设计
10月15日	通富微电（中国）	AMD旗下公司	3.7亿	封测
10月21日	西部数据（美国）	闪迪（美国）	190亿	记忆体
10月30日	紫光（中国）	力成（中国台湾）	6亿	封测
11月19日	安森美半导体（美国）	仙童半导体（美国）	24亿	IC设计
11月23日	中国集成电路产业基金	中兴微电子	3.7亿（24亿人民币）	IC设计
12月11日	紫光（中国）	南茂（中国台湾）	3.6亿	封测
12月11日	紫光（中国）	矽品（中国台湾）	17亿	封测
12月14日	美光（美国）	华亚科（中国台湾）	32亿	记忆体
12月15日	日月光（中国台湾）	矽品（中国台湾）	39亿	封测
12月29日	中国集成电路产业基金	华天西安	0.77亿（5亿人民币）	IC设计
		总计	1 935.6亿	

元，超过2007年的约4.12万亿美元，时隔8年刷新历史纪录。

2015年全球半导体业研发支出总额达564亿美元，再创历史新高，然而仅较2014年微幅成长0.5%，不但是2009年金融海啸以来增长率最低的纪录，更低于过去10年研发支出年均复合增长率（CAGR）4%的表现。

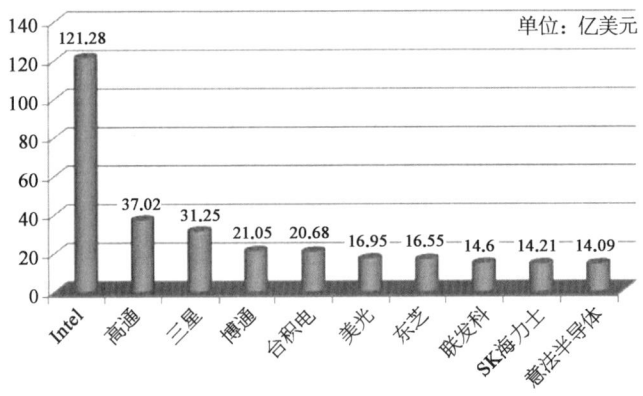

2015—2022年光子集成电路行业分析报告述评

据透明市场研究公司（TMR）发布的2015—2022光子集成电路市场整体行业分析报告称，2013年光子集成电路（PIC）市场份额为1.9亿美元，预计自2015年起将以25.3%的年均复合增长率（CAGR）增长并在2022年达到13亿美元。

PIC是由成本驱动，为了满足市场对更低功耗、更高效率和更高数据传输的需求而出现的，这一点是通过集成不同的光器件（包括探测器、调制器和激光器）到一片基片上，形成一个整体，从而减少元器件的大小来实现的。PIC技术可应用到计量、航天和国防、医疗卫生、电信、工业和数据通信等行业。目前抑制光子集成电路快速发展的短板在于缺乏数字化设计和封装，但量子计算有望为光子集成电路提供巨大的发展空间。PIC技术在下一代网络中的应用前景广阔。

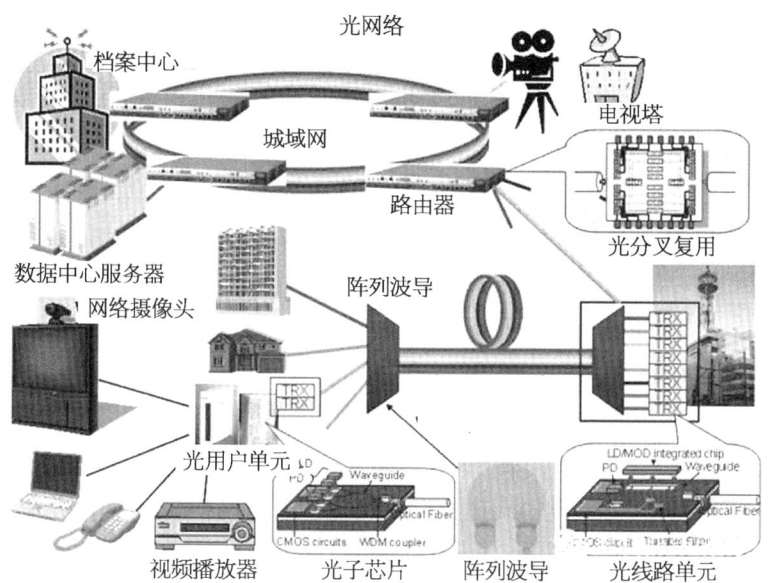

PIC实现技术有三种：单片集成、混合集成、模块集成。混合集成作为主要的光子集成技术占据了2013年全球市场收入的56.8%，尽管混合集成在未来几年仍将是主导技术，但单片集成也将呈现高速发展的趋势，在2015—2022年间的年均复合增长率将达到26.5%。另一方面，与单片集成和混合集成技术相比，模块集成技术的集成能力较弱，其市场份额将会有所下降。

2013年，磷化铟（InP）和绝缘体上硅（SOI）共同占据市场收入的一半以上（60.9%）。InP占主导地位主要归功于其能够将各种光电功能集成到单个光

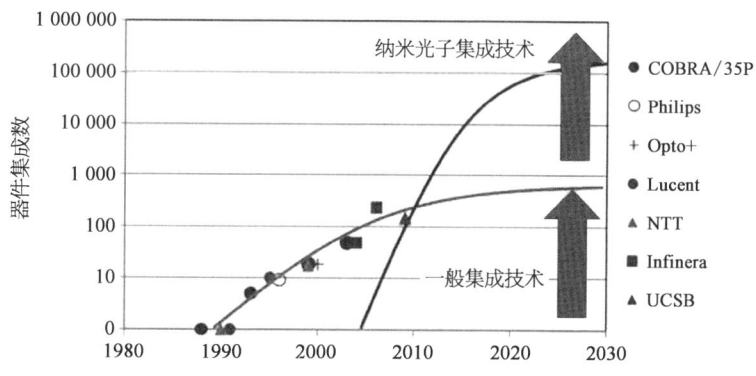

学系统芯片上。此外，InP 在尺寸、速度、能效、制造和封装成本方面的优势进一步加固了其主导地位。在 PIC 的各组成部分中，激光器占据 2013 年 PIC 收入的最大份额（29.3%）。预计光放大器（其通过补偿单个光子元件的光损耗来实现高级光子集成）在 2015—2022 年间的年均复合增长率为 26.6%，增长速度最快。

2013 年，光通信是 PIC 市场的最大应用领域，占据总收入的一半以上（58.6%）。预计由于数据中心应用的需求增长，其在 2015—2022 年间仍然是最大的应用领域。目前，其他主要的应用领域是传感和生物光子学，共占据约总收入的三分之一（35.5%）。虽然光信号处理方面目前的收入所占份额最少，但预计在量子计算商业化后将出现稳健增长。

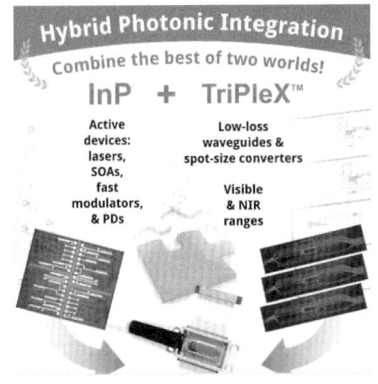

按照地理区域划分，2013 年 PIC 的最大市场区域是北美洲，其次是欧洲和亚太地区。虽然预计在 2022 年以前北美洲仍将是最大的市场区域，但亚太地区有望出现稳健增长并超过北美洲和欧洲。亚太地区的增长主要归功于数据中心和生物光子学应用需求的不断增长。

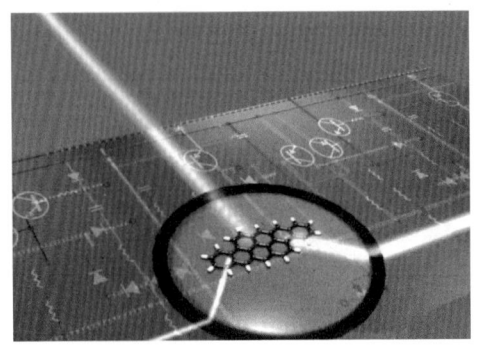

缩略词对照表

AC	交流	Alternating Current
APC	自动光功率控制	Automatic Power Control
APD	雪崩光电二极管	Avalanche Photo Diode
ASK	移幅键控	Amplitude Shift Keying
AWG	阵列波导光栅	Arrayed Waveguide Grating
BEN	突发使能	Burst Enable
BER	误码率	Bit Error Rate
BOSA	光收发一体组件	Bi-Directional Optical Sub-Assembly
CDR	时钟数据恢复	Clock Data Recovery
CFP	100 G 可插拔封装	100 Gb/s Form Factor Pluggable
CWDM	粗波分复用	Coarse Wavelength Division Multiplexing
CXP	120 G 小型可插拔封装	120 Gb/s Extended-capability Form Factor Pluggable
DC	直流	Direct Current
DCF	色散补偿光纤	Dispersion Compensating Fiber
DFB	分布式反馈	Distributed Feedback
DML	直接调制激光器	Direct Modulation Laser
DSF	色散位移光纤	Dispersion-shifted Fiber
DWDM	密集波分复用	Dense Wavelength Division Multiplexing
EAM	电吸收调制器	Electrical Absorbing Modulator
EDFA	掺铒光纤放大器	Erbium-doped Optical Fiber Amplifier
EML	电吸收调制激光器	Electro-absorption Modulated Laser
EPON	以太网无源光网络	Ethernet Passive Optical Network
ER	消光比	Extinction Ratio
FBG	光纤布拉格光栅	Fiber Bragg Grating

FDM	频分复用	Frequency Division Multiplexing
FEC	前向纠错	Forward Error Correction
FP	法布里–珀罗腔	Fabry Perot
FSAN	全业务接入网	Full Service Access Network
FSK	频移键控	Frequency-shift keying
GPON	吉比特无源光网络	Gigabit-capable Passive Optical Network
IL	插入损耗	Insertion Loss
InP	磷化铟	Indium Phosphorus
LAN	局域网	Local Area Network
LD	激光二极管	Laser Diode
LR	长距离	Long Reach
MDM	模分复用	Mode Division Multiplexing
MFD	模场直径	Mode Field Diameter
MSA	多源协议	Multisource Agreement
NG–PON2	下一代无源光网络第二阶段	Next Generation Passive Optical Network
NRZ	非归零	Non Return Zero
ODN	光配线网络	Optical Distribution Network
OLT	光线路终端	Optical Line Terminal
OM	光模式	Optical Mode
OMA	光调制幅度	Optical Modulation Amplitude
ONU	光网络单元	Optical Network Unit
OTDR	光时域反射计	Optical Time-domain Reflectometer
OTN	光传送网	Optical Transport Network
PON	无源光网络	Passive Optical Network
PRBS	伪随机序列	Pseudo Random Binary Sequence
RF	射频	Radio Frequency
ROSA	光接收组件	Receiver Optical Sub-assembly
RZ	归零	Return Zero
SDM	空分复用	Space Division Multiplexing
SFF	小型封装	Small Form Factor

SFP	小型可插拔封装	Small Form Factor Pluggable
SFP+	增强型小型可插拔	Enhanced Small Form Factor Pluggable
SOA	半导体光放大器	Semiconductor Optical Amplifier
SOI	绝缘体上硅	Silicon on Isolator
SPM	自相位调制	Self-phase Modulation
SR	短距离	Short Reach
TDM	时分复用	Time Division Multiplexing
TOSA	光发射组件	Transmitter Optical Sub-assembly
TWDM	时分波分复用	Time and Wavelength Division Multiplexing
VCSEL	垂直腔面发射激光器	Vertical Cavity Surface Emitting Laser
WDM	波分复用	Wavelength Division Multiplexing
XFP	10 G小型可插拔	10 Gb/s Small Form Factor Pluggable
XG-PON	10 G比特无源光网络	10 Gigabit-capable Passive Optical Network